こんにちは！
私、ボンちゃんです。材料研究の助手をしてます。
この本のナビガールを務めさせて頂きますので、
よろしくね。
楽しみながら、いろいろな知識を学んで下さい！

わかりやすい
材料学の基礎

改訂増補版

菱田博俊　著

成山堂書店

改訂増補版発行にあたって

今回、ありがたい事に、増補版の機会を頂戴した。材料の話をしていながらその強度の評価について余り触れなかった事が、実はずっと気になっていた。そこで良い機会と、材料強度の評価に関する補足を第 11 章の後に追加させて頂いた。応力集中、亀裂進展、そしてＪ積分という流れは、少々専門的な内容だが次のステップの足掛かりとしてお読み頂ければ幸いである。

なお、著者が一番言いたい事は、完全な材料はない、という事である。完全無欠な人がいない事と同じであるからか、材料強度を評価していくとまるで材料が人間の様にも思えてくる。この増補内容が、その不完全さを考えない基礎的（理想的）学問から、考えるより専門的（現実的）な学問への橋渡しとなる事を期待する。

2024 年 8 月

菱 田 博 俊

はじめに

●本書の目的

この本は、大学の教養過程において理工系の学生が材料の基礎について初めて学習するにあたり、できるだけ抵抗なく、取っ掛かりとしての広範囲の知識を得られる様にと企画構想した、言わば初心者用の「材料学」の教科書である。工学で用いられている材料全般を視野に、特徴を比較しながら、初めて材料を学ぶ際に先ずは知ってもらいたい内容を記載した。将来、こんな場面でこんな物を作りたいのだが、その時にこの様な材料をこの様な感じで使えば良いだろうか、と漠然とで結構なのでイメージを持てる様になってもらえれば嬉しい限りである。

その意味、この教科書はいわゆる専門書でもなければ、深堀した資料でもない。先ずは広く浅く材料を知る為のほんの土台であるので、この教科書を読んで興味を惹く材料があった場合には、従来から市販されているよりハイレベルな書籍で詳細に学習してもらえれば良い。一方で、中学生や高校生にももしかすると読んで理解してもらえる教科書でもあるので、大学講義に限らず活用して頂けると幸甚である。

●本書の構成

本書は目次、本文、付録、及び索引で構成する。また、本文は全 11 章としている。

文部科学省が定める大学の半期 1 コマの講義日数は 15 日であり、試験をここに含めるかどうかは担当教官に一任される。著者は、試験のやりっ放しではなく、答案を返却し、誤答箇所を自覚させた上で試験の解説をする事で、学生の理解度とより一層の内容定着を図れるのではないかと考えた。即ち、15 日の講義日の内終わりの 2 日を試験実施日と試験解説日に当て、2 日程度の予備日を設け、1 日 1 章ずつこなして 11 日で 11 章という構成である。第 1 章についてはオリエンテーション気味に編集した。

従って、各章の頁数をなるべく同じにする様努めた。各章の冒頭には、チェックシートを設けた。チェックシートに続く解説文は、内容毎に節でまとめ、各節においては「要点」、「基本」及び「発展」の順番に項を設けた。本文末尾には付録として、幾つかの白図表、各節要点の一覧、全般的な参考文献、及びチェックシートの解答例を用意した。

●本書で取り扱う内容

第 1 章は序章である。材料を先ず全体的にざっと把握する。第 2 章は材料を作る原子や元素について説明し、第 3 章はその原子や元素がどう結合して材料ができているかを知ってもらう。第 3 章で、材料の微視的な欠陥について触れるので、その余勢を駆って第 4 章で材料の強度や評価について整理する。以上が、一般論である。

第 5 章以降は各論に入る。ここに、できるだけ多くの単体材料を押し込んだ。

鉄鋼材料を第 5 章で扱う。本来、鉄鋼材料学という学問がある程、鉄鋼材料の世界はそれだけで 1 冊あるいはそれ以上の紙面を要する膨大な広さと奥深さを持つ。本書では、専門的な知識を殆ど省略し、鉄 Fe のトピックス的な内容を説明する。また、平衡状態図を読む訓練をし、炭素鋼の面白さに触れてもらおうと思う。鉄 Fe、アルミニウム Al、銅 Cu の 3 大金属材料を、第 6 章で扱った。これらは、比較しながら知ると面白い事や共通点も多い。またそれ以外の金属については、第 7 章で要点のみを簡潔にまとめた。

以上 3 章を金属材料学の為に割いたが、他方第 8 章で無機材料の要点を、第 9 章で有機材料の要点をまとめた。これらのバランスをもう少し均等となる様に取りたかったが、その思いは第 10 章の人間の材料の章で無機材料と有機材料を頻繁に登場させる事で我慢した。

第 10 章では人間の材料を、第 11 章では人間感性の材料を取り扱った。材料系の教科書でこれらが記載されている書籍は、珍しいと思われる。昨今の機械工学では、ストレスレスな機械やシステムが求められるので、人間や人間感性を省略して機械工学は語れない。本書の一つの特徴がこの 2 章であるとも言える。この章を読んだ後に、材料と言う概念をより広義に持ってもらえる事を期待する。

複合材料については、上記の関係ある箇所で都度扱う。勿論、単体材料より話が複雑になるので、本書では取り扱う複合材料を厳選した。

●本書の使い方

断片的にはどの頁を見てもある程度解る様に努めたが、系統的な学習をするには 1 章から順番に、またチェックシート、要点、基本、発展の順番に学習するとより解り易い。

チェックシートはその名の通り、諸君が諸君自身で自分の出来をチェックする為の頁である。チェックシートには問題を列挙した。これらの問題は、その章を勉強した後には少なくともできる様になってもらいたいと著者が考えるものである。学習する前、あるいは学習した直後等に先ず解答し、その正誤判定をして間違った問題には左端の□内に × 等を付し解答できる様になるまで何度でも挑戦してもらうと良いと思う。チェックシートの答えは、巻末に用意はしたが、続く章本文の中から見つけてもらうと一層力が付くだろう。

要点は、その節の内容を簡潔にまとめたものである。この教科書を読んでいる全員に覚えてもらいたい。基礎は、この教科書を読んでいる全員に読んでもらいたい内容である。著者が試験問題を作るとすると、8 割方基礎から出すだろう。発展は、少し深掘りした内容をトピックス的に書いたもので、余力のある者に読んでもらえると良いと思う。

付録には、幾つかのパターンを用意したので、訓練や練習に活用してもらいたい。また、付録の最後には各節の要点を全て列挙したので、試験前等にでも復習してもらいたい。

なお、一般的には常用漢字以外を平仮名で記すのが習わしだが、本書では著者の好みで敢えて漢字を用いる事がある。例えば、「せん断」は「剪断」と、「ひずみ」は「歪」と、「き裂」は「亀裂」と記す。良い機会なので漢字を覚えて頂きたいという気持ちと、平仮名の羅列では読み辛い場合もあるという理由からである。

また、外来語の片仮名表記は、同様に著者の好みで極一般的な表記とした。例えば、エネルギーを「エナジー」（発音はこれに近い）あるいは「エネルギ」（語尾のーは記さない慣例もある）等と記載する事もあるが、慣れ親しんだ表記が読みやすいだろうとの思いからである。

●謝　辞

本書を企画出版する機会を頂戴し、また編集から出版まで様々なご協力、ご尽力を頂戴した成山堂書店株式会社に謝意を表する。

また、これだけ広域に亘る内容を網羅させる為に様々な先生方にご教授頂いた。特に、健康全般に関しては元株式会社リコー及び新日本製鐵株式会社産業医金子頴雄先生に、食品と健康に関しては工学院大学応用科学科教授山田昌治先生に、視覚感性に関してはまり眼下院長眼下専門医重藤真理子先生に、聴覚感性に関しては東京医科大学耳鼻科主任教授鈴木衛先生に、医学の一般的な知識に関しては東京医科大学放射線科主任教授徳植公一先生及び研究室の各先生方に、薬学の一般的な知識に関しては東京薬科大学医療衛生薬学科教授楠文代先生及び研究室の各先生方に、音楽に関しては東京藝術大学修士ピアノ演奏家の菱田啓子先生に多大なるご指導を頂戴した。また、冶金については新日本製鐵株式会社にて勤務していた頃の様々な体験が、解剖生理学については東北大学社会人再教育システムにおける医学実習がとても参考になった。感謝する所存である。

2012年 11 月

菱 田 博 俊

目　次

導入：身の周りの材料

材料とは何かを確認し、身の回りの材料を再認識しながら、材料を分類してみよう。

Check Sheet

- □ 1） 材料とは何か簡明に説明しなさい。
- □ 2） 材料を物にする過程について簡明に説明しなさい。
- □ 3） 有機材料と無機材料を簡明に説明しなさい。
- □ 4） 金属と非金属を簡明に説明しなさい。
- □ 5） セラミックスを無機材料との違いを踏まえて、簡明に説明しなさい。
- □ 6） プラスチックスを有機材料との違いを踏まえて、簡明に説明しなさい。
- □ 7） 人の材料を列挙しなさい。
- □ 8） 人の視聴覚に関する材料とは何か考えなさい。

1.1節 材料の定義

＜要 点＞

材料とは、人に有意義な物を作るための“大元”になる物質である。

＜基 本＞

「材料 material」という単語は、日本ではあまり厳密に定義されていないようだ。例えば材料学会等のホームページでは、「材料」を定義しているページは見当たらない。

国語としての定義は、「その物 object ができ上がる元 source になっている物。それを加工して何らかの製品 product を作る時のその加工 manufacturing, forming の対象とする物。」となっている。一方、材料の類義語に「素材」や「原料」がある。これらについてもついでに同じように調べてみると、素材とは「ある物をつくる時の元になる材料。特に芸術作品の材料。」であり、原料とは「物品を作ったり加工したりする元になる材料。生産をするのに用いる素材。」だった。ちなみに「原材料」という単語もあり、これは「製品の原料となる物。原料と材料。」だった。こうして見ると、「素材」の説明に「材料」という単語が使われ、「原料」の説明文に「材料」と「素材」の両方の単語が使われているので、どうやら「材料」という単語が大元の単語のようだ。

一方、巻末に工学部の学生に有効と思われる材料系の書籍をいくつか紹介するが、一部の書籍では物質 matter と人 human being とを関係付けて「材料」を定義している。それらをまとめると「材料とは、人との関係の中で、所定の特性 property を所定の用途 use に用いられる物質」等となるのだろう。ついでながら物と物質もニュアンスが異なる。生命や精神と対照的に「物」と言う場合には「物質」と言うことが多い。

どうやら、「材料」という単語は大学生以上の者には既に知った単語であり、今更説明等の必要はないとみなされているようだが、本書は初心者向けの教科書だ。まずは「材料」を定義しておきたい。以上を考え合わせ、本書では材料を「人に有意義な meaningful 物を作るための大元 primary source となる物質」と定義しておきたい。ここで有意義と言ったその心は、工学とは人に有意義な物を作ってこその学問だという思いにある。つまり、本書で扱う材料は、何か人の役に立つ物に仕立て上げられるべきとなる。

さらに、類義語の「素材」と「原料」についても、以下の通り定義しておきたい。つまり、「素材」とは大元ではなく、いろいろなレベルでの物を作るための物質とする。また、「原料」とは作る物を工業製品として意識した場合の材料や素材のこととする。なお、原料に raw material という英単語をあてている文献もあるが、著者はここまで細かく英語で使い分けている例を知らない。

1.2節 身の周りの材料

＜要 点＞

物は材料からできている。材料を加工し、それを組み立てて物にする。

＜基 本＞

周囲を見回すと、実にさまざまな物objectがある。しかし我々は特殊なことが無い限り、あるいは材料研究の立場に無い限り、普段それが何からできているかとは考えない。サラダを出されて、野菜畑や果樹園を考えないのと同じことである。

しかし、物は材料からできており、材料そのままで物になる場合はほとんどない。市場で買ってきた食材を切ってそのまま皿に載せても、料理にはならないのと同じことだ。例えば鉛筆【☞発展】は、木材で六角柱を作り、その中央に円筒形状の孔を掘り、普通の鉛筆の場合にはその孔に黒鉛と粘土を調合して固めた芯を入れてでき上がる。

図 1-1　サラダとその材料である野菜

反対の見方をすると、出された料理の材料をいろいろと考えることは、ある意味手品の種を見破ろうとする行為と同種の快感がある。例えば自動車はたくさんの部品を組み上げてできていて、その材料も多岐にわたる【☞発展】。今後は、目の前の物が何からできているのかを、少しだけ考えてくれれば良いと思う。そうすれば、目の前の物が、何をどのように加工することで作られた部品か、それがどう組み立てられているのか、興味が出てくるだろう。そして、材料を加工して物を製作する一連の工学工程 process をイメージできるようになっていくに違いない。

図 1-2　ある教室の風景（工学院大学）

折角なので、最後に周囲を見渡してみよう。今諸君が教室に居るのであれば、机は木板（有機材料）と鋼管（鉄系金属）でできていて、窓はアルミフレーム（非鉄金属）とガラス板（無機材料）、壁は鉄筋コンクリート

(複合材料 composite material ＝鉄系材料＋無機材料)、天井は石膏板(無機材料)、床はフローリング(有機材料)だろうか、それともリノリウム(有機材料)やコルクタイル(有機材料)製だろうか。天井の照明や空調にはプラスチックス(有機材料)も使われているだろうし、ホワイトボードはアルミ樹脂複合フィルム(複合材料＝非鉄金属＋有機材料)、そのマーカーはインク(主として有機材料)、ボードイレイサーは布(有機材料)でできている。諸君が眼鏡を掛けていたらそれは大抵は金属(非鉄金属)フレームにガラス(無機材料)かプラスチックス(有機材料)レンズが入っているはずだ。自転車で通学していたらそこにはたくさんの種類の金属やゴム(有機材料)や皮(有機材料)が使われているだろう。自転車が通る道路はアスファルト(有機材料)であり、そこにはいろいろなマークがペンキ(有機材料)で書かれている。

おっと、人ですら材料からできていることを、お忘れなく！

＜発 展＞

●鉛筆

最近はシャープペンシル mechanical pencil を使う学生が多くなってきた。著者が製図や図学を大学で教えていても、学生達のほとんどはシャープペンシルで作画する。昔は全て鉛筆 pencil だった。シャープペンシルの芯 lead は太さが変わらないので、慣れれば効率的ではある。反面、例えば美術画を描く時には、筆圧による線の強弱アクセントを付けられないので、美大生は鉛筆もたくさん用いているのだろう。

(大学入試)センター試験等のマークシート方式の試験を受ける場合、マークを鉛筆ですべきかシャープペンシルですべきかは一概には言えない。著者は B の鉛筆でマークするのが最もやりやすいと思うが、これればかりは個人の馴れや好みもあれば、印象の問題でもある。ただし、マークシートの読み取りシステム製作者側は、鉛筆の使用を前提としているという。

鉛筆の一つの大きな長所は、間違えたら消しゴムで消せることである。インク ink で書いた線は簡単には消せないので、白インクで上塗りしたり、訂正斜線を引いたりしなければならない。鉛筆の祖先は鉛 lead **Pb** やはんだ(半田、盤陀) solder (**Pb** と錫 tin **Sn** の合金)を木軸で巻いた物だそうで、これを動物の皮等に擦り描線していたらしい。その芯が黒鉛 graphite (炭素 carbon **C** の結晶鉱物)に変わり、1565 年にはコンラート・ゲスナー (Konrad Gesner) が黒鉛芯で化石の図解を示した。余談だが、日本で最初に鉛筆を用いたのは徳川家康だそうだ。

図 1-3　鉛筆の芯材料（トンボ鉛筆株式会社提供）

現在は、普通の鉛筆では黒鉛(無機材料)と粘土 clay (無機材料)を水 water $\mathbf{H_2O}$ (無機材料)や油 oil (有機材料)と練り合わせて焼結 sintering (融点以下で加熱し押し固める)した芯を用いている。原理上は、この芯の一部が紙等に擦られて摩耗し、削り取られた部分が紙に付着してそれが線となって見える。消しゴムはこの付着した芯を取り除く作業をする。

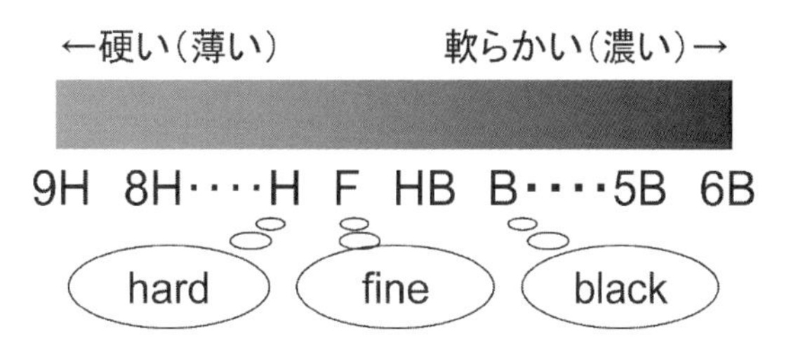

図 1-4　鉛筆の軟らかさに関する JIS 規格

普通の鉛筆には、HやB等とアルファベットが付されている。これは黒鉛と粘土の配合比を変えると濃くなったり(軟らかくなり紙に大量に付着する)、薄くなったり(硬くなり紙にあまり付着しなくなる)するので、その配合比を示す記号である。国によりその取り決めが違うが、JISでは最も硬い9Hから、8H、7H･･･H、F、HB、B･･･5B、そして最も軟らかい6Bまでの17種類を定めている。ちなみに、HはHard（硬い)、FはFine（明瞭な)、BはBlack（黒い)の頭文字である。ところで、黒鉛は導電体conductorなので、表面を磨いて被膜を除去した鉛筆の芯は電気を通す。

図1-5　芯と木軸の組立工程(トンボ鉛筆株式会社提供)

なお、色鉛筆の芯は黒鉛を用いず、顔料pigment等を油で固めて作る。ついでながら、顔料とは水や油に溶けない色粉末の総称で、一方で染料dyeは水や油に溶ける色粉末の総称である。また後述の塗料paintとは、顔料と染料の総称である。

木軸は対称線で二分して作った後で、芯を挟み込んで、接着剤bond（当初はニカワが使われていた)で固定される。木軸の材料は、シダー材やヒマラヤスギ(最近はプラスチックスを用いる場合も稀にある)の板である。また接着剤は、有機系と無機系のいずれもある。仕上げ工程では、有機塗料で表面塗装する。

なお、鉛筆という名称は、当初黒鉛鉱が発見された時に黒鉛も鉛の一種であると思われていたことから命名されたのだが、実際には鉛は用いられていない。昔の人は鉛筆の芯を舐めながら文章を書いたりもしたが、あまり芯を舐めると体に毒であるという説は誤解である。

●自動車

部品が最も多い機械の一つとして、自動車が挙げられる。ワッシャやネジを1つの部品として勘定すると、車種にも依るが概ね5,000種類30,000個の部品にも及ぶ。一度自動車メーカーに工場見学させてもらうと良い。ベルトコンベア方式で、大勢の作業者がずらりと並び、多種多様の部品を少しずつ付けていく工程は、合理的で壮観である。

ところで、余りに部品が多いので、1台の自動車に携わる人の数も尋常ではない。自動車メーカーは全体設計と部品組み立ての他、エンジン等の最重要部品を設計製造し、一部の構造系部品や排気系部品等は部品メーカーが担当することも多い。素材メーカーも材料改善の協力を惜しまない。著者はかつて

図1-6　自動車のボディフレーム溶接工程
(トヨタ自動車株式会社提供)

図1-7　自動車の組立工程
(トヨタ自動車株式会社提供)

鉄鋼メーカーで研究員をしており、自動車メーカーや自動車部品メーカーと一緒に自動車のための材料開発をしてきた。小さな部品同士が次第に大きな部品に組み立てられながら、最後に自動車の一部となる全体感をイメージしながら、これから取り扱う部品が最終的に自動車のどの部分でどのような働きをするのかを考えて研究開発していた。

構造系部品には鉄系金属が多く用いられており、部品同士は溶接 welding あるいはボルト締結等で繋げられる。しかし近年では、軽量化ニーズからアルミニウム aluminum **Al** やプラスチックス plastics 等も盛んに用いられており、高級車ではコスト度外視で、軽くて耐食性のある構造材料であるチタン titan **Ti** 等も使われている。また一口に鉄系材料といっても、強度 strength や加工性 formability が異なる多種多様の鉄系金属を調質できる。高熱に晒される排気系等の部品には、ステンレス鋼 stainless steel も用いられている。ゴム gom やガラス glass 等の非金属材料もあちこちに使われており、自動車を 1 台買ってきてばらばらにすると、かなり見応えのある材料展示会ができること請け合いである。

昭和 30 年代から 40 年代前後は自動車は豊かな生活の象徴であり、男子たるもの女性をデートに誘う時には自動車で駆けつけたという。著者が大学生の頃は、同級男子学生のほとんど全員が運転免許証を持っていた。しかし今では、TV ゲームや携帯電話等の普及によるのか、自動車に乗ることに対して若者の興味関心が無くなりつつあるような気がする。かつては自動車を作ることも社会的価値があったが、今後は携帯電話(最早古い？)やスマートフォン、そしてそのアプリケーションを作ることに社会的価値があるということになるのであろうか。そうすると、諸君が学ばなければならない材料は、鉄系材料から非鉄金属や有機材料等にシフトすべきかもしれない……いや、鉄系材料のみならず、非鉄金属や有機材料までも学ばなければならないと言うべきだろう。頑張って下さい、へへへ。

材料の分類

＜要 点＞

下の通り材料を分類してみよう。諸君の気になる材料がどこに分類されるか、いろいろ探してみよう。

表 1-1　材料の分類

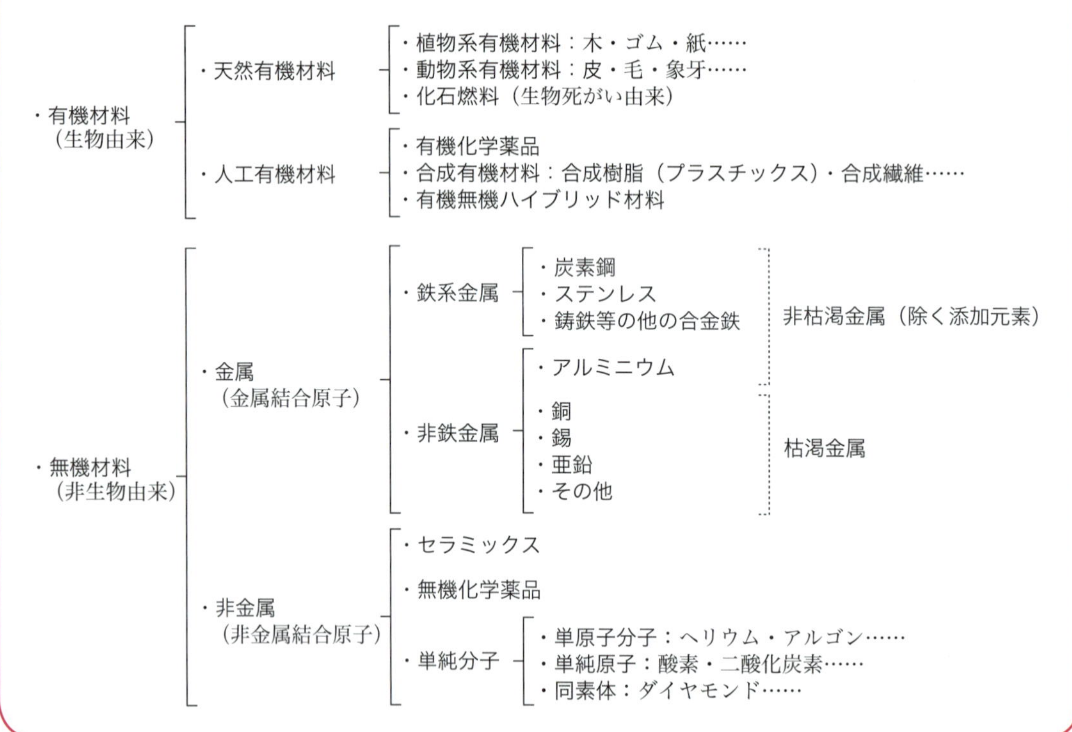

＜基 本＞

1.1 節で述べたような多種多様な材料を極力多く眺めたいという思いが、この教科書にはある。しかしランダムに見ていっても記憶に残らないだろうから、工夫をしたい。分かった材料は心に残るだろう。「分かる」事は、「物を他の物と分けてそれらの違いを認識する」事である。と言う訳で、先ずは分類してみようと思う。

材料を分類するためには、観点が必要である。用途ごとに分けても良いし、機能ごとに分けても良い。ここは初めて材料を知るということで、種類観点での分類をしてみたい。

まず、有機材料 organic material と無機材料 non-organic material に分けるのが一つの解りやすい分類方法だと思う。有機の「機」の意味は、「機能」である。高級で複雑な機能を持つ物は生物と関連する物が多い。本書では、有機材料を生物由来材料と定義する。一方、無機材料はその補集合である。この結果、他の書物で言われるように、炭素原子を主体とした高分子は有機材料に属することになる。炭素原子は長鎖状あるいは網状に連続分子を作ることができるので、有機材料主体でできている生物は、お陰でさまざまな能力を持っているのである。有機材料には、木、ゴム、紙、皮、毛、象牙、化石燃料、有機化学薬品、プラスチックス(合成樹脂)、合成繊維、有機無機ハイブリッド材料等がある。有機材料については、第9章に記述する。

さて、次に無機材料を更に分けてみよう。代表的な無機材料は金属 metal である。無機といっても機能が全くない訳ではなく、金属にはそれぞれの特徴があるので、第5章から第7章でゆっくり比較したい。金属は、化学的には金属結合 metallic bond【☞第3章1節】から成る材料であり、展性 malleability、塑性 plasticity、延性 ductility に富み機械工作しやすく、電気と熱を良く伝え、不透明な金属光沢を持ち、常温において固体(水銀 mercury **Hg** だけ例外)で、水溶液中では陽イオン ion となる。一般的に金属と言われている材料はもちろん、それ以外にも実は金属はたくさん存在する。非金属はその補集合である。

金属を更に分類してみよう。今は鉄器時代 the Iron Age【☞発展】であり、地球に鉄 iron **Fe** はふんだんに含まれる。鉄はさまざまな作り込みができるので、安価な割には性能が良く、広く用いられる。そこで、金属を鉄系金属と非鉄金属に分けてみよう。鉄系金属には純鉄、鋼鉄、鋳鉄、そしてステンレス鋼等の合金鋼等がある。鉄系金属については、第5章に記述する。また、非鉄金属にはアルミニウム aluminum **Al** や銅 copper **Cu** 等がある。**Fe** と **Al** は枯渇しないと言われている金属であり、また **Fe**、**Al** 及び **Cu** は最も身近な3金属である。非鉄金属については第6章と第7章に記述するが、特に第6章では **Al** と **Cu** を **Fe** と比較しながら説明していきたい。

一方、非金属には、セラミックス、無機化学薬品、単純分子等がある。セラミックスと無機化学薬品の区別が曖昧なところもあるが、例えばセラミックスとは狭義には主成分が金属酸化物 metal oxide、広義には半導体 semiconductor や無機化合物 inorganic compound の成形体等も指し、無機化学薬品とは塩酸や硫酸等を指す。これらについては、第8章に記述する。また、二酸化炭素 $\mathbf{CO_2}$ や炭酸カルシウム $\mathbf{CaCO_3}$ 等、**C** 原子を含んでいても機能が単純な分子は、有機材料ではなく無機材料に分類する。

なお、より厳密に分類すると上記は単体材料であり、これらを複数合わせて成す複合材料、あるいは接合材料も存在する。一般的には、接合材料とは複数の材料同士の接触面が単純な平面に近い物で、複合材料とは複雑な物である。大抵の場合、組み合わせる材料同士は特性が異なり、複合材料で複数の特性を有するいわゆる機能材料として製造されることが多い。

＜発 展＞

●用途別分類と機能別分類

材料の分類は、観点によりさまざまに可能である。＜基本＞では種類別分類をしたが、用途別分類や機能別分類も有効である。1.1節で述べた通り、人との関係の中で所定の特性を所定の用途に用いられる物質が材料であるとすると、少なくとも特性つまり機能と、用途の観点があるだろう。種類別分類は材料製造の立場で分類しており、用途別分類は完全なる使用者の立場での分類、機能別分類は使用者や機器製造者の立場での分類とも言える。用途別分類と機能別分類は、一部重複する部分もある。分類の観点は、材料を用意(開発)するのか、材料を使うのか、材料を選ぶのか、等と立場を明確にすると分かりやすくなる。

用途別分類では、例えばバネ用材料、工具用材料、軸用材料、磁性用材料、振動用材料、ベルト用材料、ロープ用材料、光機器用材料、構造用材料、耐環境用材料等に分けられる。それぞれの用途にはそれ相応の特性を持った材料が必要である。それぞれの材料として従来の代表的な例を次に挙げておこう。なお、○系とは鉄系金属の分類であり詳細は第5章を、新たに表れた元素については第2章を参照されたい。

・**バネ用材料** ‥‥ 高弾性率(バネとしての強さ)、成形性、靭性(バネとしてのもち)等が要求され、それらを実現させる熱処理性が鍵となることが多い。SUP 系 **Mn-Cr** 合金鋼が通常用いられるが、ステンレス鋼、**Cu**、**Ti** や、特殊なセラミックスも使われている。

・**工具用材料** ‥‥ 硬度、耐摩耗性、耐熱性、焼入性等が求められる。SK 系良質炭素鋼、SKS 系合金炭素鋼、SKH 系 **W** または **Mo** 系合金鋼、Al_2O_3 等。工具に用いる研磨剤や潤滑材等も研究される。

・**軸受用材料** ‥‥ 強度、加工精度、耐久性が求められる。高炭素 **Cr** 合金鋼、樹脂系材料等。

・**磁性用材料** ‥‥ 磁気特性の他、加工性、熱や外力にあまり変形しない機械特性、磁性微粉末の剥離しない特性等が求められる。**Fe-Al-Ni-Co** 合金(アルニコ磁石)、**Ba** フェライト磁石、**Fe-Si** (1 〜 4%)合金等が用いられる。

・**振動用材料** ‥‥ 振動により疲労破壊しない靭性が求められる。ステンレス鋼、**Ti**、FRP 等が用いられる。

・**ベルト用材料** ‥‥ 無溶接化あるいは溶接部の熱処理による材質不連続性除去、及び表面状態の平滑化の他、搬送物によっては耐熱性や耐腐食性等も要求される。例えば、SUS430 ステンレス鋼、スチレンとブタジエンの共重合ゴム、繊維等が用いられる。

・**ロープ用材料** ‥‥ ロープは、長尺方向に特に強度が必要で、材料に強烈な異方性を与える。またそれを編むので、その際に発生する特殊な応力分布に耐えなければならない。例えば、ステンレス鋼、高張力鋼、高張力繊維、ポリエステル繊維、及びこれらの複合材料等が用いられる。

・**光機器用材料** ‥‥ 蛍光性、反射性、透過性等の他、ファイバーでは柔軟性、レンズ等では剛性が求められる。合成シリカ SiO_2、**ZnD:Ag**、ポリイミド等。

・**構造用材料** ‥‥ 高弾性率、高強度に加えて耐摩耗性、耐腐食性、耐熱性を要求されることもある。低炭素鋼が一般的で、腐食性等を高める為に塗装やメッキを併用する。高張力鋼やステンレスも用いられるが高価となる。小型機械の構造材料としては **Ti**、**Mg**(最も軽い構造金属)、プラスチック等も。

・**耐環境用材料** ‥‥ 構造材料と同様の考え方をするが、構造材料である必要は無く、代わりに流体、熱(火、極暑、極寒環境)、化学環境(海水環境、生体環境)、放射線等に晒される前提となることがある。環境物に関する研究も含まれる。

機能別分類とは、電気機能材料、磁気機能材料、光学機能材料、熱(高温)機能材料、機械的機能材料、音(振動)機能材料、物質分離(移動)機能材料、認識機能材料、化学機能材料、生体 bio 機能材料、エネルギー機能材料、形状記憶(機能)材料、超塑性(機能)材料、生活機能材料等に分けることである。

・**電気機能材料** ‥‥ 例えば電気伝導性、加工性、熱や外力にあまり変形しない機械特性等が求められる。良導 conducting 材料としては **Cu**、**Ag**、**Cu** 合金及び **Ag** 合金等、半導 semiconducting 材料としては **Si**、**Ge** 及び **SiC** 等、超伝導 superconducting 材料としては **Fe**、**Hg**、**Nb-Ti** 及び $YBa_2Cu_3O_7$ 等、誘電 dielectric 材料としては $BaTiO_3$ 及び雲母等、圧電 piezoelectric 材料としては $ZnOSiO_2$ 等、絶縁 non-conducting 材料としては SiO_2、ゴム、皮及び木材等が挙げられる。

・**磁気機能材料** ‥‥ 用途別材料の磁性用材料を参照。

・**光学機能材料** ‥‥ 用途別材料の光機器用材料を参照。

・**熱(高温)機能材料** ‥‥ 高温環境下で、溶融、クリープ破壊、腐食等が起きない材料が求められる。また、考慮する温度は年々高くなっている。ステンレス鋼、**NiCrAlY** (ニクラリー)、**CoCrAlY** (コクラリー)、Al_2O_3 及び $MoSi_2$ 等が挙げられる。

・**機械的機能材料** ‥‥ 高強度、高弾性率、高耐久性、高耐摩耗性、高切削性、場合によっては高潤滑性等が要求される。炭素鋼、ステンレス鋼、ダイヤモンド、**WC** 及び **TiC** 等が挙げられる。

・**音(振動)機能材料** ‥‥ 音や振動の発生、吸収または遮蔽(しゃへい)をする破損しない材料が求められる。発生材料としてはステンレス鋼及び **Ti** 等、吸収材料としてはゴム及び制振 high damping 合金等、遮蔽材としてはコンクリート及びグラスウール等が挙げられる。

・**物質分離(移動)機能材料** ‥‥ 環境や生体に近い所で使われることも多く、構造的な耐久性と共に、化学的な安全性や安定性が求められる。紙、イオン交換樹脂 ion exchange resin、キトサン chitosan、チミン thymine 及びモノリス monolith 等が挙げられる。

・**認識機能材料** ‥‥ 科学的な安全性、安定性及び確実性が求められ、物質分離機能材料より微視的な使われ方をすることが多い。ポリマー、レクチン等が挙げられる。

・**化学機能材料** ‥‥ より産業寄りで使われることも多く、安全性や強力であることを求められる。酸やアルカリ等を生成するための各種イオン、励起分子、各種有機材料及び触媒等が挙げられる。

・**生体機能材料** ‥‥ 医療機器や人工臓器等のように生体機能を有することや、人工臓器や化粧品等のように生体との親和性が要求される。また、生体内で使う場合には耐久性も重要となる。**Ti-6Al-4Nb**、**Al_2O_3** 等と、また場合によっては DNA も挙げられる。

・**エネルギー機能材料** ‥‥ エネルギー貯蔵(電池)材料、エネルギー伝達材料及び構造材料等があり、各々が機能を持つべく材料設計される。電極 electrode 材料としては **Pt** 及び **LiCoO** 等、水素貯蔵 hydrogen storage 材料としては **$LaNi_5$** 及び **Fe-Ti** 等が挙げられる。

・**形状記憶 shape memory (機能)材料** ‥‥ 形状記憶機能以外に、用いられる部位に応じた機械特性等が求められる。**Fe** 系合金、**Ti-Ni**、**Au-Cd** 及び **Cu-Zn-Al** 等が挙げられる。

・**超塑性 superplasticity (機能)材料** ‥‥ 研究段階である。**Bi-Zn** 及び **Al** 系合金等が挙げられる。

・**生活機能材料** ‥‥ 日常の道具から機械とのインターフェースまで、心地良さが求められる。材質としては軽量、滑らかに成形できること、温かみ、手触り等が重要な特性であり、製品としては掃除のしやすさ、壊れ難さ、静電気の溜まり難さ、意匠性等が重要な評価項目となる。プラスチック、陶磁器、木材、繊維、ガラス、ステンレス、石膏及びセメント等が挙げられる。

●人類の進歩と材料

人が人たる生活をして来られた一つの大きな理由は、道具 tool を作り、使ってきたことにある。その道具作りには、当然材料が欠かせない。歴史年表を見ると、人類の歴史は石器時代 the Stone Age、土器時代 the Pottery Age (歴史学の専門用語としては、土器時代は新石器時代に含まれる様で、土器時代とは呼ばないらしい。)、そして青銅器時代 the Bronze Age を経て鉄器時代 the Iron Age と歩む。つまり、人の使う材料は、石に始まり、土、青銅、鉄と幅を広げてきたという訳である。

絶滅した動物と人類が共存していた 200 万年前から BC1 万年の旧石器時代に、ホモ・ハビリスが石で道具を作り始めた。石(セラミックス)は身近な材料の一つであり、硬いので構造材や狩猟の武器として使われた。この頃は未だ、石と石同士を打ち欠いてできた単純で偶発的ないわゆる打製石器 chipped stone tool を作っていた。時代が進み、氷河が後退し気候が温暖になった BC 1 万年から BC 6000 年頃 (例えばオリエントでは BC 8000 年、メソポタミアでは BC 6000 年頃と地域差がある。)の中石器時代には、日本においても細石刃が使われ出した。そして新石器時代になると、磨かれたいわゆる磨製石器 polished stone tool も出現した。最初は道具も機械もなかったので、研磨や研削といった石の加工は石で行われた。石と石を擦り合わせると、加工される側 work だけでなく道具も平坦度が増す(進化原理)。このように道具の精度が向上し、現在の精密加工に繋がる。つまり、最初の精密機械は何かという問いに対して、石斧や矢尻と答えることもできる。

新石器時代になると、土器が出現する。石は脆く思い通りに成形できないので、別の材料が使われ出したのである。土器は、現在の茶碗や土瓶の原形である。土器時代には、狩猟と共に農耕や畜産による自給自足の生活様式が始まった。日本の縄文時代は、新石器時代とされている。また話は変わるが、東京大学本郷キャンパスの下には、弥生時代の遺跡や土器がたくさん埋まっている様である。古くなった校舎の立て直しをしようとして掘り起こすと地下からそれらが出て来るので、建築現場がいつの間にか発掘現場に代わるのである。したがって、東京大学本郷キャンパスの建物は中々新旧交代せず、いつ行ってもどこかしら必ず工事中のまま放置されている。

石は成形し難く、土は割れやすい。そこで、そこそこ成形しやすくそこそこ割れ難い青銅器が使われるようになった。青銅については第6章で詳細に触れるが、青銅器は基本的には鋳造品である。文明の発達で、火と型を用いるようになったのである。そして、青銅器という道具の進化により、農業生産の効率化や、より高度な武器の生産がもたらされた。青銅器時代は、メソポタミア、エジプト地域においてはBC 3500年頃からBC 1600年頃、ヨーロッパではBC 3000年頃からBC 1400年頃、中国では夏あるいは殷頃から春秋時代までとされている。

そして現世は鉄器時代である。BC 1600年頃に建国されたヒッタイト帝国は、人類史上最初に鉄器を大々的に用いたとされている。ただし、**Fe**はBC 1800年頃から地中海沿岸地域で既に使われていたようである。日本では、弥生時代に青銅器と鉄器がほぼ同時に大陸から伝わったとされており、その意味では日本に青銅器時代は存在しない。青銅はそこそこ割れ難くそこそこ成形しやすいとは言っても、所詮**Fe**には敵わない。**Fe**は安価で強靭で重過ぎもしない。**Fe**は**C**との合金で用いた場合、千変万化する。鉄鋼材料学の大家である京都大学名誉教授のM先生が、鉄合金創りは無限であり、**Fe**の平衡状態図【☞第5章】は芸術だと仰っていた。**Fe**の使い方はまだまだ洗練されるべきであり、**Fe**にはまだまだ潜在価値があると思われる。一部でセラミックスや高分子材料等が台頭してきているが、これらの材料も決して万能ではない。レアメタルも良いが、地上に豊富に与えられた**Fe**をより高度に使用することこそ、資源のない日本の腕の見せ所ではないかと思う。人類は、まだ**Fe**を使いこなしていない。

もちろん、石、土、金属の他にも、人は材料を用いてきたと思われる。例えば、木や草の幹、茎、皮あるいは繊維素材、または動物の骨、角あるいは毛皮等である。これらは遺物として残り難く、出土しても道具かどうかの区別が付かないので、実際の所は想像するしかない。ただ、人類がオーストラリア大陸に渡る際には木製筏が使われた可能性がある等、木も重要な材料の一つであったことは間違いない。諸君が今見ているこの本は、紙、つまり植物繊維でできている。

なお、中央及び南アメリカでは、**Fe**が使われる前に独自の文明文化が作られた。石器が実用材料として使われた他、金属材料としては融点melting pointが比較的低く、かつ製錬も比較的楽な**Au**、**Ag**、**Cu**あるいはそれらの合金が使われた。

1.4節 人と人感性の材料

<要 点>

人の材料は、唯一食事により得られる。炭水化物、脂肪、蛋白質、無機質、栄養、食物繊維、及び水が必須材料である。

人の行動に関する材料は、外からの情報である。視覚情報は光から得られ、色と明度の分布として感知する。また、聴覚情報は音から得られ、音程及び音量の時(空)間履歴として感知する。

<基 本>

食事 meal が人 human being の材料であるという TV-CM があった。印象的だったので覚えている。光合成ができない以上、確かに人の材料は食事に限られる。反面、現代人には美食家はいても、本当に人に必要な洗練された材料を食事に求める甲斐性が足りないのではなかろうか。化粧はしても朝食を取らない OL や、金欠を理由に昼食を毎日カップラーメンで済ませる学生も多いと聞く。その割には香水を付けたりヘアスタイルを気にしたりと、美容には余念が無い。基盤さえできていたら、それらの努力はもっと効果的なのだが。

六大栄養素という言葉を習った筈である。健康な生活を維持するために個人が知るべき重要な知識なので義務教育で教えることになっているのだ。炭水化物 carbohydrates、脂肪 fat、蛋白質 protein、無機質 mineral、ビタミン vitamin、食物繊維がそれである。必須材料という意味では、これに水を加える。工学部だから物を加工創成するのは重要な仕事だが、自分自身も維持管理メンテナンスする必要がある。今日を機会に、今後は自分自身の材料についても少しは考える習慣を付けてみるのも悪くない。詳細を第 10 章に記述する。

本書の最後で、視覚 sense of seeing と聴覚 sense of hearing の材料についても扱う。人は、外からの情報を感覚受容器 sensory receptor で入手 receive（感知 sense）し、それを分析 analyse（認知 recognize）して判断 judge した後に反応 react する。食事が人の物体としての材料であるのに対して、情報は生命活動を推進する為の行動 action の材料と言える。近年不自然な人工環境が増えつつあり、適切な情報を入手して正しく分析する能力の欠如した若年者が増える傾向に著者は危機感を覚えている。ぜひ、自分の為に第 11 章も熟読して下さい。

視覚とは光、つまり可視電磁波が目の網膜に当たると視神経がそれを色と明度の分布として感知して始まる。その意味では色と明度の分布が視覚の材料であり、可視電磁波はその材料を与える媒体であるといえる。実は色と明度の分布を感知するところまでが先天的能力であり、それらに基づき遠近(三次元分布)、形または表面状態等を認知するのは後天的能力である。

聴覚とは、音、つまり音媒体の可聴振動と一部の可聴体振動が鼓膜に到達し、鼓膜振動が骨伝導を経て蝸牛内の基底膜を振動させ、音程と音量の時間履歴として感知して始まる。耳が二つあるので、若干なら分布としても感知できる。その意味、音程と音量の時(空)間履歴が聴覚の材料であり、音媒体の可聴振動と一部の可聴体振動はその材料を与える媒体であるといえる。実は音程と音量の時(空)間履歴を感知するところまでが先天的能力であり、それらに基づき音感やリズム感等を認知するのはおそらくは多分に後天的能力であると考えている。

＜発 展＞

●親と子は別人

諸君は、学力や身体能力が本質的には遺伝的であると思っていないだろうか？親ができないから自分もできないだろう、あるいは親が短命だから自分も短命だろう等と、自分ではどうすることもできないと抵抗や努力を諦めているのではないだろうか？

遺伝されるのは、医学関係者のお叱りを覚悟の上で敢えて乱暴に言えば、蛋白質の配列の指向性、つまり体質である。体格、顔貌や虹彩の色等は遺伝する。体質とは材料ではなく、その組立図面のような物だ。同じ材料を与えれば当然近い物ができるだろうが、もし異なる材料を与えたら果たして近い物ができるだろうか？例えば、プラモデルの設計図や金型のある工場に新型の軽量高靭性プラスチックス、あるいは逆に劣悪なプラスチックスを持ち込んだら何ができるだろうか？きっと落としても壊れない一味違うプラモデルができたり、あるいは成形できなかったりするに違いない。そう、材料は重要なのだ。

結論を簡単に示すと、親ができないから子供ができない、親が癌になったから子供も癌で死ぬだろう等と決めつけるのは、概して間違いである。最も端的な例は、母国語が英語の両親を持つ白人の子供が日本で日本人達と一緒に生まれ育てば、その子は当然日本語を母国語とする事実である。外国人だから外国語を喋れるのではなく、生後どの言語を聞いて育ったかで母国語が決まるのだ。海外で英語を流暢に喋る二世日本人達もいる。自分は日本人だから英語が喋れないというのは、勉強方法が間違っている可能性もあるが、そこまで含めて言い訳に過ぎない。英語は勉強すれば、必ずできるようになる。これは英語に限らない。大脳を使う行為であるほど、後天的な学習の影響が大きい。特に大脳の神経細胞の回路網ができ上がる幼少期に受ける教育の影響は甚大であり、これを総じて「英才教育」、あるいは「三つ子の魂百まで」等と言うのである。この場合、英語や日本語(の音)は、聴覚材料と言える。材料が変わると、大脳の語学能力も変わる。教育とは、人に適切なタイミングで適切な材料を与えることとも言える。

しばしば「どうして私の子供なのにあなたは！」とか、「親が親なら子も子だ！」等と言われるが、遺伝子学的にも大間違いである。自分と同じ子供を残すのであれば、単性生殖で充分である。進化の過程で有性生殖になったのは、子供が親と同じでは不利だからである。全く同じ親子では、環境の急変により親子もろとも全滅するだろう。このように、遺伝学的に違う親子が、異なる環境で育つのだから、全く違った人になっても不思議はない。親が「どうしてお前は私ができることができないんだ？」などと言ったら、子供は即時「俺は父ちゃんとは違う人間だ。」と反論できる。得てして、親の教育が悪かった可能性が高い。

先に、教育は材料の与え方であると述べたが、家庭で、地域で、学校で、適切な材料を子供に提供できる社会だったならば、子供が心身共に健康に育ち、日本はもっと良い国家になっていただろう。少年の死刑判決が出る時代になった。人工物が増え、自然環境が劣悪化し、ストレスフルな社会で自殺者も増加の一途を辿っている。近年の教育が、学歴さえあれば等という筋違いな教育ではないことを願っている。

なお、遺伝しやすい病気も当然ある。ただし病気が遺伝するのではなく、病気になりやすい体質が遺伝するのだ。確かに遺伝しやすい癌もある。親の振り見て我が身を知ることは、弱点克服の意味からも重要であろう。

材料の源・・・原子の世界

材料の源である原子の種類、構造、性質等について学ぼう。

Check Sheet

□ 1） 原子と元素の違いを簡明に説明しなさい。

□ 2） $^{14}_{6}C$ は何か簡明に説明しなさい。

□ 3） 素粒子とは何か簡明に説明しなさい。

□ 4） イオンとは何か説明しなさい。

□ 5） 以下に示す表 2-1 の空白を埋めなさい。

表 2-1　虫食い周期律表

		21 Sc										31 Ga		33 As	34 Se		
37 Rb	38 Sr	39 Y				43 Tc	44 Ru	45 Rh				49 In		51 Sb	52 Te		
55 Cs		ランタノイド	72 Hf	73 Ta		75 Re	76 Os	77 Ir				81 Tl		83 Bi	84 Po	85 At	86 Rn
87 Fr		アクチノイド	104 Rf	105 Db	106 Sg	107 Bh	108 Hs	109 Mt	110 Ds	111 Rg	112 Uub	113 Uut	114 Uuq	115 Uup	116 Uuh	117 Uus	118 Uuo
		ランタノイド			59 Pr	60 Nd	61 Pm	62 Sm	63 Eu	64 Gd	65 Tb	66 Dy	67 Ho	68 Er	69 Tm	70 Yb	71 Lu
		アクチノイド	89 Ac	90 Th	91 Pa		93 Np		95 Am	96 Cm	97 Bk	98 Cf	99 Es	100 Fm	101 Md	102 No	103 Lr

□ 6） 原子が生成した最初の反応（現象）は何か。

□ 7） 最も安定した原子核を持つ元素は何か。

□ 8） 地球に最も多く存在する元素は何か。また、地殻に最も多く存在する元素は何か。

原子と元素

＜要 点＞

原子は物であり、元素は原子の種類である。また、素粒子とは、物質を構成する最小単位の材料である。原子は陽子 p^+ と中性子 n から成る原子核と、その回りに存在する電子 e^- で構成される。かつては陽子 p^+ と中性子 n も素粒子と考えられていたが、より小さい素粒子が発見された。

＜基 本＞

原子 atom と元素(chemical) element は、全く異なる。

原子とは、原子核 atom nucleus（＝陽子 proton **p^+** ＋中性子 neutron **n**）と電子 electron **e^-** から成る、物質を構成する物理的な単位 unit である。種類を論じるのではなく、構造 structure を論じる時の用語である。陽子は正電荷を、電子は負電荷を持つ。原子核の回りを電子がある軌道 electron orbit で回るのは、この陽子と電子の間の電気的な引力が向心力として作用しているためである。一般的には恒星の周りを惑星が回るイメージで例えられるが、電子は球体ではなく電子殻 electron shell を形成しており、むしろ地球を覆う大気に近いとも言える。

元素とは、ある原子番号 atomic number の原子で代表される物質(原子)の種類で、化学物質を構成する基礎的成分である。物を論じるのではなく、物質(原子)の種類やその組み合わせについて論じる時の用語である。後述の **C** や **O** 等の記号は原子ではなく元素を説明する記号なので元素記号 the symbol of an element と称し、それを順番に配列した表を元素周期律表 periodic table と称する。

表 2-2 に原子と元素の違いを比較一覧する。

表 2-2　原子と元素の違い

	実体・特徴・単位	例
原子	・物体 ＝陽子＋中性子＋電子 ・質量や形がある。 ・個［mol］	・CO_2 を構成する原子の数は 3 つ。 ・重力で原子が落下する。 ・高圧で原子同士が衝突する。 ・$^{14}_{6}C$ という原子は放射線を出す。
元素	・概念 ・陽子・中性子の数で代表 ・質量も形もない。 ・種類	・CO_2 は **C** と **O** の元素で構成される。 ・**O** と **N** の内、より安定な元素は **N** である。 ・**Hg** は常温で液体の金属元素だ。 ・$^{14}_{6}C$ は **C** の放射性同位体元素だ。

＜発 展＞

●原子と原子核

表紙で女の子が乗っているのは、**Fe** 原子・・・青色の原子核の周りを、黄色の電子雲が覆っているイメージ図である。もちろん、人間が乗れる大きさではないし、本当は原子(最外電子殻)の半径は約 1×10^{-10}m ～ 3×10^{-10}m ＝ 100pm ～ 300pm(ピコメートル)で、原子核の半径は大きい鉛 **Pb** でも 10^{-14}m ＝ 0.01pm ＝ 10fm (フェムトメートル)以下、**H** 原子核(つまり p^+)に至っては 1.2×10^{-15}m ＝ 0.0012pm ＝ 1.2fm である。したがって、正しい縮尺でこの **Fe** 原子を描いたら、原子核は小さ過ぎて見えない。そこでやむを得ず原子核を誇張して描いている。

●素粒子

素粒子 elementary particle とは、物質を構成する最小単位の材料と定義される。即ち、素粒子の寸法が自然界で在るべき最小目盛であり、素粒子の内部構造は存在しない。超弦理論においては、弦状素粒子が振動していると言われている。粒子という名だが粒子としてイメージすると解り難いので、著者は「状態を作る可能性を意味する雲」と説明したい。要するにそれを見た者などいないのである。素粒子は日常目にする物質とは異なり、バリオン数, レプトン数、電荷数、スピン角運動量等の特徴を持ち、不連続性を統計的に表現する量子力学的法則に従う場と古典力学的法則に従う粒子の二面性を持つ。また、ある条件下で相互に転化し合う(相互作用)。

2012 年 7 月 13 日現在では、素粒子はフェルミ粒子 fermion とボース粒子 boson に大別されている。フェルミ粒子は物質を構成する素粒子でフェルミ統計に従い、ボース粒子は力を媒介する素粒子でボース統計に従う。それぞれ表 2-3 に示す通り、フェルミ粒子はクォーク quark とレプトン(軽粒子) lepton に、ボース粒子はヒッグス粒子 higgs boson とゲージ粒子 gauge boson に分類される。フェルミ粒子は、陽子と比べて極めて小さいと言われている。

陽子等は、強い相互作用で連結した複合粒子であり、これらをハドロン hadron と総称する。クォー

表 2-3　素粒子の分類

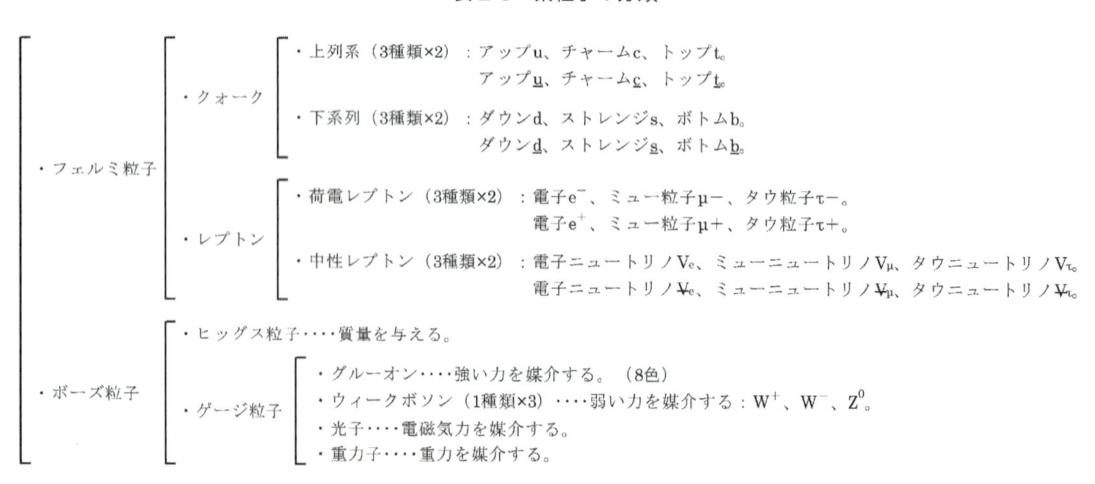

- ・フェルミ粒子
  - ・クォーク
    - ・上列系（3種類×2）：アップu、チャームc、トップt。
      アップ$\underline{u}$、チャーム$\underline{c}$、トップ$\underline{t}$。
    - ・下系列（3種類×2）：ダウンd、ストレンジs、ボトムb。
      ダウン$\underline{d}$、ストレンジ$\underline{s}$、ボトム$\underline{b}$。
  - ・レプトン
    - ・荷電レプトン（3種類×2）：電子e^-、ミュー粒子μ−、タウ粒子τ−。
      電子e^+、ミュー粒子μ+、タウ粒子τ+。
    - ・中性レプトン（3種類×2）：電子ニュートリノV_e、ミューニュートリノV_μ、タウニュートリノV_τ。
      電子ニュートリノ$\bar{V}_e$、ミューニュートリノ$\bar{V}_\mu$、タウニュートリノ$\bar{V}_\tau$。
- ・ボーズ粒子
  - ・ヒッグス粒子・・・・質量を与える。
  - ・ゲージ粒子
    - ・グルーオン・・・・強い力を媒介する。（8色）
    - ・ウィークボソン（1種類×3）・・・・弱い力を媒介する：W^+、W^-、Z^0。
    - ・光子・・・・電磁気力を媒介する。
    - ・重力子・・・・重力を媒介する。

クはハドロンの構成要素であり、例えば陽子は２つのアップクォークと１つのダウンクォークからなる。ウォークはバリオン数1/3を持っており、素粒子の集結によりバリオン数は保存する。バリオンの語源はギリシャ語の「重い」である。アップダウン（アイソスピン）、チャームストレンジ、トップボトムの３つの特性があり、電荷+2/3を持つ上系列u、c、tと、電荷-1/3を持つ下系列d、s、bの、合計６種類がある。また、この６種類には反粒子antiparticle $\underline{u}$、$\underline{c}$、$\underline{t}$、$\underline{d}$、$\underline{s}$、$\underline{b}$が存在する。

レプトンは、強い相互作用の影響を受けない。レプトンはレプトン数１を持っており、素粒子の集結によりレプトン数は保存する。レプトンの語源はギリシャ語の「軽い」である。荷電レプトンcharged leptonはe^-、μ^-、τ^-で荷電-1を持ち、反粒子e^+、μ^+、τ^+の電荷は+1である。また、中性微子（中性レプトン or ニュートリノ）neutrinoV_e、V_μ、V_τは反粒子と共に荷電を持たない。以上の荷電レプトンと中性微子は、合計６種類がある。電子は今もなお素粒子である。

ヒッグス粒子は質量を与える素粒子で、この教科書の執筆中の平成24年７月５日に発見された。質量を与えるといっても、他の素粒子をつなぐ摩擦の様なイメージである。クォークとレプトンはそれ自体では質量を示さないが、ヒッグス粒子と一緒になると質量を示す。また、後述のウィークボソンも同様である。質量とは本来動きにくさであるので、摩擦の例えがしっくりくる。あちこちの科学施設が、こぞって子供のための素粒子の説明ブースを追加し始めたので、行ってみるのも一興であろう。

ゲージ粒子は素粒子間の相互作用を伝搬する粒子で、４種類ある。機械でいうと、力を伝達するベルトやカム等の機構に相当すると考えると解りやすいかも知れない。グルーオンgluonは素粒子同士をつなぐ糊とイメージすると解りやすい。８色（色と呼ばれる性質の種類があるが、色が付いているわけではない）あり、グルーオン同士も相互作用を示す。ウィークボソンweak bosonは、素粒子の相互作用を注解する際に一瞬発生する不安定ですぐに崩壊してしまう素粒子である。正粒子、反粒子及び０粒子がある。光子photonはいわゆる光（電磁波）である。重力子gravitonが未発見であるが重力子は素粒子ではないと言う説もある。まだまだ人間の知らない事はたくさんある。

ところで、質量を示せるクォーク、レプトン、ウィークボソンにのみ、反粒子が存在する。反粒子同士が集結すると、質量が消失しエネルギーとなる。

金属結晶が未知だった頃には金属粉末が合金金属を作る素粒子であったし、原子が発見された後には素粒子は陽子、中性子及び電子と定義され、現在ではフェルミ粒子及びボース粒子が素粒子とされている。時代と共に、素粒子とは何かの定義は変化している。ちなみに、1974年には湯川秀樹先生が陽子と中性子を結合させるパイ中間子（ハドロンの一種）の存在を予想し、2008年には、南部陽一郎先生が粒子に質量がある理由を説明すると共に、小林誠先生と益川敏英先生が自然界に少なくとも６種類のクォークが必要だと予言し、いずれもノーベル賞を授与された。

2.2節 周期律表

＜要 点＞

原子はビッグバンで宇宙に拡散され、さまざまな元素が星の発生、成長あるいは崩壊と関連しながら生成されてきた。${}_{26}\mathrm{Fe}$ は最も安定した元素であり、地球には ${}_{26}\mathrm{Fe}$、${}_{8}\mathrm{O}$ 等がたくさん含まれる。天然に存在する最も重い元素は、${}_{92}\mathrm{U}({}_{94}\mathrm{Pu})$ である。

1	2	3	4	5	6	7	8	9	10	11	12	13	14	15	16	17	18
1 H																	2 He
3 Li	4 Be											5 B	6 C	7 N	8 O	9 F	10 Ne
11 Na	12 Mg											13 Al	14 Si	15 P	16 S	17 Cl	18 Ar
19 K	20 Ca	21 Sc	22 Ti	23 V	24 Cr	25 Mn	26 Fe	27 Co	28 Ni	29 Cu	30 Zn	31 Ga	32 Ge	33 As	34 Se	35 Br	36 Kr
37 Rb	38 Sr	39 Y	40 Zr	41 Nb	42 Mo	43 Tc	44 Ru	45 Rh	46 Pd	47 Ag	48 Cd	49 In	50 Sn	51 Sb	52 Te	53 I	54 Xe
55 Cs	56 Ba	ランタノイド	72 Hf	73 Ta	74 W	75 Re	76 Os	77 Ir	78 Pt	79 Au	80 Hg	81 Tl	82 Pb	83 Bi	84 Po	85 At	86 Rn
87 Fr	88 Ra	アクチノイド	104 Rf	105 Db	106 Sg	107 Bh	108 Hs	109 Mt	110 Ds	111 Rg	112 Uub	113 Uut	114 Uuq	115 Uup	116 Uuh	117 Uus	118 Uuo

ランタノイド	57 La	58 Ce	59 Pr	60 Nd	61 Pm	62 Sm	63 Eu	64 Gd	65 Tb	66 Dy	67 Ho	68 Er	69 Tm	70 Yb	71 Lu
アクチノイド	89 Ac	90 Th	91 Pa	92 U	93 Np	94 Pu	95 Am	96 Cm	97 Bk	98 Cf	99 Es	100 Fm	101 Md	102 No	103 Lr

Li アルカリ金属
Ca アルカリ土類金属
Sc 遷移元素
F ハロゲン
He 希ガス
Tc 非定常元素
1 常温で気体
Br 常温で液体
Li 常温で固体
Al 金属
B 半金属
非金属
Tc 人工元素

図 2-1　周期律表

＜基 本＞

ビッグバン big bang により、陽子、中性子及び電子が大量に放出された。ただし、陽子と電子を合わせたような中性子は、陽子と電子に分解しやすく、数は当初は少なかった。陽子と中性子が衝突により連結し、ビッグバンから 100 秒後には安定したヘリウム原子核 ${}^{4}_{2}\mathrm{He}$ ができ始め、陽子やヘリウム原子核は電子を取り込み、10 分後には水素 hydrogen ${}^{1}_{1}\mathrm{H}$ とヘリウム helium ${}^{4}_{2}\mathrm{He}$ が個数比 12：1 でできた。この後更に衝突が繰り返され、さまざまな陽子と中性子の数の組み合わせを持った原子が多種多様にでき上がった。

原子における陽子と電子の数は基本的には同一なので、中性子の数に関わらず陽子(電子は過不足を直ぐに起こすので基準としては不適切)の数でそれぞれの原子に名前を付けた。これが元素であり、元素を原子番号順に並べると似た化学的性質を持った元素が周期的に現れ、電子軌道とも明瞭に対応させられる。この配列表を、元素周期律表という。1862 年に鉱物学者ド・シャンクルトワ De Chancourtois が 24 元素を原子量順に円柱周りに並べたのが、最初の元素周期律表である。元素周期律表は、未発見の元素の性質を予想するのに役立った。

地球に最も多く存在する元素は鉄 iron **Fe** である。**Fe** の原子核は最も安定しているので、宇宙の元素創生過程において **Fe** 原子が残留しているのである。また、地表に最も多く存在する元素は酸素 oxygen **O** である。太陽系の材料となった宇宙塵の中に **O** は多く含まれており、やはり地球の主材料となった。即ち、重い **Fe** は地下に、軽い **O** は大気に、そして酸化物 oxide は地殻に集合した。軽金属のアルミニウム aluminum **Al** も地表に集まった。珪素 silicon **Si**、**Al**、**O** は、地殻を構成する主元素である。図 2-2 に宇宙の元素組成を、また表 2-4 に地球の主組成元素比率を示す。

チェックシートの空いている箇所は、いずれも覚えておくと結構役立つ元素である。こんなにいきなり覚えられない諸君の為に、これだけは、という元素を列挙しておく。まず水素 $_{1}$**H**、炭素 carbon $_{6}$**C**、窒素 nitrogen $_{7}$**N**、酸素 $_{8}$**O**。これらは有機材料の主要元素である。次に $_{26}$**Fe**、$_{13}$**Al**、銅 copper $_{29}$**Cu**。これらは主要三金属元素である。また、銅から下に金銀銅が縦一直線に並んでいるのは面白い。そこで $_{29}$**Cu**、銀 silver $_{47}$**Ag**、金 gold $_{79}$**Au** も覚えてみたい。そしてついでだが、$_{29}$**Cu** と $_{79}$**Au** の両隣には、これまた有名な元素が居る。そこで、ニッケル nickel$_{28}$**Ni**、$_{29}$**Cu**、亜鉛 zinc $_{30}$**Zn** の 3 つと、白金 platinum $_{78}$**Pt**、金 $_{79}$**Au**、水銀 mercury $_{80}$**Hg**、の 3 つもセットで覚えてみよう。そう、周期律表に「エ」の字ができた。あと、錫 tin $_{50}$**Sn** と、平成 23 年 3 月 11 日の大震災で発生した原子力発電所の津波トラブルで一躍有名になったセシウム cesium $_{55}$**Cs** を覚えよう。これで結構物知りになった筈だ。なお、**Al** と **Fe** の原子番号が 13 と 26 と、丁度倍半分の関係になっていることも注目だ。

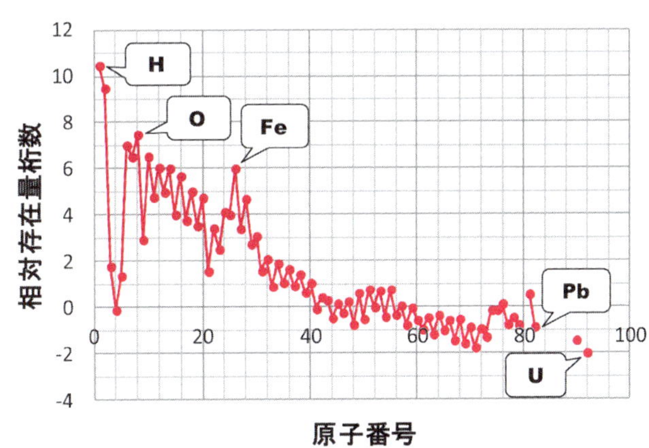

図 2-2　宇宙の元素組成

表 2-4　地球の主組成元素比率

元素	Fe	O	Mg	Si	S	Ni	Ca	Al
含有率	35.	28.	17.	13.	2.7	2.7	0.6	0.4

<発 展>

●枯渇金属

金属が採掘し尽くされた状態を金属枯渇と言うが、広義には消費が生産を上回り不自由する状態も含む。つまり、埋蔵量が少ない金属でも使わなければ枯渇しないし、大量に埋蔵された金属でも大量に消費すれば枯渇する。使用量は制御可能なので、制御できない埋蔵量が枯渇の要因になっていると言える。

厳密には、金属の資源量を完全には把握できない。石油にしても、過去にオイルショックが発生し、また真上から石油を吸い上げる垂直井 vertical well では採掘し尽くし、新しい油田は無いと言われたりもしたが、相変わらず生産が続き、ある部分は産油国の意思に基づいて生産量が決められたりもしている。存在しても見つかっていない鉱脈もあれば、見つかっていても現代の技術では採掘できない鉱脈もある。主な金属の埋蔵量は一説によると、**Fe** が 2,340 億 ton、**Al** が 230 億 ton、クロム chromium **Cr** が 37 億 ton、マンガン manganese **Mn** が 6.8 億 ton、**Cu** が 3 億 ton、チタン titanium **Ti** が 3 億 ton、**Zn** が 1.4 億 ton であり、マグネシウム magnesium **Mg** 及び **Si** が多量と言われている。

大陸地殻での平均濃度(地殻存在度)、及び鉱物の性状並びに利用形態より、金属の枯渇危険性を推論した文献もある。これによると、**Fe**、**Al**、**Si**、**Ti**、**Mn**、**Mg** は地殻存在度 0.1%以上であり、枯渇不安よりはむしろ製錬や利用の際のエネルギー消費、廃棄あるいはリサイクル等の社会的問題が懸念される。また **Cu**、鉛 lead **Pb**、**Zn**、**Sn** は地殻存在度 0.1%以下で、枯渇の心配がある。**Ni**、**Cr**、モリブデン molybdenum **Mo** は消費の多さが危惧されており、ベースメタル副産レアメタルのゲルマニウム germanium **Ge**、インジウム indium **In**、ビスマス bismuth **Bi**、レニウム rhenium **Re** 等は電子部品用に消費が激しく心配とのこと。レアメタルのバナジウム vanadium **V**、ニオブ niobium **Nb**、レアアースは消費が少なく大丈夫で、**Au** や **Pt** 等の貴金属は需要の急増に注意が必要だとか。ついでながら、毒性金属の **Pb**、**Hg**、カドミウム cadmium **Cd**、砒素 arsenic **As** は処理が問題視されている。

実は、20 年前に著者等は **Fe** と **Al** 以外は枯渇金属と思え、と教わった。例えば 1996 年の金属単価を見ると、鉄鉱石が 0.00072US $/kg と圧倒的に安価で 、マンガン鉱石の 0.00255 US $/kg が続く。ボーキサイト(アルミニウム鉱石)は 0.0165US $/kg であり、この時点で原材料費が **Fe** の 23 倍である。この後も安価な順番に原材料を並べると、例えば燐鉱石が 0.0205 US $/kg、チタン鉱石が 0.3715 US $/kg、硫黄が 0.038 US $/kg、ガラス素材鉱石類が約 0.06 US $/kg、タングステン鉱石が 0.065 US $/kg、セレスタイト(ストロンチウム鉱石)が 0.07 US $/kg、そしてクロム鉱石が 0.155US $/kg と続く。ちなみに、セメントが 0.07 US $/kg なので、**Cr** 以降はセメントより原材料費がかさむことになる。コストが重要な一般資本主義社会市場において、高価な金属を無限に使う話は工学的にはない、と悟る訳である。参考まで、生協で買った林檎は 192g で 95 円(平成 24 年 2 月)、つまり 495 円 /kg (1US $＝100 円とすると4.95 US $/kg)だった。また、小田原の農家から直接買った蜜柑は 120円 /kg (同様にして 1.2 US $/kg)だった。原材料費と金属単価は必ずしも比例しないが、例えば **Fe** スクラップが 18 ～ 25 円 /kg 程度、**Al** スクラップは約 50 ～ 100 円 /kg 程度、また **Cu** スクラップは約 150 ～ 550 円 /kg で売買されていることを考えると、まあざっと **Fe** は食べ物より安価で、せいぜい **Al** ないし **Cu** 位までが実用上手頃な金属であろう。図 2-3 に参考まで、BRICs 諸国(ブラジル、インド、中国、ロシア)での金属消費量より 2050 年までに枯渇すると予想された金属を示す。

日本は数年前は世界の 60%以上、現在でも 50%程度と言う世界最大のレアメタル消費国であり、特に $_{49}$**In**、$_{27}$**Co**、$_{28}$**Ni** の消費量は世界一である。レアメタルは産業のビタミン(アキレス腱)とも呼ばれており、高品質化、高機能化の鍵であり、日本の現国際競争力の源でもある。その価格変動は、従来は供給国の紛争等の内情起因だったが、近年は需要増等の社会構造変化起因である。レアメタルは資源偏在しているのが特徴であり、希土類とタングステン tungsten $_{74}$**W** はほぼ中国が独占的に産出している。この中国が、供給国から消費国に変化しつつあるのである。

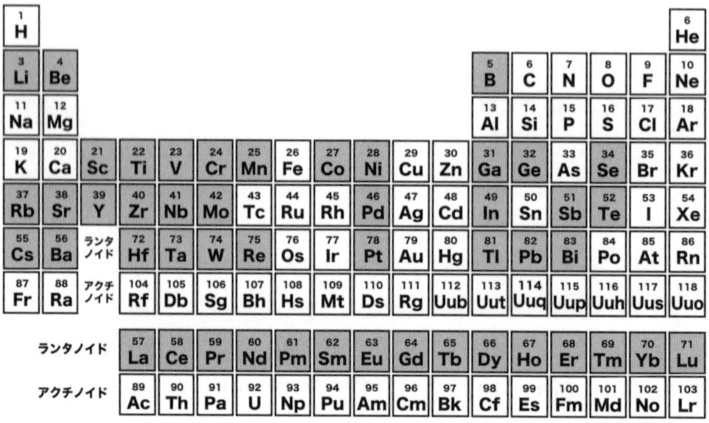

図 2-3　BRICs 諸国での金属消費量より予測した 2050 年までに枯渇する金属元素

2.3節 同位元素

<要 点>

陽子数が同じ原子(元素)を、同位体(同位元素)と称する。同位体は互いに中性子数が異なり、原子量も異なる。不安定な同位体である放射性同位体は、放射線を出して崩壊する。

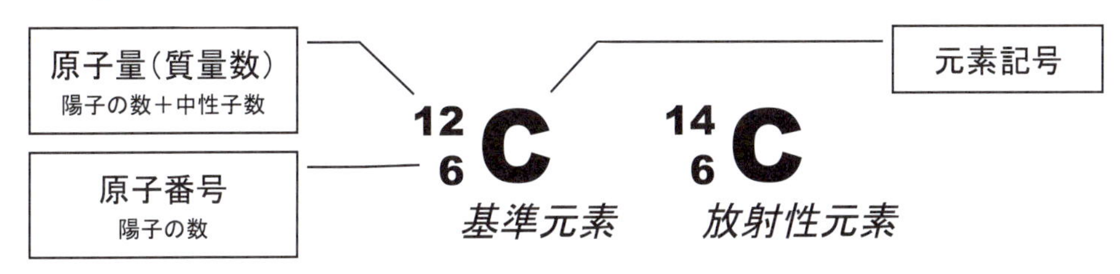

図 2-4　原子量及び原子番号を付記した元素記号の例

<基 本>

前節まで例えば炭素をほとんどの場合に $_{6}C$ と表記してきたが、本項では $^{12}_{6}C$ 等と表記する。ここで、6 は原子番号であり、その元素の単体原子が原子核に持つ p^{+} の数である。一方 12 は原子量(質量数) atomic weight であり、その元素の単体原子が原子核に持つ p^{+} 及び **n** の合計数である。$^{12}_{6}C$ を「炭素 12」という一原子核内に p^{+} と **n** を 6 ずつ持っている。

p^{+} の数が異なる原子は、異なる元素とみなされ名称も異なる。即ち、炭素元素であるためには、p^{+} の数は 6 でなければならない。一方、**n** が 6 の $^{12}_{6}C$ も **n** が 8 の「炭素 14」$^{14}_{6}C$ も、炭素元素である。ここで、$^{12}_{6}C$ と $^{14}_{6}C$ の特性は同一ではないので、同種の元素ではあるが同一の元素ではないということを示す為に「互いに同位元素 isotope である」と称する。一方、種類ではなく構造の観点からは、同位元素ではなく同位体 isotope という単語を用いる。即ち、元素 $^{14}_{6}C$ と元素 $^{12}_{6}C$ は互いに同位元素であり、$^{12}_{6}C$ 原子と $^{14}_{6}C$ 原子は互いに同位体である。n は電気的に中性だがいくつでも良い訳ではない。

$^{12}_{6}C$ の原子核は安定しており、長時間にわたりその原子核を保持できる。この結果、全炭素原子の中で $^{12}_{6}C$ の割合は最も多く 98.9%程度である。一方、$^{14}_{6}C$ の原子核は不安定であり、時間の経過に伴い β 崩壊 beta decay をして窒素 14 $^{14}_{7}N$ になる。

<発 展>

●炭素の同位元素

炭素の同位体/同位元素としては、量子力学的には $^{8}_{6}C$、$^{10}_{6}C$、$^{11}_{6}C$、$^{12}_{6}C$、$^{13}_{6}C$、$^{14}_{6}C$、$^{15}_{6}C$、$^{16}_{6}C$、$^{17}_{6}C$、$^{18}_{6}C$、$^{19}_{6}C$、$^{20}_{6}C$、$^{21}_{6}C$、$^{22}_{6}C$ が在り得る。ただし、自然界に存在する割合は、$^{12}_{6}C$ が約 98.9%、$^{13}_{6}C$ が約 1%、$^{14}_{6}C$ は 12×10^{-12}%、その他の同位元素は本質的には存在しない。$^{12}_{6}C$ と

$^{13}_{6}C$ は安定原子／安定元素であり、$^{14}_{6}C$ は放射性同位体／放射性同位元素 radioisotope である。

国際純粋・応用物理学連合(International Union of Pure and Applied Physics, IUPAP)及び国際純正・応用化学連合(International Union of Pure and Applied Chemistry, IUPAC)は、「1mol とは、0.012kg 分の $^{12}_{6}C$ と同じ数の基本粒子を含む物質の量である。」と定めた。それまで酸素 16$^{16}_{8}O$ を用いていた物理分野と **O**（即ち各種同位体の混合状態）を用いていた化学分野で若干の定義の差異があったが、1961年に $^{12}_{6}C$ を用いて統一された。即ち、$^{12}_{6}C$ の原子量はジャスト 12 である。

$^{12}_{6}C$ 及び $^{13}_{6}C$ は、両方が自然に存在しているので、特性の比較により様々な測量に活用できる。例えば、より軽い $^{12}_{6}C$ は植物の光合成に優先的に使用されるので、植物の活力がある場所ほど $^{13}_{6}C$ の濃度が低い。植物の活力と温度あるいは湿度は関係あるので、熱帯植物、珊瑚または植物性プランクトン等の成長を観察することで、海水や大気の温度を介してそれらの循環状態を推察できる。

また、$^{14}_{6}C$ は半減期 5.73×10^3 年で β 崩壊する。$^{14}_{6}C$ は対流圏上部から成層圏の領域(主に高緯度地域の高度9km～15kmの領域)で、宇宙線が大気に入射してできる熱中性子を窒素原子が吸収してできる。有機生命体に含まれる炭素は生存中は $^{14}_{6}C$ を 12×10^{-12}%程度含んでいるが、死亡後には物質交換が無いので有機生命体の中に取り残された $^{14}_{6}C$ は β 崩壊し減少の一途を辿る。即ち、その割合を測定すれば、死亡後の経過時間を推定できる。考古学や古代生物学で推定年代を計算するのに活用される。

●原子力

原子核を形成する際、p^+ や **n** が連結するための余分なエネルギーが必要である。この余分なエネルギーが大きい原子核は、不安定である。なぜならば、別の原子核となった方が余分なエネルギーが小さくて済む、即ち、外からエネルギーを与えること無く別の原子核に成り得るからである。

アルベルト・アインシュタイン Albert Einstein は、相対性理論の中で次の式(2-1)を提唱した。この式の詳細な説明は省略するが、端的にはエネルギーと質量が変換可能ということを示す式である。

$$E = mc^2 \qquad (2\text{-}1)$$

ここで E、m 及び c はそれぞれエネルギー、質量及び光速(定数)である。

原子核の中の余分なエネルギーは、式(2-1)に基づき余分な質量に変換され、本来の陽子と中性子の合計質量に上乗せされる。図 2-5 に、横軸に原子番号、縦軸に 1 質量数当たり原子核質量の関係を示したグラフに示す。**Fe** が最低値を採り、**Fe** が最も安全な元素であることが判る。

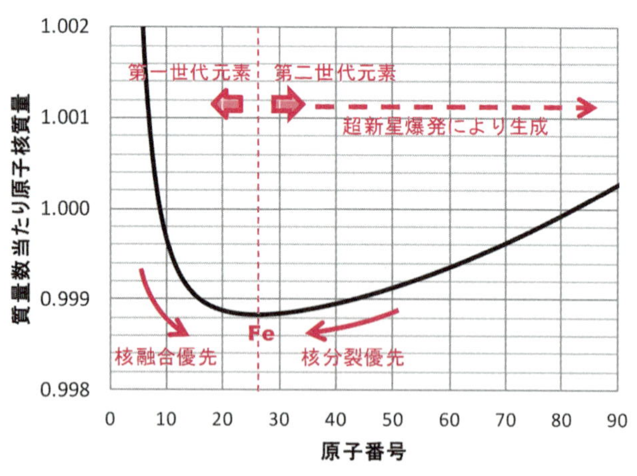

図 2-5　質量数当たり原子核質量

基本的には、**Fe** より小さい原子番号の元素は核融合 nuclear fusion することで、**Fe** より大きい原子番号の元素は核分裂 nuclear fission することで安定する。原子力発電や核爆弾は、この原理を応用したものである。**Fe** より原子番号が大きくなるほど不安定な元素となるので、それらの創生には、**Fe** より原子番号の小さい元素の創生過程とは異なる特別な過程が必要である。

ウラン uranium$_{92}U$ は超新星爆発でできる、天然に存在する最も重い元素の一つである。一つというのは、実は天然 **U** には原子番号のより大きいプルトニウム plutonium$_{94}$**Pu** が微量混在するからである。**U** には様々な同位元素(全て放射性同位元素)が存在するが、代表的な元素はウラン 235$^{235}_{92}$**U** とウラン 238$^{238}_{92}$**U** である。$^{238}_{92}$**U** は最も安定しており、半減期 4.51×10^9 年(ほぼ地球の年齢)で α 崩壊し鉛 206$^{206}_{82}$**Pb**を生成する。また非常に不安定な $^{235}_{92}$**U** は、**n** を捕獲すると $^{236}_{92}$**U** になり直ちに **n** を数個放出して核分裂する。この時どんな元素ができるかは分裂してのお楽しみである。この時放出した **n** が隣の $^{235}_{92}$**U** に当たると、そこでまた核分裂が起こる(連鎖反応)。即ち、$^{235}_{92}$**U** と **n** の密度を調整すると、少ない核分裂を継続させられる(臨界状態)。これが原子力発電の原理である。**n** の密度を調整できず増加させてしまうと、連鎖反応が加速し炉心が暴走する。$^{235}_{92}$**U** と $^{238}_{92}$**U** の自然比率は、太陽系ではどこでも 0.7：99.3 である。太陽系内の場所によらずこの比が一定なので、太陽系ができる前にここで超新星爆発が1回だけ起こったことになる。$^{235}_{92}$**U** を優先的に抽出してその存在比率を上げる(濃縮)と、核エネルギー源ができる。核分裂により放射線を出すので、$^{235}_{92}$**U** を核分裂放射能 radioactivity と称する。原子力発電 nuclear electricity generation 用には 3%まで、原子爆弾 atomic bomb 用には 99%まで濃縮する。$^{235}_{92}$**U** と $^{238}_{92}$**U** の化学的特性に差が無いため、この濃縮には非常に高度な科学技術が必要となる。1945 年(昭和 20 年) 8 月 6 日午前 8 時 15 分にアメリカ軍が広島市街地に投下した原爆「Little Boy (未熟者？)」は、60kg の $^{235}_{92}$**U** を 80%まで濃縮しており、爆力 15kton だった。なお、この核分裂を利用する原子炉を軽水炉 light water reactor, LWR と称する。軽水炉は冷却材の循環形態により、沸騰水型炉 boiling water reactor, BWR と加圧水型炉 pressurized water reactor, PWR に大別できる。

一方、密集した $^{239}_{94}$**Pu** に **n** を打ち込むと、同様に核分裂の連鎖反応が起こる。1945 年(昭和 20 年) 8 月 9 日午前 11 時 02 分にアメリカ軍が長崎市街地に投下した原爆「fat man (おデブ君)」は、$_{92}$**U** ではなく $_{94}$**Pu** の核分裂を利用した爆力 21kton の、いわゆるプルトニウム爆弾である。$^{238}_{92}$**U** は中性子を捕獲し $^{239}_{94}$**Pu** に変化するので、軽水炉内で $^{239}_{94}$**Pu** は造り放題となる。北朝鮮が原子炉を持つかどうかが問題なのは、もし原子炉を持ってしまうとプルトニウム爆弾を作れるようになってしまう点にある。また同じ理由で、日本は原爆を作る能力を既に持っている。$_{94}$**Pu** の核分裂を利用する原子炉を、高速増殖炉 fast breeder reactor, FBR と称する。

なお、テクネチウム technetium$_{43}$**Tc**、プロメチウム promethium$_{61}$**Pm**、及びビスマス bismuth $_{83}$**Bi** 以上の原子番号を持つ全ての元素は、全ての同位元素が不安定な放射性元素 radioactive element である。勿論、$_{92}$**U** も $_{94}$**Pu** も、放射性元素である。放射性元素でできた原子は放射能を持つ。ちなみに $_{92}$**U** は 1789 年に発見された時、1781 年に発見されていた天王星 Uranus に因んで命名された。また、次の原子番号のネプツニウム neptunium $_{93}$**Np** は海王星 Neptune にちなんで命名されたので、1940 年に存在を予想された $_{94}$**Pu** は 1930 年に発見されていた冥王星 Pluto にちなんで命名された。冥王星の名の語源は実は人の生死を司る神の名であり、これを平和利用するも兵器利用するも人の心の問題であることを妙に言い当てている。

2.4節 イオン

<要 点>

電子の過不足により電荷を帯びた原子／原子団をイオンという。

<基 本>

中学校や高等学校で学ぶイオン ion は、過剰な電子が外からやってきた原子や、外に電子が逃げて電子が不足した原子である。電子軌道はそれぞれ入れる電子数が決まっており、電子が満席でない状態を嫌がる傾向がある。したがって、例えば最外電子殻(その原子の最も外に位置する電子殻)に 1 つしか電子が存在しない場合には、その電子は出て行きやすくなる。逆に最外電子殻に 1 つだけ空席がある場合には、外からそこに電子が入り込みやすくなる。塩化ナトリウム＝食塩 **NaCl** は $_{11}$**Na** と $_{17}$**Cl** に分解すると、$_{11}$**Na** の最外電子殻である M 殻(3s 軌道)に 1 つだけある電子が、$_{17}$**Cl** の 1 つ電子が足りない状態になっている最外電子殻である M 殻(3p 軌道)に極めて移動しやすくなる。この結果、Na^+ と Cl^- のイオンができる【☞第 3.1 節】。他にも H_2SO_4 は 2 つの H^+ と 1 つの SO_4^{2-} になる等、いろいろなイオンができることを習ったと思う。ちなみに、Na^+、Cl^- あるいは H^+ は 1 つの原子が帯電するので単原子イオン、SO_4^{2-} は複数の原子(原子団という)が帯電するので多原子イオンと呼ばれる。

配位結合 coordinate bond (電子が一方の原子のみから供給される共有結合化合物)や水素結合 hydrogen bond【☞第 3.1 節】でできた分子性化合物を、錯体 complex と称する。全体として電性を帯びている錯体を、錯イオン(錯体イオン) complex ion と称する。また、同種の分子または原子が相互作用で多数結合した物を、クラスター cluster と称する。電性を帯びているクラスターを、クラスターイオン cluster ion と称する。

電子を放出し正の電荷を帯びた原子または原子団を陽イオン(あるいは正イオン) positive ion またはカチオン cation と称する。金属イオンは陽イオンである。一方、電子を得て負の電荷を帯びた原子または原子団を陰イオン(負イオン) negative ion またはアニオン anion と呼ぶ。ハロゲン halogen ＝第 17 族元素は陰イオンである。マイナスイオンという言葉が一時流行ったが、これは正式名称ではない。

イオンはイオン結晶、電解質水溶液中、あるいはプラズマ内に見られる。原子核の変化が核反応と呼ばれる大事件であるのと比べ、電子は比較的動きやすいのである。

<発 展>

●イオンの価数

電子の過不足数を、価数と称する。価数は、イオンの右肩に表 2-5 の如く示す。代表的な単原子イオンを、表 2-5 に一覧する。金属は陽イオンになる。

表 2-5　代表的な単原子イオン

	陽イオン		陰イオン
＋1価	**Na^+、K^+、Ag^+、Cu^+、Hg^+**	−1価	**H^-、F^-、Cl^-、Br^-、I^-**
＋2価	**Mg^{2+}、Ca^{2+}、Sr^{2+}、Ba^{2+}、Cd^{2+}、Ni^{2+}、Zn^{2+}、Cu^{2+}、Hg^{2+}、Fe^{2+}、Co^{2+}、Sn^{2+}、Pb^{2+}、Mn^{2+}**	−2価	**O^{2-}、S^{2-}**
＋3価	**Al^{3+}、Fe^{3+}、Cr^{3+}**		
＋4価	**Sn^{4+}**		

●電子軌道

電子は、前述の通り、太陽を回る惑星の如く球体の物が周回しているイメージではなく、むしろ原子核の周囲に雲状にモヤッと存在しているイメージに近い。そんな電子殻は原子核に近い軌道からK殻(主量子数＝1)、L殻(主量子数＝2)、M殻(主量子数＝3)、N殻(主量子数＝4)、O殻(主量子数＝5)、P殻(主量子数＝6)、Q殻(主量子数＝7)と称される。主量子数とは、その殻に混在し得る軌道数を意味する。即ち、各殻には形の異なる軌道が混在でき、例えばK殻には球形のs軌道(方位量子数＝0)のみが、L殻にはs軌道に加えて球体を中央でつまんだ形のp軌道(方位量子数＝1)が、M殻にはs軌道とp軌道に加えて球体を2回つまんだ形のd軌道(方位量子数＝2)が混在する。ここで方位量子数とは、その2倍より1大きい数が、同形の軌道が方向違いに存在し得る軌道数であることを意味する。それぞれの軌道イメージは図2-6の通りで、s軌道は球体状の軌道が1つ、p軌道はx、y、z軸方向の3つの軌道が、d軌道はxy面、yz面、zx面方向の3つの軌道と、p軌道のxとy方向より一回り小さい軌道を合わせた軌道と、s軌道及びp軌道のz方向より一回り小さい軌道を合わせた軌道の5つとなる。各電子軌道には、周回軌道が逆の電子が2つまで入ることができる。これらの電子殻を外から見ると、例えば**Be**、**Ne**、**Ar**、**Ca**、**Zn**及び**Kr**は図2-6に示す電子雲のように見えるのだろう。

このそれぞれの電子軌道は、原子核から離れた場所を周回するほど、あるいは複雑な形で周回するほど、大きな位置エネルギーを持つ。したがって、小さい位置エネルギーの電子軌道から順番に埋まって

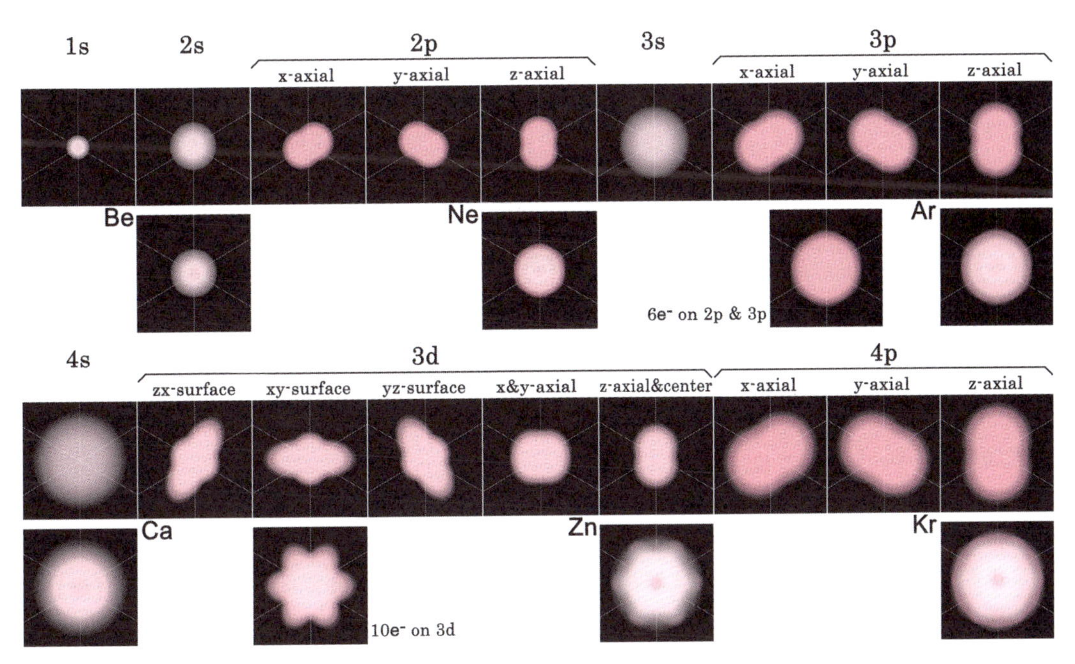

図2-6　各電子軌道のイメージ図及びいくつかの元素に対応する電子雲外観イメージ

行く。図2-7に、各元素が最も外側にどの電子軌道を持つかを色分けして示す。**$_{71}$Lu**と**$_{103}$Lr**は5dと6dが1つ埋まった電子状態を採る。ただし、同図において赤枠の元素は電子軌道のポテンシャルの関係で、電子の埋まる順番が前後する。例えば、**Cr**と**Cu**はそれまで2つ埋まっていた4sの電子(**Ca**で4sは2つ埋まる)が1つとなり、代わりに3dの電子が1つ余分に埋まる。また**Nb**、**Pd**及び**Ag**は、それまで2つ埋まっていた5Sの電子(Srで5sは2つ埋まる)が0または1つとなり、代わりに4dの電子が2つまたは1つ余分に埋まる。

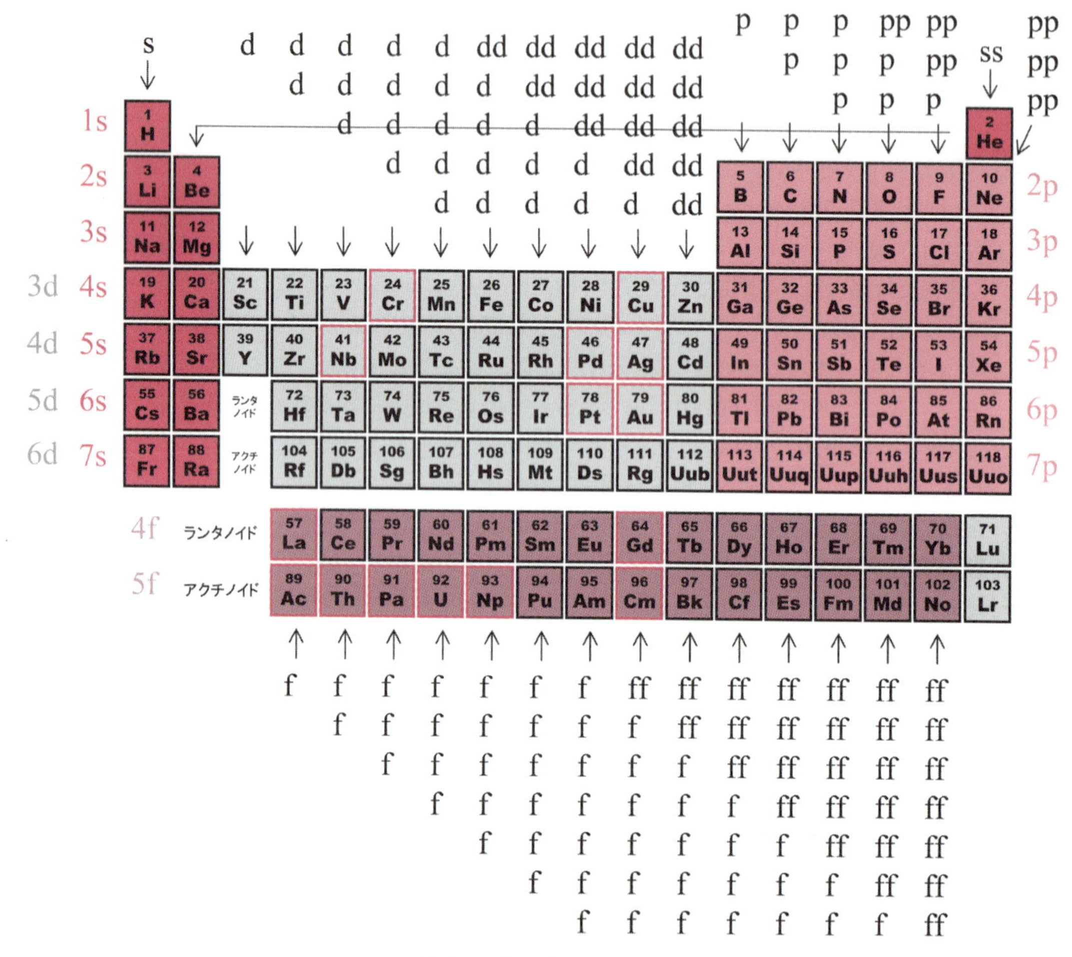

図2-7　各元素の最外電子軌道

●酸化還元電位とイオン化傾向

酸化還元反応において電子の授受の際に発生する電位(水素電極を標準)を、酸化還元電位 redox potential or oxidation-reduction potential, ORP[V]と称する。酸化還元電位は絶対的な評価指標であり、低い程酸化還元が容易に起こる。

元素AがイオンA^+として溶けている溶液中に別の原子Bが混入した時に、Bの酸化還元電位がAより低ければ、A^+はAに還元され、BはB^+に酸化される。Aの酸化還元電位の方が低ければ、反応は起きない。Aの酸化還元電位が低ければ、「BよりAのイオン化傾向 ionization tendencyは大きい」と称する。イオン化傾向は2元素の相対評価指標である。ただし、イオン濃度が高くなりイオン間に相互作用が発生している場合や他の反応が存在している場合には、酸化還元電位通りにイオン化傾向が決まらないことがある。

ミクロの構造

原子、イオンあるいは分子の結合や、それらにより構成される構造についての基礎を学ぼう。

□ 1） イオン結合を説明しなさい。

□ 2） 共有結合を説明しなさい。

□ 3） 金属結合を説明しなさい。

□ 4） 水素結合を説明しなさい。

□ 5） 結晶、準結晶、非晶質状態（アモルファス）とは何かそれぞれ述べなさい。

□ 6） 単結晶、多結晶とは何か述べなさい。

□ 7） 格子とは何か述べなさい。また、格子欠陥を説明しなさい。

□ 8） 代表的な金属の結晶構造を３つ挙げなさい。

□ 9） 原子の充填率が最大の結晶構造を挙げなさい。

□ 10） bcc と fcc の八面体位置隙間半径を比べなさい。

3.1節 結合

<要 点>

物体は、それを構成する原子、分子あるいはイオン等が集合して成る。集合する際に相互を結合する力が必要となり、力の種類によってイオン結合、共有結合、金属結合等と分類できる。

<基 本>

物体は、その物体を特性付ける根源的な素である原子、分子あるいはイオンが集合して成る。そして、集合して互いに結合することで、一つの物体として機能する。この結合が崩れることは、物体が壊れることを意味する。いくつかの代表的な結合を以下に列挙する。

・イオン結合 ionic bond (-ing)

陽イオンと陰イオン【☞第２章】のクーロン力 Coulomb's force（電気的な引力）による強い結合で、多くは高融点で硬く脆い。これは、例えば磁石のＮとＳが付く様なイメージで良い。導電性は悪いが、水溶性で水中で電離（イオン結合が解かれる）する。塩化ナトリウム sodium chloride **NaCl** や沃(よう)化カリウム potassium iodide **KI** 等が代表例である。

・共有結合 covalent bond (-ing)

電子軌道は電子で満席になる傾向がある【☞第２章】。空席のある原子は隣の原子と電子を共有し、見かけ満席とすることで安定する。共有する電子を共有電子 shared electron と称する。例えるならば、漫画の原稿はコマ割り担当者、人物担当者、背景担当者、スクリーントーン担当者、べた塗り担当者等が分業して作る。担当者同士は原稿を共有するので、同じプロダクションにいなければ不便で仕方が無い。つまり、共有結合は極めて強い結合であり、融点も非常に高い。非金属であり、導電性も水溶性も無い。酸素 oxygen O_2 や水 water H_2O 等は分子自体は共有結合だが、分子同士は分子間力【☞発展】により弱く結合している。ダイヤモンド diamond C_n、二酸化珪素 silicon dioxide SIO_2 等の結晶は共有結合である。

・金属結合 metallic bond (-ing)

電子は動きやすい【☞第２章】。特に空席のある電子軌道の電子は落ち着かず、金属原子が集合した場所では最外電子殻の孤独な電子は仲間を求めてふらふらと外に飛び出す。これが自由電子 free electron であり、同士の自由電子全体で電子雲を形成する。自由電子の抜けた正電性の原子と負電性の電子雲は、電気的な強い結合を為す。例えば、隣近所の母子が一緒に花見に行き昼食を食べ始め、最初は家族で集まっていた母子が段々子供同士遊びだし、母親の回りを動き回り出す。母親はそれぞれの子供が怪我をしないように気を配りつつ、子供同士が交流しているので母親同士も余り離れられないという訳である。イオン結合ほどではないが強い結合であり、高密度で融点や沸点も高い。一方で展性 malleability（潰すと広がる性質）、塑性 plasticity（変形する性質）、延性 ductility（引っ張ると伸びる性質）に富む。また、自由電子は熱や電気を運び、独特の金属光沢を呈する。不水溶性である。

・水素結合 hydrogen bond

原子が電子を好む度合いを電気陰性度といい、元素周期率表の右のある原子ほど大きい。他方、1s 軌道に 1 つだけ電子を持つ **H** 原子は、そこに電子を追加して軌道を満席にするよりは、その電子を放出する方が安定する傾向がある。H^- に成らず H^+ になるのである。従い、電気陰性度が大きな原子と **H** 原子が隣接または結合した場合には、**H** 原子から電子は遠ざかり結果的に **H** 原子の周囲は弱い正電性を帯びる。例えば H_2O や弗化水素 hydrogen fluoride **FH** では、**H** 原子より **O** 原子や **F** 原子に電子が偏在し、**O** 原子や **F** 原子周りで弱い負電性を示す。水素結合をしている分だけ、融点は他の水素化合物より高い。ファンデルワールス力 Van der Waals force【☞発展】の 10 倍程度強いが、共有結合やイオン結合よりは遙かに弱い。

<発 展>

●水の結合

水は、人間を始めとする生物が地上で生活する上で必要不可欠な、重要な材料である【☞第 10 章】。世界を旅行した時、「water」という英語が通じない場所においても、H_2O と書けば(学識のある者は)それが水であると理解してくれる。

H_2O 分子は図 3-1 のように、酸素原子 1 つに水素原子 2 つが共有結合して成る。酸素の 2 つの 2p 軌道と水素の 1s 軌道の不対電子【☞次項】同士が、共有電子となる。酸素を中心とした水素の結合方向の間隙角度は 104.45°程度で、酸素原子と水素原子の核間距離は 0.958Å 程度である。また、酸素原子の大きさ(電子雲半径)は 1.4Å、水素原子の大きさは 1.2Å である。酸素に電子が引っ張られ、酸素側が弱負電性を、水素側は弱正電性を帯びる。この結果、弱いが水分子同士ではお互いの酸素側と水素側が電気的に引き合う水素結合が生じる。この水素結合の結果、水は分子相互の引力が強く、同程度の質量の他の分子よりも沸点が高くなる。(水素結合が作用していなければ、沸点は約 -100℃位の筈である。)また、水素結合は水が凍る際に、図 3-2 のように水分子の結晶を正六角形基準に配列する作用をする。美しい雪の結晶は、水素結合のお陰である。

なお、カバーの女の子が出会った図 3-3 に示す分子は、水分子をイメージしている。寸法等は現実的ではないが、こんな感じに見えるのではないだろうか。電子雲は酸素に寄っているので、水素原子核周りの電子雲は薄い。本書では、これをマークにしたものを、章や節の番号提示用に使っている。

ところで、水分子はイオン結合状態も採る。即ち、水素イオン hydrogen ion H^+ と水酸イオン hydroxide ion OH^- に電離し、25℃、1atom において両濃度は 10^{-7}[mol/dm^3] となる。この指数を水素

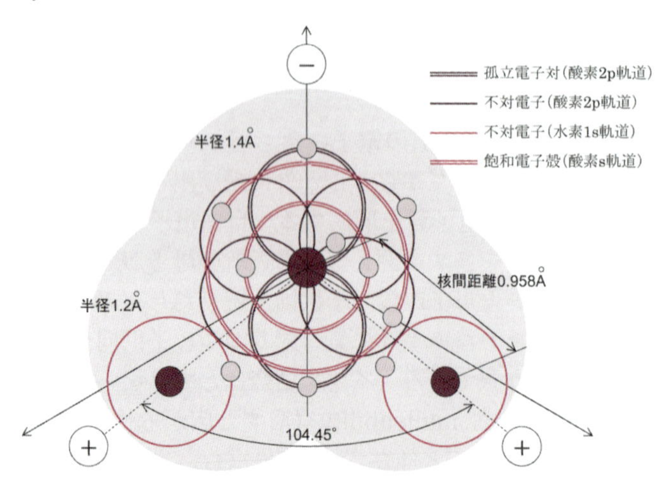

図 3-1　水分子の構造イメージ図

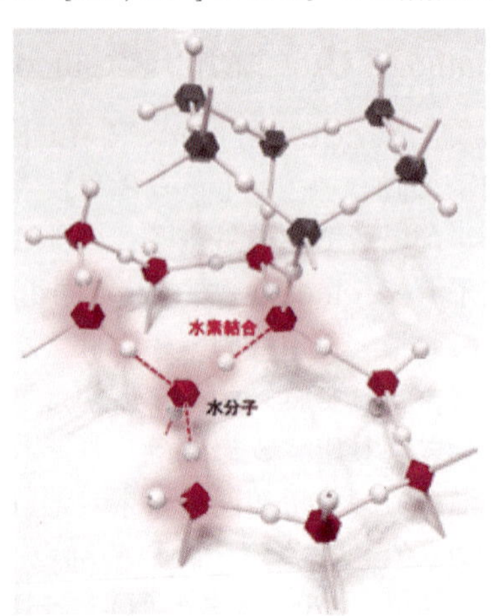

図 3-2　水の結晶中の水分子の配列

イオン指数 potential hydrogen = pH と称する。7が中性で、通常範囲は 0 ～ 14 である。

●不対電子と孤立電子対

電子軌道はそれぞれの位置エネルギーがあり、その小さい軌道から埋まって行く【☞図 2-6 及び図 2-7】。更に、各軌道には周回軌道が逆の電子をもう一つ入れられる。即ち、最初に電子が入る軌道は 1S 軌道で、これで 2 つ。次は 2S 軌道で、これも 2 つ入るのでここまでで合計 4 つ。

図 3-3　水分子のイメージ図とそれを図案化したマーク

その次には 3 つの異なる方向の 2p 軌道に先ず 1 つずつ入る。これで 7 個。即ち、窒素 $_7N$ 原子の電子は、1S 軌道に 2 つ、2S 軌道に 2 つ、2p 軌道に 3 つ入っており、2p 軌道は 3 つの異なる方向に 1 つずつ空席がある。

このように、向きの異なる電子が 2 つ入れるにも関わらず 1 つしか入っていない軌道の電子を不対電子 unpaired electron と称する。電子が入る順序を考えると、不対電子は最外電子殻にのみ存在し得る。例えば、$_1H$ 原子には 1S 軌道に 1 つ不対電子が、$_7N$ 原子には 2p 軌道に 3 つの不対電子がある。また $_8O$ 原子では、2p の 3 つの異なる方向の軌道の内 1 つが満席となり、不対電子は 2 つとなる。これらの不対電子は共有すると丁度お互いの空席を過不足なく補えるので、不対原子を持つ分子は N_2 や O_2 等のように共有結合することが多い。ヘリウム $_2He$ 原子は 1S 軌道が満席なので不対電子が無く共有結合はできず、原子単体で単原子分子 monoatomic molecule として存在する。

また、最外電子殻において不対電子でない電子が為す、周回方向の逆の 2 つの電子の組を孤立電子対 lone pair と称する。孤立電子対は、非共有電子(対)である。

最密六方結晶のダイヤモンドは、**C** の 4 つの不対電子が全て共有電子である。したがって、非常に硬い。一方、六角平面積層型の黒鉛 graphite は 3 つの不対電子が共有電子であり、残る 1 つは導電電子となる。即ち、導電性に異方性(ある方向に特定の特性を持つ性質)が生じる。

●分子間力

分子間や、高分子内の部位間に働く電磁気学的な力を、分子間力 intermolecular force と総称する。分子間力による結合を分子結合と称する。分子間力には＜基本＞で説明したイオン結合の為のイオン間の相互引力、水素結合等の双極子(電気双極子や磁気双極子等の一対の反対の性質を両端に持つ物体)相互作用力の他に、及びファンデルワールス力がある。ファンデルワールスについて以下で補足する。

ファンデルワールス力 Van der Waals force は、電荷を持たない原子や分子の間に主として作用する凝集力の総称である。電気的に中性であっても、その原子や分子の電性が均一に中性であるとは限らず、瞬間的に発生する局所的な電性が電気的引力をもたらす。そのポテンシャルエネルギー（これを位置＝距離微分すると力になる）は距離の 6 乗に反比例し、力の作用範囲は狭く、また力自体も非常に弱い。

ファンデルワールス力による分子間結合をファンデルワールス結合と称する。また、ファンデルワールス結晶と水素結合結晶を総称して、分子結晶と称する。ヤモリ等の小型生物が壁や天井を落ちずに歩く原理の一つとして、ファンデルワールス力による吸着と考えられている。なお、余談だが、蟻は表面張力で歩いている。ファンデルワールス力による吸着は温度が上がると分子の熱運動に負けて無効となり、表面張力による吸着は撥水面に対して無力である。

ファンデルワールス力の作用下で形成されたファンデルワールス結晶は弱く、融点も低い。ドライアイス CO_2、2 ベンゼン環構造のナフタレン $C_{10}H_8$ 等がファンデルワールス結晶を形成する。

結晶と格子

<要 点>

原子、イオン、分子が規則的に配列した個体を結晶と称する。結晶の最小単位を格子と称する。代表的な結晶として、bcc、fcc、hcp が挙げられる。原子、イオン、分子がやや規則的に配列した固体を準結晶、不規則に配列した固体をアモルファスという。

<基 本>

前節で述べた結合力がそこそこ均一に掛かると、原子、イオン、分子は概して均質に集合する。この時、整然と配列される場合も多々ある。散乱しているテニスボールやビー玉を寄せ集め、それからある玉を基準にして並べ始める様なものである。その基準は、結晶核 nucleus of crystal あるいは種結晶と称される。整然と規則的に配列された原子、イオンあるいは分子を、結晶 crystal と称する。結晶はある最小配列単位が連続した形になっており、その最小配列を格子 lattice と称する。また、乱雑(不規則)に配列された原子、イオンあるいは分子を非晶質状態(アモルファス) amorphous【☞第 8.2 節、第 9.3 節】、結晶と非晶質状態の中間的な物を準結晶と称する。それらの特徴を表 3-1 に一覧する。結晶が材料としては最も均一でありそうな気がするが、そうでもなく、非晶質状態(アモルファス)の方が均一な材質もある【☞発展】。

結晶配列はいろいろあるが、本書では 4 種類だけ説明したい。

・単純立方結晶 simple cubic crystal (sc)

左右、前後、上下方向の全てに等間隔で配列する結晶。格子は立方体の 6 頂点配列である。図 3-4 に単純立方格子 simple cubic lattice を示す。食塩＝塩化ナトリウム **NaCl** 結晶、酸化マグネシウム **MgO** 等。

表 3-1　結晶と準結晶と非結晶状態の比較

結晶	準結晶	非晶質状態
原子、イオン、分子が規則的に格子配列した固体。 ex. 一般金属等。	原子、イオン、分子が中程度の秩序で配列した固体。 ex. **Al-Mn**系金属合金等。	原子、イオン、分子が全く不規則に配列した固体。 ex. ガラス、ゴム等。

- **体心立方結晶 body-centered cubic crystal (bcc)**

図 3-4 に示すように、単純立方格子の中心に更に 1 つ原子、分子またはイオンが配列された体心立方格子 body-centered cubic lattice を単位とする結晶。リチウム **Li**、鉄 **Fe** 及び α フェライト炭素鋼【☞第 5 章】等。

- **面心立方結晶 face-centered cubic lattice crystal (fcc)**

図 3-4 に示すように、単純立法格子の各面の中心に更に 1 つずつ合計 6 つの原子、分子またはイオンが配列された面心立方格子 face-centered cubic lattice を単位とする結晶。アルミニウム **Al**、銅 **Cu**、γ オーステナイト炭素鋼【☞発展】等。

- **稠密（最密）六方結晶 hexagonal closed packed crystal (hcp)**

図 3-4 に示す六角柱の 12 頂点に加え、上下面の中心 2 個と上下面の間に 3 個、合計 17 個の原子、分子またはイオンが配列された稠密（最密）六方格子 hexagonal closed packed lattice を単位とする結晶。格子がズレ難く【☞発展】、材料は変形し難い。亜鉛 **Zn**、チタン **Ti** 等。なお、稠密 dense は「ちゅうみつ」と読むが、「ちょうみつ」と誤読される場合が非常に多い。

液体 liquid が凝固 congelation する際には、一般的にその液体のあちこちに先ず結晶核ができ、そこを中心に結晶が成長する。この時、隣接する結晶核から成長した結晶は、同じ種類の格子だが、その方向が一致することはまず在り得ない。この結果、多くの結晶ができ、図 3-6 のように隣接する結晶との境界面には原子、分子あるいはイオンの不連続部分ができる。これを多結晶 polycrystalline と称する。この不連続部分は、顕微鏡で見るとはっきり見える。多結晶の対義語が、唯一の結晶から成る単結晶 monocrystal である。

＜発 展＞

●結晶構造の特徴の比較

表 3-2 において、r は結晶を構成する原子、分子またはイオンの半径である。また、八面体位置間隔半径とは、結晶の内部に球形異物が混入する際に混入可能な異物の半径を示す。fcc と hcp は充填率が 74%、格子内原子個数が 4 と最も多いが、充填率が 68%、格子内原子個数が 2 の bcc と比べて八面体位置間隔半径が大きい。即ち、bcc は全体的に隙間が空いた結晶構造であり、fcc 及び hcp は局所的に隙間が空いた結晶構造といえる。細かい異物は bcc により多く入るが、大きな異物はむしろ fcc に入り

表 3-2　結晶構造の特徴の比較

	充填率	隣接原子個数	格子内原子個数	四面体位置間隔半径	八面体位置間隔半径
単純立方結晶 sc	$\frac{\pi}{6} \approx 0.524$	6	1	$0r$	$(\sqrt{3}-1)r \approx 0.732r$
体心立方結晶 bcc	$\frac{\sqrt{3}\pi}{8} \approx 0.680$	8	2	$\left(\frac{4\sqrt{15}}{12}-1\right)r \approx 0.291r$	$\left(\frac{2\sqrt{3}}{3}-1\right)r \approx 0.155r$
面心立方結晶 fcc	$\frac{\sqrt{2}\pi}{6} \approx 0.740$	12	4	$\left(\frac{\sqrt{6}}{2}-1\right)r \approx 0.225r$	$\left(\sqrt{2}-1\right)r \approx 0.414r$
稠密（最密）六方結晶 hcp	$\frac{\sqrt{2}\pi}{6} \approx 0.740$	12	4	$\left(\frac{\sqrt{6}}{2}-1\right)r \approx 0.225r$	$\left(\sqrt{2}-1\right)r \approx 0.414r$

やすいということである。炭素鋼は結晶構造を状況次第で bcc や fcc に変化させる【☞第 5 章】が、変化によって結晶内にどんな添加物を固溶させるかは鉄鋼調質の面白い分野の一つである。

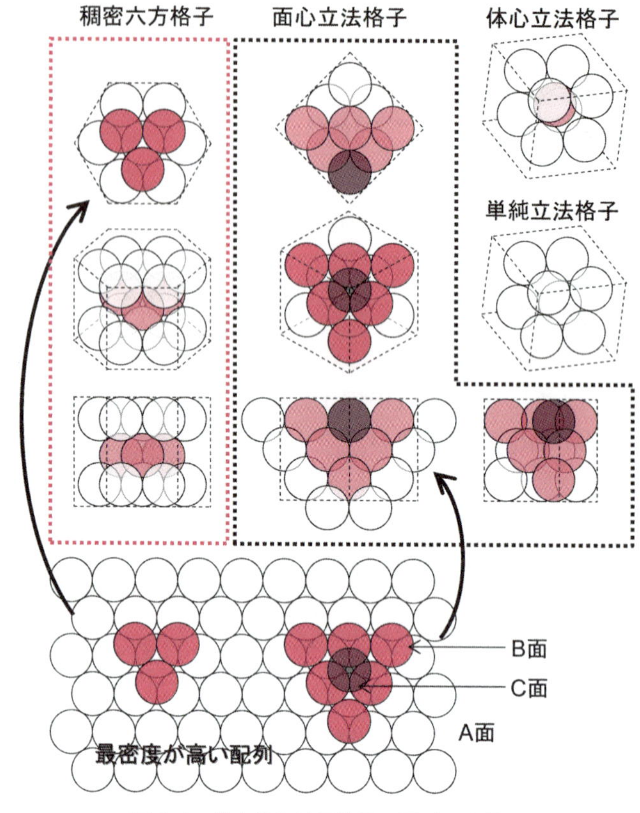

図 3-4　代表的な結晶格子の配列の比較

●結晶の異方性

結晶は原子、分子あるいはイオンが規則的に並んでいるが故に、格子の方向に依り光学的あるいは力学的性質が大きく変わる。それ故結晶構造は、ある方向に対して面白いように割れやすかったり、光をある特定の方向に散乱したりする。むしろ非晶質状態の方がよほど均一にできており、それ故非晶質状態であるガラスは透明、即ち光をどの方向にも平等に透過し、強度も方向に依らない。

図 3-4 に示す通り、稠密(最密)六方結晶と面心立方結晶は、稠密という意味では本質的には同じ配列である。しかし、稠密(最密)六方結晶が A 面 -B 面 -A 面 -B 面 -・・・・ と重なるのに対して、面心立方結晶は A 面 -B 面 -C 面 -A 面 -B 面 -C 面 -・・・・ と重なる結果、格子が六方格子か立方格子かの違いとなり、上述の力学的性質の方位依存性の違いが現れる。立方格子は上下前後左右に原子、分子、イオンが移動しやすいが、六方格子は六角柱の柱方向にやや移動しやすいだけである。即ち、fcc の **Al**、銅 **Cu** あるいは γ オーステナイト炭素鋼より、hcp の **Zn** や **Ti** の方が変形し難い。稠密とは何となく「密度が高く強い」という印象を与える単語である。fcc ではなく hcp こそが稠密と命名されるべきであることが解る。

●単結晶の作り方

普通に液体を凝固させると多結晶となるが、多結晶体の結晶粒界 grain boundary は一種の欠陥 defect なので【☞ 3.3 節】、必要に応じて単結晶を作ることも必要である。単結晶の作り方は大きく二つある。

一つは局部的に冷却し、全体が一気に凝固しないようにする方法である。即ち結晶核の発生を制御する訳である。この方法の短所は、合金の場合には均一に冷却させないとその組成 composition がタイミングに依り変化する【☞第 5 章 平衡状態図】ことである。組成の不均質性は、新たな欠陥ともいえる。近年、超短パルスレーザーを用いて結晶核の発生を制御する方法も開発されている。

もう一つは、種結晶を用いて徐冷する方法である。徐冷する代わりに、溶媒を徐々に蒸発させても良い。種結晶は、周囲の結晶化を促進し、その格子方向に合わせる。上手く冷却すれば、この種結晶からだけ結晶が成長する。種結晶は、単結晶でなければならない。

単結晶は欠陥が無いので破壊し難く、疲労強度やクリープ強度等が求められる材料として用いられることがある。工業的に良く用いられる単結晶は、半導体用の珪素 **Si**、タービンブレード用の **Ni** 合金等がある。また、有機化合物の単結晶は、分子生物学的研究や薬品開発等にも貴重である。

3.3節 欠陥

<要 点>

実際には格子は局所的に乱れていることがあり、その乱れを格子欠陥と称する。転位は線(一次元)欠陥であり、塑性変形に伴い発生、移動する。

<基 本>

完全無欠な物はこの世に無い。完全無欠な材料も無い。君達が勉強する材料力学、剛体力学、弾性力学は、材料が完全無欠であることを前提としている。しかし実際は、材料には様々な欠陥があるので、欠陥による変形や破壊を考慮して安全係数を設定するのである。

欠陥は材料の機械的 mechanical、電気的 electrical、磁気的 magnetic、光学 optical、あるいは化学的 chemical な特性に影響する。欠陥には、巨視的な macroscopic 欠陥と微視的な microscopic 欠陥がある。巨視的な欠陥は、例えば疵(きず)(切欠 nocth)や腐食 corrosion 等の見える欠陥もあれば、亀裂 crack や変質(性) denaturation 等の見えない欠陥もある。また微視的な欠陥には、微小亀裂 micro crack や格子欠陥 lattice defect 等が挙げられる。こういった欠陥在りきで議論をする工学分野を、破壊力学 fracture mechanics と称する。

格子欠陥は、その次元で分類できる。おもな欠陥を以下に列挙する。

・点欠陥(零次元的格子欠陥) point defect

本来原子、分子またはイオン等があるべき位置に無いと、そこは空孔 vacancy となる。また、本来原子、分子またはイオン等があるべき位置に別の原子、分子またはイオン等が混入している場合には、それを置換型不純物原子、分子またはイオン substitutional impurity atom, molecule or ion と称する。また、格子内部に不純物が混入している場合には、それを侵入型(格子間)不純物原子、分子またはイオン interstitial impurity atom, molecule or ion と称する。また、格子内部に格子を構成する原子、分子またはイオンが存在している場合には、それを(自己)格子間原子、分子またはイオン(self-) interstitial atom, molecule or ion と称する。これらは寸法が格子より小さいので、点(＝零次元)欠陥と称する。

・線欠陥(一次元的格子欠陥) line defect

格子を構成する原子、分子またはイオンの過不足状態が線状に連続している部位を、転位 dislocation と称する。図 3-5 に転位のイメージ図を示す。転位の伸びる方向に垂直か垂直に近い方向に、転位は移動（転位の移動を「すべり slip」と称する）し得る。また、外力により転位が発生することもある。材料が塑性変形する際には転位が動いたり発生したりしている転位同士で動きを拘束するので変形する程変形しにくくなっていく。

転位が動く現象をすべりと言う。

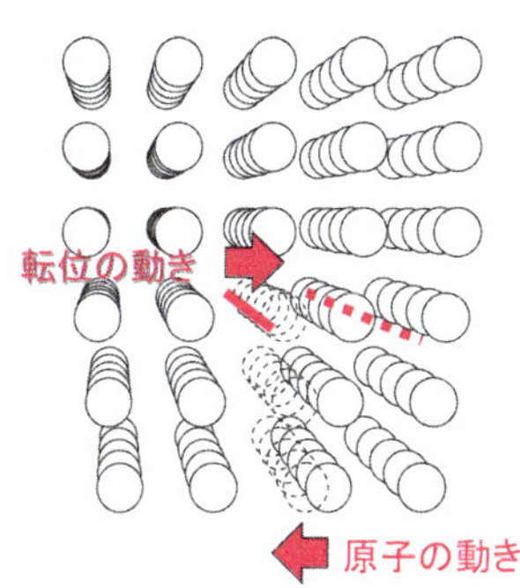

図 3-5 転位のイメージ図

- **面欠陥（二次元的格子欠陥）planar defect**

多結晶体における各結晶を結晶粒 grain と称する。結晶粒間は不連続面であり、これを結晶粒界 grain boundary と称する。結晶内部の配列が層状に不連続な場合もあり、これを積層欠陥 stacking fault と称する。案外見落とされがちなのは、一部が無拘束状態の表面 surface である。結晶構造が途中で変化する場合もあり、その境界面を界面 interface と称する。なお、これらの面欠陥により、磁区 magnetic domain が不連続となることもある。

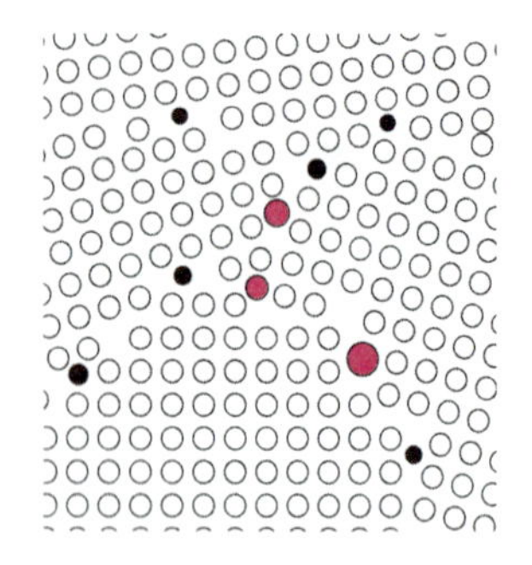

図 3-6　結晶粒界のイメージ図

- **体積欠陥（三次元的格子欠陥）bulk defect**

点欠陥は、格子を形成する原子、分子またはイオンの欠陥だったが、もう少し大規模な、例えば原子の塊や一結晶粒まで大きくなると、最早点とはみなし得ず、体積欠陥となる。例えば、空孔が大規模化（集積）すると、空洞 void, cavity ができる。

また、面欠陥はよく体積欠陥の境界面に出現する。即ち、結晶粒界で仕切られたある結晶粒が第二相であれば、それは体積欠陥である。それが異物であれば、介在物 inclusion と称する。また、積層欠陥や界面が結晶粒内を複数の異なる結晶配列あるいは構造に分ける場合には、いずれか周囲の結晶と異なる物が体積欠陥となる。

転位が連なると、そこに隙間ができる場合がある。著者はこれを空洞と呼びたいが、微小亀裂 micro crack と称することもある。これは単なる好みの問題で、破壊力学分野出身の著者としては、亀裂は先端角度 0°の割れ目であるので、当然容積も 0 と考えたい訳である。

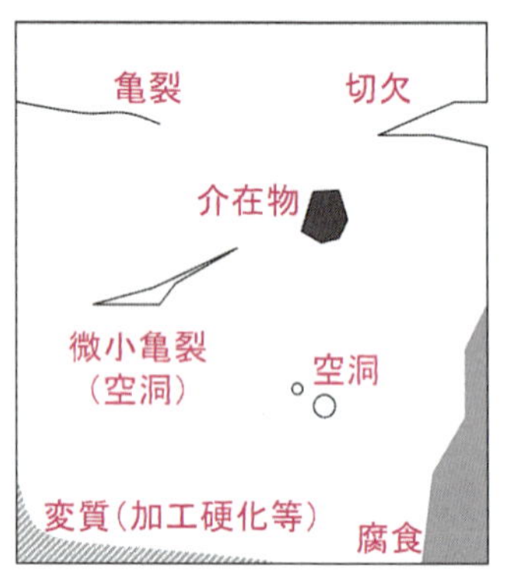

図 3-7　欠陥のイメージ図

＜発 展＞

●固溶体

純金属に別の金属や非金属を混合すると合金 alloy ができる【☞第 5 ～ 7 章】。混合された金属の原子を溶媒原子、混合した原子を溶質原子と称する。合金内部ではいわば、溶媒原子の格子の中に溶質原子が格子欠陥として混在している状態である。しかし、この格子欠陥が全体的に均一に存在している場合には、これらの欠陥は局所的な不完全性として作用するのではなく、むしろ欠陥込みで全体的に別の特性に成っていると考えられる。例えば、真っ直ぐに一か所だけミシン目が入っている紙は引っ張ることで綺麗に切り取れるが、随所にミシン目が入っている紙は引っ張っても案外切れないものである。溶媒原子に溶質原子が均一に混ざりあっている場合には、その全体を固溶体 solid solution と称する。固溶体は水溶液と対応付けられ、水を溶媒、水に溶かした物を溶質と称する。

欠陥と同様に、固溶体も分類できる。即ち、溶媒原子の格子を邪魔せず格子内部に溶質原子が混入した物は侵入型固溶体 interstitial solid solution、格子の一部で溶媒原子に溶質原子が置き換わった物は置換型固溶体 substitutional solid solution と分類できる。水溶液においては溶質は時間と共に水溶液全体に均一化していくが、合金内においても溶質は溶媒内を均一化する方向に移動しようとする（拡散 diffusion）。固溶体内の拡散は、格子内を通る体拡散（格子拡散）volume diffusion、転位内を通る転位芯拡散（パイプ拡散）pipe diffusion、表面を通る表面拡散 surface diffusion、粒界を通る粒界拡散 grain boundary diffusion の 4 種類に分けられる。

材料の評価

材料に求められる特性、特に引っ張り力に対する抵抗力の評価方法について学ぼう。

Check Sheet

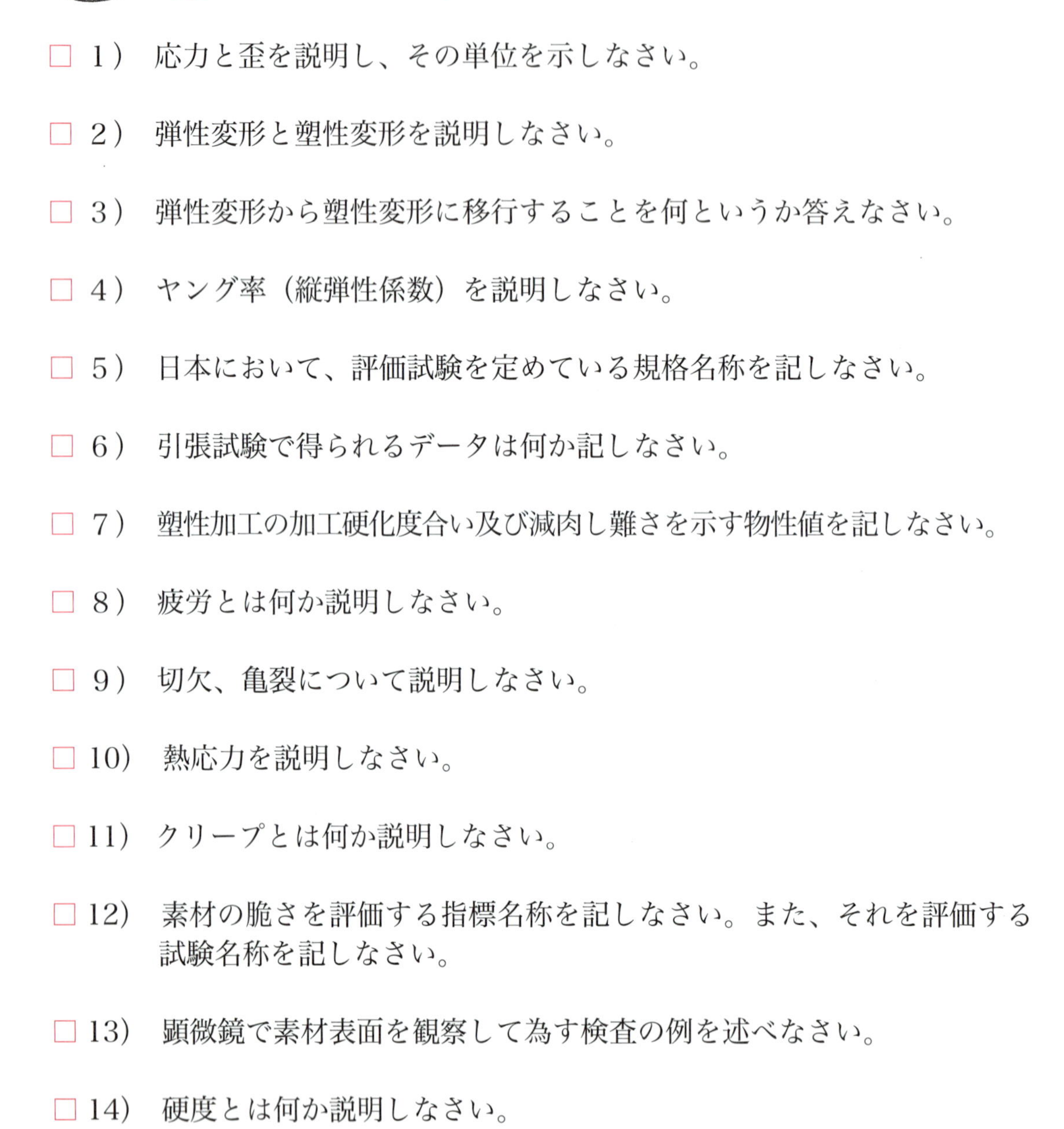

□ 1） 応力と歪を説明し、その単位を示しなさい。

□ 2） 弾性変形と塑性変形を説明しなさい。

□ 3） 弾性変形から塑性変形に移行することを何というか答えなさい。

□ 4） ヤング率（縦弾性係数）を説明しなさい。

□ 5） 日本において、評価試験を定めている規格名称を記しなさい。

□ 6） 引張試験で得られるデータは何か記しなさい。

□ 7） 塑性加工の加工硬化度合い及び減肉し難さを示す物性値を記しなさい。

□ 8） 疲労とは何か説明しなさい。

□ 9） 切欠、亀裂について説明しなさい。

□ 10） 熱応力を説明しなさい。

□ 11） クリープとは何か説明しなさい。

□ 12） 素材の脆さを評価する指標名称を記しなさい。また、それを評価する試験名称を記しなさい。

□ 13） 顕微鏡で素材表面を観察して為す検査の例を述べなさい。

□ 14） 硬度とは何か説明しなさい。

評価試験の総論

<要 点>

材料は強さ、錆び難さ、軽さ等のさまざまな特性を要求される。それらは、万国共通の方法で評価されるべきである。日本では JIS が評価試験を規格化している。

<基 本>

材料は、その使用用途に応じて選択される。つまり、材料に対する期待(要求)は予め決まっている。候補材料がその使用用途に耐えられるかは、評価して決めれば良い。その評価方法が世界でまちまちでは困るので、世界的には国際標準化機構 International Organization for Standardization, ISO/ 国際電気標準会議 International Electrotechnical Commission, IEC で、それを受けて日本では日本工業規格 Japanese Industrial Standards, JIS で決めている。JIS で定める共通試験を、鉄鋼材料を例に以下に列挙する。

- **機械試験**：引張試験 tensile test、曲げ試験 bending test、抗折試験、衝撃試験 impact test、硬さ試験 hardening test、成形性試験、脆性破壊試験、疲れ試験 fatigue test、クリープ試験 creep test、応力緩和試験 relaxation test、摩耗試験、その他。
- **鋼質試験**：組織試験 tissue observation、硬化層及び脱炭層深さ試験、その他。
- **腐食防食試験**：耐候性試験(屋外暴露試験 outdoor exposure test、人工促進試験 accelerated test)、ステンレス鋼関係の試験、表面処理鋼材関係の試験。
- **非破壊試験** Non Destructive Inspection, NDI or Non Destructive Testing, NDT：放射線透過試験、超音波探傷試験(JIS Z 2344 超音波探傷試験通則)、磁粉探傷試験、浸透探傷試験、渦流探傷試験、歪ゲージ測定。
- **電磁気試験**

評価試験を規格化することは、以下の理由で意義がある。先ず、基本的な評価基準を設けることができる。即ち、試験結果に普遍性を得られ、工学製品の評価を公平にでき、国際社会の一員として日本が活躍することができる。また、試験法を成熟化させることもできる。即ち、評価精度、評価の有効性が向上し、工学技術の進歩につながる。

なお、他にも、光学顕微鏡 optical instrument あるいは電子顕微鏡 electron microscope, EM で素材表面を観察する破面観察 observation of fracture surface、ミクロ組織観察 micrography 等も上記検査に付随して良く用いられる検査方法である。

<発 展>

●鋼管の出荷試験

著者は、鉄鋼メーカーの研究部門において鋼管工場と連携して商品開発やユーザーサポートをしてきた。そこで、少し鋼管 steel pipe and tube の規格試験についても参考までに述べておきたい。

鋼管工場では製品出荷時に、製品が所定の特性を満たしているか製品評価をするための出荷試験を課せられる。即ち、出荷試験に合格すれば、JIS マークを鋼管にステンシル印刷することができる。鋼管により出荷試験は異なる。また、JIS 以外にも契約内容に応じて特殊試験が義務付けられることもある。

引張試験は、鋼管の一部切り取った試験片または鋼管そのものを引っ張って行う【☞次節】。また、鋼管独自の試験として浸漬腐食試験、押広試験、扁平試験、溶接部非破壊検査等がある。

配管用鋼管及び容器用鋼管は、浸漬腐食試験(使用環境により)、耐漏れ試験、浸出性能試験、引張試験、扁平試験、耐圧試験、押広試験(高圧配管のみ)、曲げ試験、溶接部引張(大面積溶接部物のみ)、シャルピー衝撃試験(低温使用物のみ)、非破壊検査、表面検査、メッキ均一性評価(被覆鋼管のみ)を課せられる。また、一部の配管については液圧潰試験や破裂試験を行う。通常は鋼管の周方向の引張試験の実施は困難であるが、特殊なケースでは鋼管から小さい試験片を切り出し実施する。

保護管及び電線管は、耐食試験、引張試験、圧縮試験、曲げ試験、扁平試験、押広試験(高圧配管のみ)、シャルピー衝撃試験(低温使用物のみ)、非破壊検査、表面検査、メッキ均一性評価(被覆鋼管のみ)を課せられる。

構造用鋼管は、寸法評価(特に厳しい)、引張試験、曲げ試験、扁平試験、シャルピー試験(高張力物のみ)、非破壊検査を課せられる。検査項目は少ないが、構造用なので検査基準が厳しい。また、一昔前までは鋼管はほとんど原形のままで使っていたが、近年テーパー鋼管等の特殊形状の鋼管の製造や、あるいはそれを素材として複雑な加工(利用加工あるいは二次加工という)をすることも増えてきた。そこで、JIS とは異なり、契約により使用者が独自の必要性で実施する、設計時あるいは試作後の評価試験もある。この試験に耐えられるかどうかは、受注できるかどうかを決める重要な試験である。荷重負荷時歪測定、耐久使用回数試験、落重衝撃加圧試験等がある。

4.2節 引張試験

＜要 点＞

引張試験は、最も基本的な評価試験である。平行部に標点を設け、負荷している荷重値と標点距離の変化を測定する。

＜基 本＞

材料は、壊れたら用を為さなくなる。壊れないまでも、変形したら用を為さなくなることも多い。材料が壊れたり変形 deformation したりするのは、外から力を掛けて、それに材料が抵抗しきれずに負けたからである。外からの力を外力 (supplied / external) force と称する。

外力に対して材料がどの程度抵抗できるかを評価する試験の内、最も基本的な試験は引張試験 tensile tetst である。試験片の中央に幅狭の平行部 parallel portion l を設け、その中に 2 つの標点 gauge mark を設け、引張力 tensile force F と、それにより標点距離(extensometer) gauge length が伸びた量 Δl を測定する。図 4-1 に試験イメージを示す。試験の結果得られる F-Δl グラフの処理と解釈については、次節で述べる。

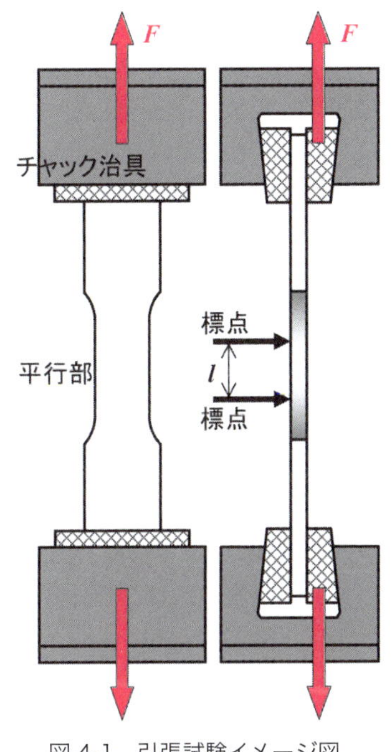

図 4-1　引張試験イメージ図

機械工学科を卒業した学生は引張試験を体験し、得られる結果を解釈できる必要がある。日本では ISO 6892 に準じて JIS Z 2201 で、良好な引張試験のための金属引張試験片形状を定めている。表 4-1 に、各試験片を分類する。比例試験片 proportional test piece は標点距離と平行部の断面積の平方根の比が 5.65 の試験片である。また、定形試験片 non-proportional test piece は寸法を定めた試験片である。他にも、古来より用いられてきた日本独特の試験片もある。試験片両端を試験装置のチャック(治具)grip section で固定し、引っ張る。

板状材料は、一般的には板状試験片とする。1 号片、5 号片、13 号及び 14B 号片の寸法を

表 4-1　JIS に定める引張試験片形状規格番号一覧

試験片形状	板状	棒状	管状	円弧状	線状
比例試験片	14B	2 14A	14C	14B	
定形試験片	1A、B 5 13A、B	4 8A ～ D 10	11	12A ～ C	9A、B

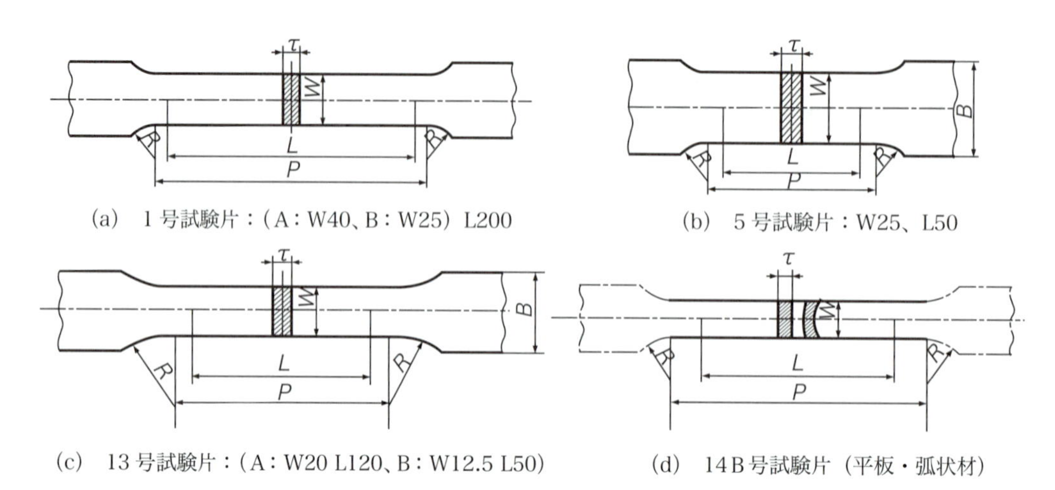

(a) 1号試験片：(A：W40、B：W25) L200 (b) 5号試験片：W25、L50

(c) 13号試験片：(A：W20 L120、B：W12.5 L50) (d) 14B号試験片（平板・弧状材）

図 4-2　板状引張試験片

図 4-2 に示す。いずれも、L が標点距離で、P が平行部長さである。

また、棒状材料や厚板材料は棒状試験片とすることが多い。14A 号試験片の寸法を図 4-3 に示す。L が標点距離で、P が平行部長さである。平行部の加工は、概してバイトで研削する。

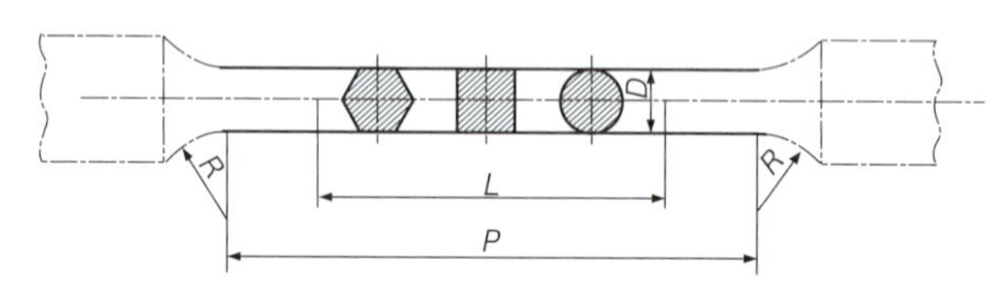

図 4-3　棒状引張試験片

<発 展>

●鋼管の引張試験

鋼管の引張試験は、細い物や特殊な事例では管のまま軸方向に引っ張る。この時には、JIS11 号または 14C 号試験片を用いる。この方法は試験片を敢えて作る必要が無いので簡単であるが、鋼管は伸びながら縮径するので材質の引張試験結果よりかなり伸びが良くなってしまう。解釈に注意を要する。

鋼管表面の純粋な引張特性を検査する場合には、試験片を切り取りそれを引っ張る。この時には、JIS12 号試験片を用いる。平行部は鋼管の周曲率がそのまま残るので、引っ張るうちにこれが平らになって来ることもある。叩く等してこれを平らにすると、そこで加工硬化が発生する。周方向の正確な試験は難しい。

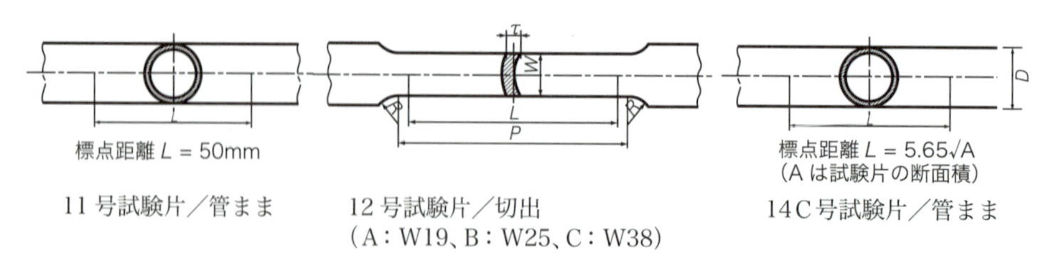

図 4-4　鋼管引張試験片

4.3節 SS 曲線

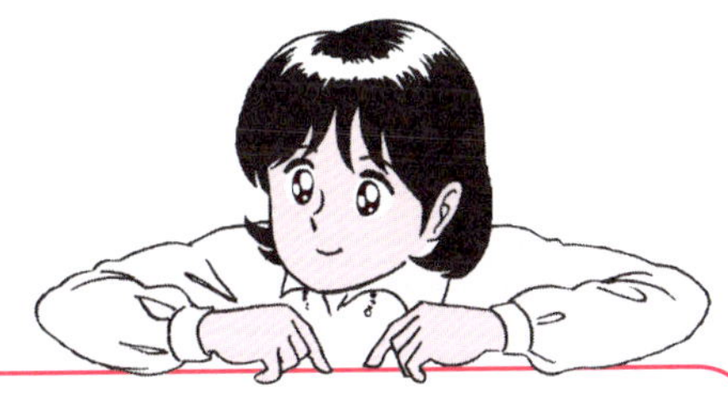

<要 点>

引張試験の結果得られる SS（応力 - 歪）曲線を読図できるようにしたい。ヤング率、降伏応力値、破断応力値、絞り等は、重要な指標値である。

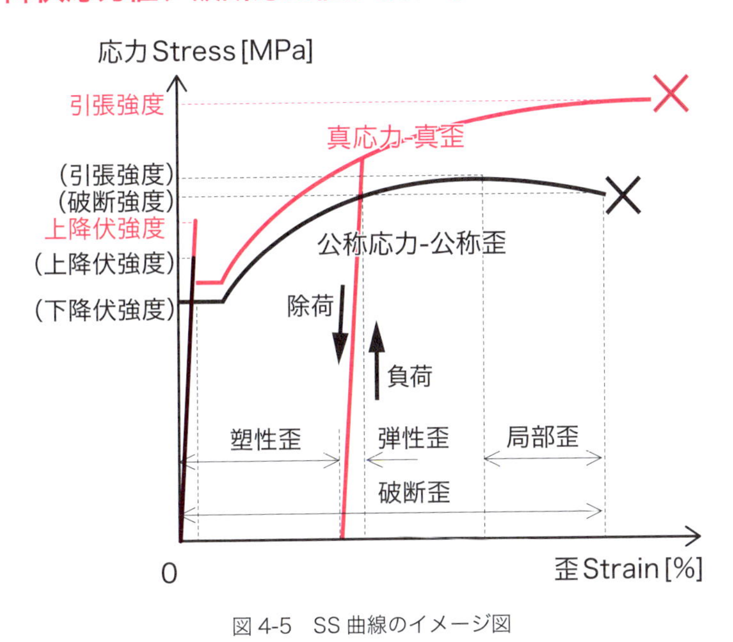

図 4-5　SS 曲線のイメージ図

<基 本>

●応力と歪

引張試験から、一次的には標点距離 l の伸び elongation $\Delta l(t)$ [mm] と、負荷した力 force $F(t)$ [N] のグラフが出力される。そして、式(4-1)に示す通り標点距離 l で除して公称歪 nominal strain $\varepsilon(t)$ [%] を、式(4-2)に示す通り力 $F(t)$ を初期の平行部断面積 A_0[mm^2] で除して公称応力 nominal stress $\sigma(t)$ [MPa] を計算する。また、引張試験は試験片が破断するまで継続され、式(4-3)に示す通り破断した際の平行部の断面積 A_e を初期の断面積 A_0[mm^2] で除して 1 から引くことで絞り reduction of Area Ra [%] を計算する。

$$\varepsilon(t)=\frac{\Delta l(t)}{l} \cdots\cdots \quad (4\text{-}1) \qquad \sigma(t)=\frac{F(t)}{A_0} \cdots\cdots \quad (4\text{-}2) \qquad Ra=1-\frac{A_e}{A_0} \cdots\cdots \quad (4\text{-}3)$$

応力は、外力 $F(t)$ を面積で割って算出するので圧力と短絡的に誤解されやすいが、実際は単位面積当たりの内部抵抗力である。即ち、材料は外力 $F(t)$ により変形させられるが、材料はその変形を食い止めようとして内部から抵抗力 $F_{in}(t)$ を発生させる。この $F(t)$ と $F_{in}(t)$ が釣り合った状態で変形は止まる。即ち、式(4-2)は本来意味としては式(4-2')が正しいが、引張試験では $F_{in}(t)$ と釣り合った $F(t)$ を測定するので式(4-2)で間に合わせているのである。

また厳密には、変形が進むと平行部の断面積は減少するので、その時々の断面積 $A(t)$ で除す必要がある。したがって、最も厳密な応力の式は式(4-2")である。$\hat{\sigma}(t)$ を真応力 true stress と称する。

$$\sigma(t)=\frac{F_{in}(t)}{A_0} \quad \cdots\cdots\cdots\cdots\cdots \text{(4-2')} \qquad \hat{\sigma}(t)=\frac{F_{in}(t)}{A(t)} \quad \cdots\cdots\cdots\cdots\cdots \text{(4-2")}$$

歪も本来は、その時々の標点距離 $l(t)$ $(l(0)=l)$ からその瞬間にどの程度伸びた $\Delta l(t)$ かに依ってその時刻の歪増分 strain increment $\hat{\varepsilon}(t)$ を式(4-4)の通り定義できる。括弧外は差分形、括弧内は微分形の表示である。

$$\Delta\hat{\varepsilon}(t)=\frac{\Delta l(t)}{l(t)} \qquad \left(d\hat{\varepsilon}(t)=\frac{dl(t)}{l(t)}\right) \quad \cdots\cdots\cdots\cdots\cdots \text{(4-4)}$$

微分形の式を積分すると、式(4-1')が導かれる。$\hat{\varepsilon}(t)$ を真歪 true strain と称する。

$$\begin{aligned}\hat{\varepsilon}(t)&=\left[\hat{\varepsilon}(t)\right]_0^t=\int_0^t d\hat{\varepsilon}(t)=\int_0^t \frac{dl(t)}{l(t)}\\&=\left[\ln l(t)\right]_0^t=\ln\left[\frac{l(t)}{l}\right]=\ln\left(\frac{l+\Delta l(t)}{l}\right)=\ln\{1+\varepsilon(t)\}\end{aligned} \quad \cdots\cdots\cdots\cdots \text{(4-1')}$$

横軸を公称歪または真歪、縦軸を公称応力または真応力としたグラフを、応力歪曲線(SS 曲線) stress-strain curve と称する。真歪と真応力の関係は、形や条件に依らず同一材料であれば同一になる。また、引張応力歪曲線は圧縮応力歪曲線と極似することも多い。公称応力及び公称歪は計算が簡単だが、大きい値になると真応力及び真歪から逸脱していく。また、塑性変形を記述する際に真歪は簡明である【☞発展】。

●弾性と塑性

中学校で、バネ spring を引っ張ると引張り力と伸びが比例し、その比をバネ係数 spring constant と称する、と教わった筈である。前章で説明した各種の結合は、それ自体は決してバネのような単純な挙動 behavior(bevaiour)をしないが、一方、炭素鋼等のある種の材料においては全体として、ある程度の外力に対して丁度バネのような挙動をする。バネのような挙動とは、以下の様な挙動である。

- 荷重を掛けたら(負荷 loading したら)伸びる。
- その荷重を取り除いたら(除荷 unloading したら)、元の長さに戻る。
- 伸びと荷重の大きさが比例する。

このバネのような挙動を、弾性 elastic 挙動と称する。ただし厳密に言うと、伸びと荷重の大きさが比例しなくても、除荷して伸びが 0 になったらそれは弾性挙動である【☞発展】。

鉄鋼材料を引張試験に提供すると、初期にはこの弾性挙動を示す。即ち、応力と歪は比例し、除荷すると共に 0 に戻る。即ち、弾性挙動においては、真応力

$\hat{\sigma}(t)$ と真歪 $\hat{\varepsilon}(t)$ は式(4-5)に示す関係を示す。$\hat{\sigma}(t)$ と $\hat{\varepsilon}(t)$ の比 E はヤング率(縦弾性係数) Young's modulus と呼ばれる、材料特有の物性値 material property である。

$$\hat{\sigma}(t) = E\hat{\varepsilon}(t) \quad (4\text{-}5)$$

また、続けて引っ張るとやがて応力と歪の比例関係が破綻し、歪が急激に増大する。この弾性挙動が終わるタイミングを降伏 yielding と称し、降伏する時の荷重を降伏荷重、降伏する時の応力を降伏強度(応力) yield stress σ_{YS} と称する。降伏強度も材料物性値である。ここで、応力と歪の比例関係が破綻するのは、式(4-5)で関係付けられる歪の他に、余分な歪が発生するからである。前者を弾性歪 elastic strain $\hat{\varepsilon}_e(t)$、後者を塑性歪 plastic strain $\hat{\varepsilon}_p(t)$ と称する。即ち、式(4-5)をより厳密に記すと、式(4-6)となる。塑性歪の出方も材料物性値である。

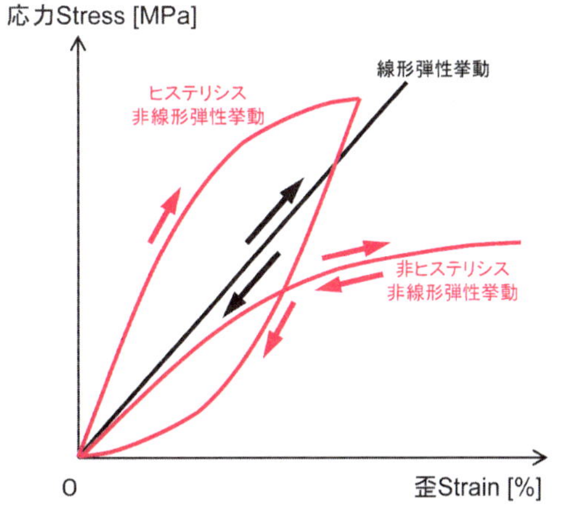

図 4-6　幾つかの弾性挙動を示す SS 曲線

$$\hat{\varepsilon}(t) = \hat{\varepsilon}_e(t) + \hat{\varepsilon}_p(t) = \frac{\hat{\sigma}(t)}{E} + \hat{\varepsilon}_p(t) \quad (4\text{-}6)$$

ここで、塑性歪 $\hat{\varepsilon}_p(t)$ は一旦発生したら逆負荷を掛けない限り減少しない。例えば、引っ張って発生した塑性歪は、充分に圧縮しないと無くならない。引張試験において、降伏後の時刻 t_p に除荷をするとその後の応力歪曲線【☞図 4-5】は、ヤング率の傾きで応力が下がって行く。即ち、応力が 0（荷重が 0)になっても歪は 0 にはならず、塑性歪 $\hat{\varepsilon}_p(t_p)$ が残る。それ故、塑性歪は永久歪とも言われる。なお、再度負荷した場合の降伏応力は $\hat{\sigma}(t_p)$ である。変形により降伏応力が上がる(加工硬化 work hardening、歪硬化 strain hardening)のである。

更に続けて負荷すると、最後に破断する。破断する時の公称応力を破断強度 break stress、破断時の真応力を引張強度(応力) tensile strength (stress) σ_{TS} と称する。また、破断時の歪を破断歪 break strain、破断時の伸びを破断伸び break elongation と称する。降伏強度、引張強度、破断強度及び破断歪は、材料物性値である。これらの値は全て真応力–真歪曲線において求めるのが本来だが、簡明の為に公称応力–公称歪曲線において求めて済ますことも多い。なお、公称応力 - 公称歪曲線において引張強度以降に伸びた分を局部歪と称する。

降伏強度、引張強度、破断強度及び破断歪は、材料の出荷時に材料に添付すべきデータである。

<発 展>

●弾性変形と塑性変形と粘性変形

前述の通り、原子、分子あるいはイオンの間の結合力が総じてバネのように作用して見える挙動は、弾性挙動の一種である。荷重と伸びが比例するので、線形弾性挙動 linear elastic behavior と称する。実は、比例しない非線形弾性挙動 nonlinear - を示す材料の方が多く、その SS 曲線は図 4-6 に示すヒステリシスを描く。非ヒステリシス非線形弾性挙動 nonhysteresis nonlinear - を示す材料は、現在のところ存在しない。弾性変形中の結晶格子を見ると、上下に引っ張られた結晶格子は上下に伸びて、前後左右に少し縮む。丁度、消しゴムを引っ張ると引っ張った方向に伸びて断面が縮むような挙動である。縦に1伸びた時に横にνだけ縮む時、この材料のポアソン比 Poison's ratio がνであると定義する。変形した格子は元に戻りたいので、弾性変形は除荷により回復するのである。回復した後の格子は、元の形に戻っている。

一方、塑性変形とは原子、分子またはイオンの配列が変化することである。転位が滑る(移動する)ことで塑性変形は進む。配列変化なので、体積は変わらない。また、配列変化前後で原子、分子あるいはイオン同士の間隔が伸びる訳ではないので、除荷しても元に戻らない。ところで、x方向の元々の長さがΔL_xだけ伸びた時、前述の式(4-1')に基づきx方向の長さに対する変化率として表現した真歪$\hat{\varepsilon}_{xx}$を式(4-7a)の通り記述することとする。ちなみに、$\hat{\varepsilon}_{xx}$をx方向垂直歪 normal strain と称する。

$$\text{(a) } \hat{\varepsilon}_{xx} = \ln\left(\frac{L_x + \Delta L_x}{L_x}\right) \quad \text{(b) } \hat{\varepsilon}_{yy} = \ln\left(\frac{L_y + \Delta L_y}{L_y}\right) \quad \text{(c) } \hat{\varepsilon}_{zz} = \ln\left(\frac{L_z + \Delta L_z}{L_z}\right) \cdots\cdots \text{(4-7)}$$

同様に、y方向垂直歪$\hat{\varepsilon}_{yy}$及びz方向垂直歪$\hat{\varepsilon}_{zz}$を、式(4-7b)及び(4-7c)の通り記述することとする。

ここで、元の体積は$L_x L_y L_z$であり、変形後の体積は$(L_x + \Delta L_x)(L_y + \Delta L_y)(L_z + \Delta L_z)$である。この両者が等しいということは、式(4-8)が成立するということである。

$$\begin{aligned}\hat{\varepsilon}_{zz} + \hat{\varepsilon}_{yy} + \hat{\varepsilon}_{zz} &= \ln\left(\frac{L_z + \Delta L_z}{L_z}\right) + \ln\left(\frac{L_y + \Delta L_y}{L_y}\right) + \ln\left(\frac{L_z + \Delta L_z}{L_z}\right) \\ &= \ln\left(\frac{(L_x + \Delta L_x)(L_y + \Delta L_y)(L_z + \Delta L_z)}{L_x L_y L_z}\right) = 0\end{aligned} \cdots\cdots\cdots\cdots\cdots\cdots \text{(4-8)}$$

前項で塑性変形の記述に真歪は簡明と述べたが、塑性変形では垂直歪の各成分の和は0になるという訳だったのである。なお、厳密にはある方向のヤング率E_iとは、弾性挙動におけるその方向の垂直応力 normal stress $\hat{\sigma}_{ii}$と垂直歪$\hat{\varepsilon}_{ii}$の比である。ここで垂直応力とは、ある方向i(iはx、yまたはz)を向いた単位面積当たりの同方向iの内部抵抗力である。これを式で示すと式(4-5')のようになる。

$$\hat{\sigma}_{ii} = E_i \hat{\varepsilon}_{ii} \cdots\cdots\cdots\cdots\cdots\cdots\cdots\cdots\cdots\cdots\cdots\cdots \text{(4-5')}$$

さて、粘性 viscosity という単語が初めて出てきたが、これは時間と共に変形が戻る性質のことである。除荷して変形が残った場合でも、時間が経つと変形が小さくなっていることがある。参考までに、流体力学では流体の粘りの度合いを粘性という。以前、固溶体の中でも液体同様に拡散が起こっていると述べたが、固体も液体も似た概念で原理立てられるのである。粘性も材料物性値である。

●弾性力学

前項の延長上に、弾性力学 elastic mechanics (engineering)がある。本書では詳細に説明しないが、弾性力学とはその材料が弾性挙動を示す前提の下で、応力と歪の関係を論じる学問である。この世に完全な弾性材料は存在しないので、本来弾性力学は理想を追求した非現実的な力学であるが、何せ解りやすく、また鉄鋼材料等の幾つかの身近な材料が弾性挙動に近い挙動を示すので、有効なのだ。

これまではある一方向に引っ張った話をしてきたが、材料に掛かる実際の力は1つではなく三次元的である。そこで、真応力及び真歪を、次の成分に分けて考えるのである。

・**応力**：ある方向iを向いた単位面積当たりの同方向iの内部抵抗力を垂直応力$\hat{\sigma}_{ii}$、ある方向iを向いた単位面積当たりの別方向 j の内部抵抗力を剪断応力 share stress $\hat{\sigma}_{ij}$（あるいはしばしば $\hat{\tau}_{ij}$）と記述する。全部で 3×3 = 9 通りの応力成分がある。なお、釣り合っていない回転モーメントはその材料を変形させるのではなく回転運動 rotation させるだけなので、変形に関わる回転モーメントは釣り合っている。即ち、$\hat{\sigma}_{ij}=\hat{\sigma}_{ji}$ である。

・**歪**：ある方向 i（i は x、y または z）の長さ変化の同方向元長に対する変化率を垂直歪 $\hat{\varepsilon}_{ii}$、ある方向 i（i は x、y または z）の長さ変化の別方向 j の元長に対する変化率を剪断歪 share strain $\hat{\varepsilon}_{ij}$（あるいはしばしば $\hat{\gamma}_{ij}$）と記述する。全部で 3×3 = 9 通りの歪成分がある。なお、垂直歪は拡大あるいは縮小的な変形であり、剪断歪は斜めにゆがむ変形である。ここで、斜めにゆがむ変形は 2 つの偶力 couple（重心以外の点に掛る、反対方向の同じ大きさの力の組。材料を並進運動 translation させないが回転運動させる。）により発生するので、2 つの偶力に対応する 2 つの剪断歪は $\hat{\varepsilon}_{ij}=\hat{\varepsilon}_{ji}$ である。

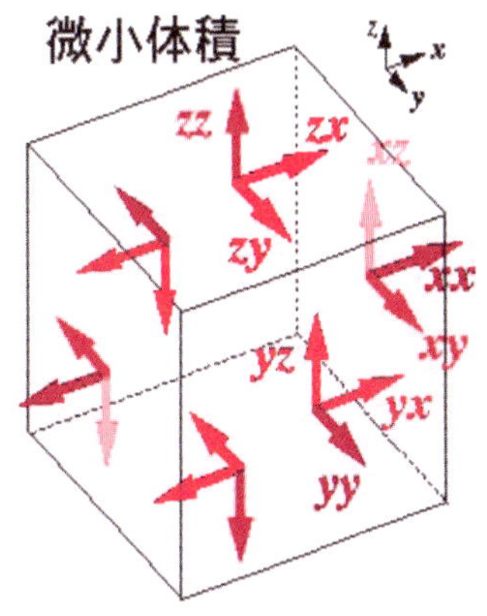

図 4-7　応力イメージ図

以上 3 つの垂直成分同士と、3 つの剪断成分同士は、ヤング率（縦弾性係数）E とポアソン比 υ で正確に関係付けられる。$E_x=E_y=E_z$ かつ $\nu_x=\nu_y=\nu_z$ である様な材料を、等方性 isotropic 材料と称する。等方性弾性材料の応力との関係を式(4-9)に示す。式(4-9a)は垂直応力−垂直歪　normal stress-strain 関係を、式(4-9b)は剪断応力−剪断歪　share stress-strain 関係を示す。また、横弾性係数（剛性率 modulus of rigidity、剪断弾性係数 shear modulus of elasticity、接線弾性係数 tangent modulus of elasticity、セカント弾性係数 secant modulus of elasticity）G は式(4-10)で定義される。横弾性係数は、剪断応力及び剪断歪を関係付ける物性値である。

$$\begin{Bmatrix}\sigma_{xx}\\ \sigma_{yy}\\ \sigma_{zz}\end{Bmatrix}=\frac{E(1-\nu)}{(1+\nu)(1-2\nu)}\begin{pmatrix}1 & \frac{\nu}{(1-\nu)} & \frac{\nu}{(1-\nu)}\\ \frac{\nu}{(1-\nu)} & 1 & \frac{\nu}{(1-\nu)}\\ \frac{\nu}{(1-\nu)} & \frac{\nu}{(1-\nu)} & 1\end{pmatrix}\begin{Bmatrix}\varepsilon_{xx}\\ \varepsilon_{yy}\\ \varepsilon_{zz}\end{Bmatrix} \quad \cdots\cdots (4\text{-}9a)$$

$$\begin{Bmatrix}\tau_{xy}\\ \tau_{yz}\\ \tau_{zx}\end{Bmatrix}=\frac{E(1-\nu)}{(1+\nu)(1-2\nu)}\begin{pmatrix}(1-2\nu)/2(1-\nu) & 0 & 0\\ 0 & (1-2\nu)/2(1-\nu) & 0\\ 0 & 0 & (1-2\nu)/2(1-\nu)\end{pmatrix}\begin{Bmatrix}\gamma_{xy}\\ \gamma_{yz}\\ \gamma_{zx}\end{Bmatrix} \quad (4\text{-}9b)$$

$$G=\frac{E}{2(1+\nu)} \quad \cdots\cdots (4\text{-}10)$$

なお、弾性力学を論じる際には、公称応力及び公称歪は用いず、真応力及び真歪を用いる。したがって、弾性力学では特に真という言葉は付けない。

● n 値と r 値

次章で鉄鋼を扱うので、銅板の塑性加工で参照される特性値の話をしよう。それは加工硬化指数 work-hardening exponent（俗称 n 値）とランクフォード値 Lankford value（俗称 r 値）である。JIS G 0202 に定義されている。プレス、絞り加工、液圧加工等の大変形を伴う加工では、特に重要である。

金属試験片の引張試験結果として得られる応力歪曲線全体を、式(4-10)で近似することがある。パラメータ n の値を加工硬化指数と称する。

式(4-10)は応力歪曲線同士を比較する時に便利である。K が大きい材料ほど応力が大きく、大荷重に耐えられる材料であると言える。また n は通常0以上1未満の値を採り、0は降伏した後には応力が一定となる剛完全塑性挙動 rigid-perfectly plastic behavior に、1はヤング率1の弾性挙動に対応し、大きい材料ほど、降伏後に応力が上昇する加工硬化の程度が大きい材料であると言える。塑性加工の観点からは、n が大きいほど複雑な形状に加工可能である傾向がある。なお、式(4-10a)ではなく式(4-10b)の形で応力 σ と塑性歪 ε_p を関係付ける場合もある。金属材料の場合には、大抵弾性歪は塑性歪に比べて充分小さいので、式(4-10a)も(4-10b)もほぼ同じ式と言える。

$$\sigma = K\varepsilon^n \cdots\cdots\cdots \text{(4-10a)} \qquad \sigma = K\varepsilon_p^n \cdots\cdots\cdots \text{(4-10b)} \qquad r = \frac{\varepsilon_w}{\varepsilon_t} \cdots\cdots\cdots \text{(4-11)}$$

一方、式(4-11)で示すように板状引張試験で得られる幅方向歪 ε_w と厚さ方向歪 ε_t の比を、r 値と定義する。通常、長手方向歪 が15%または20%の時点で r 値を計算する。式(4-8)に示す体積一定則につき幅方向歪 ε_w と厚さ方向歪 ε_t の和は一定なので、r 値が大きいほど厚さ方向の変形が小さい。板材は通常圧延により得られるが、圧延方向は大きく伸ばされ、その分板厚方向は大きく縮められ、幅方向の変形はほぼ0である。この結果この3方向に異方性が発生し、鋼板等の板材は本質的には各方向への変形のしやすさ、即ちSS曲線が異なる。塑性変形により元々ほとんど材料の無い肉厚方向の材料流出が発生すると、当然切れやすいし、塑性変形で変形させたいのは幅方向であることが多い。r 値が大きいほど塑性加工しやすい傾向にあり、絞り加工性は上がる。一般的に、圧延方向に{111}方位粒が多くあるほど、r 値は高くなる。鋼板は通常 $r = 0.8 \sim 0.9$ 程度であり、結晶調質により改善すると $r = 1.05 \sim 1.2$ 程度となる。

n 値も r 値も、塑性加工のFEMシミュレーション等では大切な材料物性値の一つであり、実験から正確に求める必要がある。表4-2にいくつかの金属材料の n 値と r 値を一覧する。

表4-2　各種金属の n 値及び r 値

材質	n 値	r 値	材質	n 値	r 値
リムド鋼	0.18	1.32	純銅	0.44	0.90
Al キルド鋼	0.23	1.88	無酸素銅	0.49	0.89
Ti キルド鋼	0.26	2.06	**70Cu-30Zn** 黄銅	0.49	0.77
0.6 C鋼（熱処理）	0.15	–	**65Cu-35Zn** 黄銅	0.53	0.88
ステンレス SUS304	0.45	1.0	**60Cu-40Zn** 黄銅	0.44	0.87
ステンレス SUS304L	0.45	–	**18Ni** 洋白	0.42	0.89
ステンレス SUS316	0.4	1.0	純 **Ti**　（1種）	0.15	5.28
ステンレス SUS430	0.20	1.2	純 **Ti**　（2種）	0.14	4.27
ステンレス SUS444	0.21	1.7	**Ti-5Al-2.5Sn**	0.05	1.94
A1100	0.24	0.86	**Ti- 6Al- 4V**	0.01	1.48
A3003	0.19	0.67	**Ti- 2Cu**	0.13	1.96
A5052	0.24	0.67	**Ti-15Mo**	0.22	1.49
A5082	0.22	0.85	–	–	–

4.4節 衝撃試験

<要 点>

材料に入れた切欠を目指しハンマーを振り降ろしそこを割る試験を、衝撃試験と称する。割ってできた破面を観察し靭性(じんせい)を評価する。

<基 本>

例えば押し潰した時や引きちぎった時等に、材料が壊れる be fractured。力 force を掛け続けることで材料に対して与えられた仕事 work は、材料を壊す為のエネルギー energy として使われる。沢山仕事をしないと壊れない(破壊エネルギーが大きい)材料は粘り強く tough、少しの仕事で壊れる(破壊エネルギーが小さい)材料は粘り強くない。粘り強いかどうかという材料特性を、靭性(fracture) toughness と称する。また、潰れたりちぎれたりしなくても、変形したらその材料が使えなくなることもある。大きな力を掛けないと変形しない材料は強く strong、少しの力で壊れる材料は強くない。強いかどうかという材料特性を、強度 strength と称する。充分強い材料は粘り強いが、強さの割りに破断歪が大きく結果的に力が沢山の仕事をしなければならない材料も粘り強い。前節までは材料を強度(耐力)の観点で評価してきたが、本節ではエネルギーの観点で評価する。

強度は前述の引張試験で評価可能であるが、靭性は衝撃試験で評価する。ISO 83+148 に対応する JIS Z 2242 で金属衝撃試験法が規定されている。試験においては、時計の 6 時の方向に試験片を置き、例えば 11 時の位置まで持って行ったハンマーを時計の針の進む方向と反対方向に振り落とし試験片を破壊させる。ハンマーは試験後に反動で例えば 3 時の位置まで上がるかもしれない。つまり、ハンマーの位置エネルギーは、11 時の位置から 3 時の位置まで減ったことになる。この減ったエネルギーは、破壊に要した仕事量である。破壊に要した仕事量を試験片断面積で割った値 [J/cm^2] を、破壊靭性値とする。

図 4-8 に示す試験片は、ISO/DIS 148-1 に準ずる JIS Z 2202 で定められる。試験片を綺麗に破壊するために通常、試験片の中央に切欠を付けハンマーを丁度そこに当てる。切欠形状は、V 形、U 形とする。切欠先端には応力が集中するが、先端形状が少し変わるだけで応力集中状況も大きく変化することがあるので、切欠の加工精度が要求される。

金属材料の衝撃試験としては、JIS K7111-1、ISO 179-1、ASTM D6110 で規定される試験片両端を固定するシャルピー衝撃試験 charpy impact test を採用するのが普通である。一方、合成樹脂の衝撃試験としては、JIS K7110、ISO 180、ASTM D256 で規定される試験片片端を固定するアイゾット衝撃試験 izod impact strength test を採用することが多い。

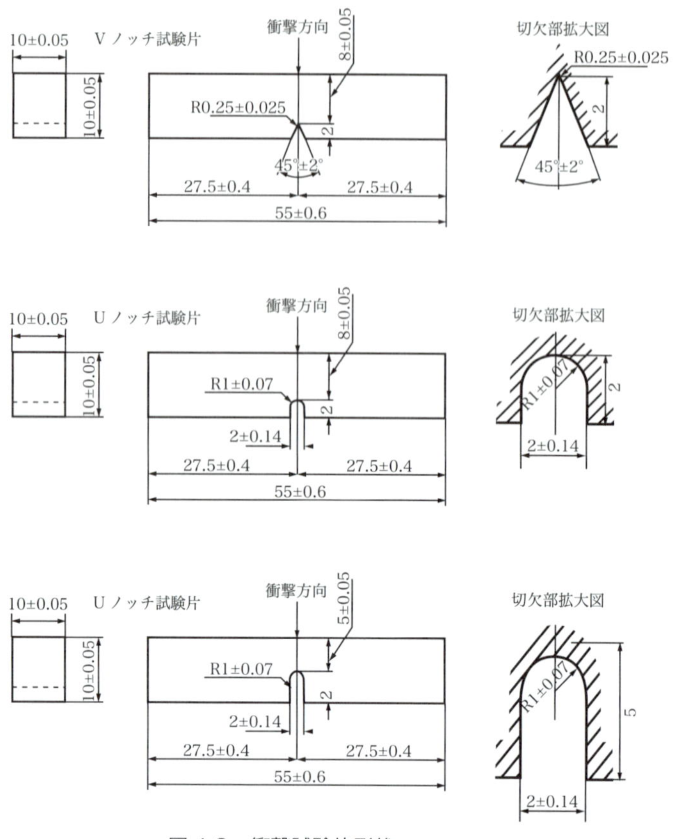

図 4-8　衝撃試験片形状

<発 展>

●破面観察

材料や試験片が割れてできる断面を、破面 fracture surface と称する。破面は、分断された２つの破片の双方にできる。破面を補強する時は、この両方の破面を比較する事が望ましい。

衝撃試験の破面には、大きく分けて２種類の領域がある。一つは延性 ductile 破壊領域である。材料が引きちぎれた領域であり、凸凹が深く左右破面で凸と凸、凹と凹が同じ位置に対応する。もう一つは脆性(ぜいせい) brittle 破壊領域である。材料が脆くも簡単に割れた領域であり、凸凹が深く滑らかである。また、不純物等が混入していると、そこは材料として切れていた箇所となるので比較的綺麗に割れ、その結果その位置では左右破面の凸と凹が対応するが、その不純物がカポッと入るような凹と凸になっている。例えば溶接部等に対して衝撃試験を実施した場合に、延性領域が多い部位は良好に溶接されたことを示す。また、不純物が多ければ、溶接が不安定だったと推察できる。

また、疲労試験やクリープ試験等の他の状況でできた破面は、いろいろな様相を示す。例えば疲労破壊では、ストライエーション striation と呼ばれる縞模様が見える。ストライエーションは繰り返し荷重条件により変わる。クリープ破断や熱疲労破壊等の熱が関係する破壊では一般的に延性領域が増え、ディンプル dimple と呼ばれる網の目状の引きちぎれ面が見える。

疲労試験

<要 点>

小さな荷重でも繰り返されると材料は疲労する。疲労とは、材料内部に亀裂が発生し進展する現象である。亀裂先端には大きな応力集中が起こる。繰り返し荷重を掛ける試験を、疲労試験と称する。

<基 本>

材料に繰り返し cyclic 変形を与え続けると、小さい変形が徐々に大きくなっていく。これは、前の変形で発生した initiate 微小な欠陥が連結していく(進展する propagate)ことで、最終的に大きな欠陥が材料内部に発生するからである。例えば、降伏強度の半分の応力しか発生しない荷重でも、繰り返されると最後には破壊する。この現象を疲労 fatigue と称する。人間と同じで、小さな仕事でも続けるとくたびれてくるのである。最初の微小な欠陥は、繰り返し変形により結晶格子等の原子、分子あるいはイオンの配列が徐々に変形した結果発生する。繰り返し荷重は振動等の荷重条件や環境の繰り返し変化により発生する。変位拘束条件下で温度変化を受けた材料は、熱膨張と熱収縮により発生する熱応力 thermal stress が繰り返し発生することで熱疲労 thermal fatigue する。ボルト等の連節部材の疲労破壊は、構造体全体の健全性を損なうので大問題である。疲労は、飛行機の墜落事故の原因となる事もある。

繰り返し荷重を掛ける試験を、疲労試験 fatigue test と称する。引張荷重のみ与える時もあれば、引張と圧縮を交互に繰り返し与える場合もある。曲げや捩じりを繰り返し与えることもある。また、繰り返し荷重の周期や強さを途中で変更する試験もある。例えば、JIS Z 2273 には金属疲れ試験法通則が、JIS Z 2274 には金属回転曲げ疲れ試験方法が、JIS Z 2275 には金属平面曲げ疲れ試験方法が規定されている。

最も基本的な疲労試験は、図4-3に示したJIS 14A号丸棒試験片を、引張も圧縮も同じ量を交互に繰り返し与える、両振疲労試験 alternative tensile-compressive loading fatigue test である。丸棒試験片を用いるのは、板状試験片では圧縮の際に試験片が座屈 buckling (ペコペコ折れ曲がること)してしまう危険性があるので、それを回避する意味合いがある。

闇雲に引張圧縮力を掛けたのでは、得られた結果を考察できない。そこで図 4-9 に示すように、材料に発生する応力が常に一定となるように制御する。これを応力制御 stress control と称する。簡易的には、荷重一定の制御をする。図 4-10 に示すように、歪が一定になるように制御する歪制御 strain control 試験もある。この場合には、標点距離の変化が一定になるように制御する。また、繰り返しの周期も一定にする。繰り返し回数 cycle number を稼ぐために、周期は大抵の場合装置能力上できるだけ速くにする。

疲労試験で試験片に発生する応力の最大値と最小値の差 $\Delta\sigma$ を、応力振幅 stress amplitude と称する。応力振幅 $\Delta\sigma$ が比較的小さい高サイクル疲労 high cycle fatigue の場合には、破断に要した繰り返し回数 と応力振幅$\Delta\sigma$の関係は式(4-12)に近いと言われている。

$$\Delta\sigma = a\log N + b \quad \text{または} \quad \Delta\sigma = AN^{B} \quad \cdots\cdots \quad (4\text{-}12)$$

ただし、応力振幅が材料に対応する一定値以下の場合には、疲労破壊しない。この一定値を疲労限(度) fatigue limit と称する。試験条件としての応力振幅$\Delta\sigma$と試験結果としての破断に要した繰り返し回数Nをグラフにすると、図4-11に示すS-N線図となる。

一方、応力振幅$\Delta\sigma$が比較的大きい低サイクル疲労 low cycle fatigue の場合には、式(4-12)の代わりに、破断に要した繰り返し回数 と塑性歪振幅 plastic strain amplitude $\Delta\varepsilon_p$の関係が式(4-13)に近いと言われている。塑性歪振幅$\Delta\varepsilon_p$とは、疲労試験で試験片に発生する塑性歪の最大値と最小値の差である。

繰り返し熱応力による疲労は熱疲労 thermal fatigue と称し、低サイクル疲労である。

$$\Delta\varepsilon_p = a\log N + b \ \text{または} \ \Delta\varepsilon_p = AN^{B} \quad \cdots\cdots \quad (4\text{-}13)$$

高サイクル疲労と低サイクル疲労はメカニズムの詳細が異なると言われているが、Basquin式とManson-Coffin式を包括するようなMorrow式も提案されている。繰り返し回数が概ね$10^3 \sim 10^4$を境に、高サイクル疲労か低サイクル疲労かを分けている。

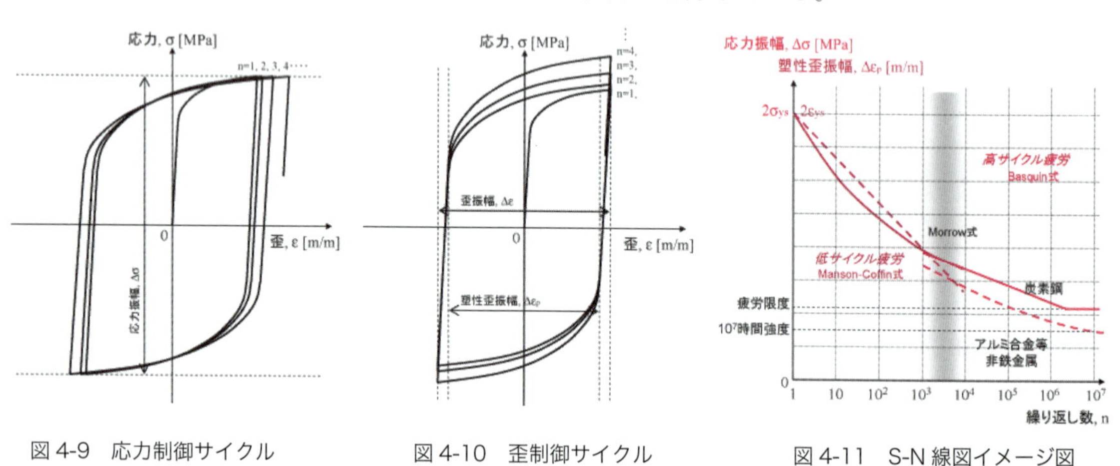

図4-9　応力制御サイクル　　図4-10　歪制御サイクル　　図4-11　S-N線図イメージ図

＜発 展＞

●応力集中

肉厚t、幅wの長方形試験片の両端に外力Fを掛けると、応力σがF/twになった所で変形が止まる。つまり、F/twがその試験片の降伏強度σ_{YS}と比べて小さければ、この試験片は大変形しない。

さて、この長方形試験片に半径rの円孔を一つ開ける。円孔の近傍では、実質$w-2r$の幅になるので、同様に外力Fを掛けると、応力が$F/t(w-2r)$になった所で変形が止まる……全体的にはこれで正しいのだが、局部的には実はこれで終わりではない。力の方向に対して角度を持つ形状変化は、そこに応力を集中させる(応力集中 stress concentration)。10人のグループに20の作業を分担させる時、窓口に近いX氏に11仕事、他の9人には1仕事ずつと仕事を集中させると、X氏は過剰労働で倒れてしまう。全体的には応力は$F/t\ (w-2r)$であっても、円孔周囲にはそれ以上の応力σ_nが発生している。場合によっては降伏強度σ_{YS}を超え、場合によっては引張強度σ_{TS}も超えてしまう。すると、そこから破壊が始まるのである。

上記のσ_nと$F/t(w-2r)$の比率が応力集中の程度を示す。即ち応力集中係数 stress concentration factor k が式(4-14)によって定義される。

$$\sigma_y = k\sigma_{y0} \quad \cdots\cdots (4\text{-}14)$$

ここで、y 方向は外力の掛る方向であり、σ_y 及び σ_{y0} はそれぞれ、円孔縁における y 方向応力、及び円孔が無かった場合にその円孔分幅狭の材料に同じ外力が掛った場合に発生する y 方向応力である。

参考まで、半径 r の円孔のある材料において、その円孔中心を原点とした時に円孔中心から x 軸方向に距離 x の位置における応力 $\sigma_y(x)$ は、式(4-15)のように数学的に計算される。

$$\sigma_y(x) = \frac{\sigma_{y0}}{2}\left\{2 + \left(\frac{r}{x}\right)^2 + 3\left(\frac{r}{x}\right)^4\right\} \quad \cdots\cdots (4\text{-}15)$$

即ち、円孔縁($x = r$ の位置)の応力集中係数は 3 となる。

また、x 方向に長い楕円孔のある材料においては、その x 方向半径 c と x 方向の端部の曲率半径 ρ に依存して、楕円孔縁の応力 σ_y $(x = c)$ は式(4-16)で計算できる。

$$\sigma_y(x = c) = \sigma_{y0}\left(1 + 2\sqrt{\frac{c}{\rho}}\right) \quad \cdots\cdots (4\text{-}16)$$

●応力拡大係数

材料の形状的な欠陥は、切欠 notch と亀裂 crack に大別できる。前者は小曲率の凹形状であり、後者は曲率がほぼ 0 の凹形状である。楕円孔を例に分かりやすく言うと、前項の式(4-16)に関する曲率半径 ρ が 0 に限りなく近い楕円孔を亀裂、そうでないものを切欠と区別する。亀裂先端 crack tip は鋭利で、応力集中が無限大になる。脆性材料では脆性破壊 brittle fracture と呼ばれる瞬間的な破壊が発生し、延性材料では一気に亀裂が開口 opening displacement する大変形が発生する。

式(4-16)を見るとわかる通り、形状変化が激しい場所により大きい応力集中が発生する。切手シートから円孔で為す輪郭線を切り取るよりは、コンサートチケットの半券をミシン目で切り取る方が楽である。ネジ谷、L 曲がり部、鋭角溝等は応力集中しやすく割れやすい場所である。

応力集中が無限大になると、式(4-15)や式(4-16)は現実的には使えない。x 方向に亀裂があるある材料に y 方向に力が掛った時、亀裂先端の応力 σ_y は、亀裂先端からの距離を用いて式(4-17)のように記述される。応力拡大係数 K は鋭さを示すパラメータであり、K が大きい亀裂は応力集中も激しく破壊しやすい。

$$\sigma_y = \frac{K}{\sqrt{2\pi x}} \quad \cdots\cdots (4\text{-}17)$$

●破壊のエネルギー

図 4-9 及び図 4-10 に示すグラフでは、SS 曲線が時計回りに周回しながらある面積を囲んでいる。このような SS 曲線を繰り返しループ hysteresis loop と称する。繰り返しループの囲む領域は当然、応力 $[N/m^2]$ と歪 [m/m] の積を示す。さて、その積とは「体積当たりの力 × 距離」 $[Nm/m^3]$ のことであるが、力 × 距離とは仕事、即ち材料に外から与えられた仕事であり、即ち疲労破壊に使われたエネルギー（正確には発熱にも使われる）である。疲労試験で得られた繰り返しループが囲む面積が大きい程、1 回の疲労サイクルでの材料の傷み程度が大きい。繰り返しループを良く見ると、徐々にループが広がっていたり、あるいは高歪側に移動していたりする。材料が傷んでいる証拠である。

ところで、図 4-6 に示すヒステリシス非線形弾性挙動の SS 曲線も、周回しながらある面積を囲んでいる。除荷したら変形が解消する弾性挙動は材料の傷みを伴わないが、弾性変形する際に双晶への移行をする等結晶配置が変化している。この面積に対応するエネルギーは、その結晶配置変化に使われたのである。

4.6節 クリープ試験

＜要 点＞

小さな荷重でも、特に金属の場合は高温環境で負荷し続けると材料は傷んできて、クリープ破断する。
高温環境下で負荷を掛け続ける試験を、クリープ試験と称する。

＜基 本＞

クリープ creep は、英語で「忍び寄る」ことを意味する。材料に一定の負荷を継続的に与えて応力を発生させ続けると、その応力が降伏応力以下であっても時間経過に伴い歪が増加し、最終的には破断 rupture に至る。この歪の増大現象をクリープ(変形)と称し、最終的な破断をクリープ破断 creep rupture と称する。人が、軽い荷物であっても長時間持ち続けると手がくたびれてくる現象に似ている。粘性挙動の一つである。

プラスチックやコンクリートは、常温でクリープする(コールドフロー)ことがある。一方、金属は通常常温ではクリープせず、高温時にクリープが顕著となる。金属材料のクリープは、組織変化、炭化物の粗大化、空孔や亀裂の発生等により変形が進んで起こる。発電プラントなどで長時間高温に晒される材料で問題となる。

クリープ試験は、ある一定温度に保たれた容器の中で、試験片を引っ張り続けることで為す。ISO 204 に準ずる JIS Z 2271 でクリープ破断試験法を規定している。試験片を図 4-12 に示す。

出力結果は通常図 4-13 に示すような、一定荷重、一定温度及び雰囲気下でのクリープ歪の時間履歴である。破断に要した時間 [hr] や、破断時の伸びや絞りも引張試験同様に得られる。

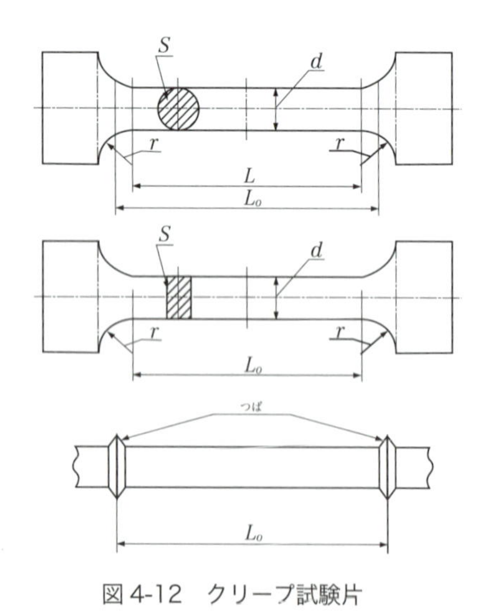

図 4-12　クリープ試験片

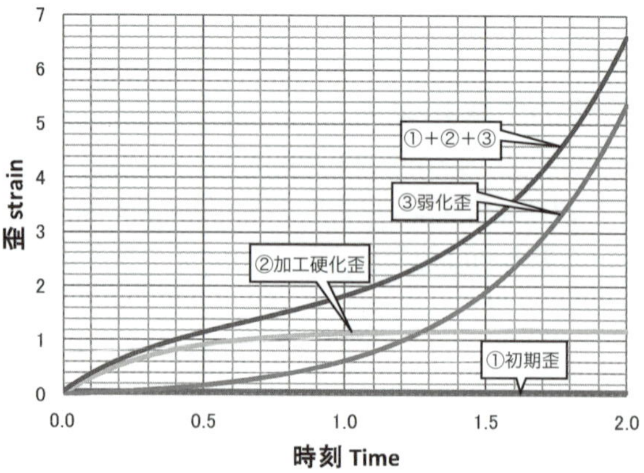

図 4-13　クリープ歪履歴イメージ図

＜発 展＞

●クリープ変形について

忍び寄る歪には、加工硬化歪 work hardening strain 及び弱化歪 deterioration strain の二種類ある。即ち、前述の図 4-13 の曲線は、初期歪 initial strain に加工硬化歪履歴と弱化歪履歴の和を加えたもので式(4-18　)で表される。

$$\varepsilon = \varepsilon_0 + a\{1 - \exp(-bt)\} + c\{\exp(dt) - 1\} \quad \cdots\cdots (4\text{-}18)$$

加工硬化歪は、熱活性 thermal activation に因り原子、分子またはイオンが動きやすくなることで発生する変形に起因する。変形により転位が移動、増殖するが、その内転位同士が複雑に絡み合ってきて互いの動きを拘束し変形速度が鈍る。この現象を加工硬化 work hardening と称する。加工硬化歪は、式(4-18)の右辺第 2 項で表現するのが簡明とされ、図 4-13 においては途中で飽和 saturated する成分曲線②になる。式(4-18)中の a、b は材料特性値である。

また、変形により微小亀裂 micro crack が発生し徐々に材料が変形しやすくなっていく(弱化 deterioration)現象を、弱化歪で表現する。弱化歪は、式(4-18)の右辺第 3 項で表現するのが簡明とされ、図 4-13 においては徐々に歪が増大する成分曲線③になる。式(4-18)中の c、d は材料特性値である。

なお、クリープ試験で初期にかけた荷重により、初期歪が発生する。式(4-18)の右辺第 1 項がそれであり、図 4-13 においては水平な直線①として表される。

図 4-13 の曲線の傾き $\dot{\varepsilon}$ を、クリープ率 creep ratio と称する。クリープ率が初期に低下する領域の現象を遷移クリープ transient creep、一定に落ち着く領域の現象を定常クリープ steady creep、再び増加する領域の現象を加速クリープ accelerating creep と称する。定常クリープ領域ではクリープ率 $\dot{\varepsilon}$ はほぼ一定となる。この領域のクリープ率 $\dot{\varepsilon}$ と応力 σ の関係式(クリープ構成式またはクリープ構成方程式 creep constitutive equation)は、一般的に式(4-19)のように与えられる。

$$\dot{\varepsilon}\left(\equiv \frac{d\varepsilon}{dt}\right) = C\sigma^n \quad \cdots\cdots (4\text{-}19)$$

ここで、C 及び応力指数 stress exponent（クリープ指数 creep exponent）n は考慮している温度に対応する材料特性値である。 応力指数 n は、大きいほどクリープ変形が大きいことを意味し、一般的には 3 から 8 程度の値を採る。特殊な例として、高温で低応力の条件下で原子の自己拡散に因り発生する拡散クリープ diffusion creep は、n =1 とクリープ変形が小さい。

また S-N 線図のように、掛けた応力 [MPa] と破断に要した時間(破断時間 time to rupture or rupture time) [hr] の関係を図 4-14 のように示せる。両対数グラフにおいて直線または緩やかな右下がりの曲線になることが多い。同図において●は実験結果であり、○は破断時間 10^4hr 以下の実験データに基づく推測結果である。長時間クリープ試験をする余裕が無いことも多いので、著者は短時間試験結果から外挿推定する研究をしていた時期があった。

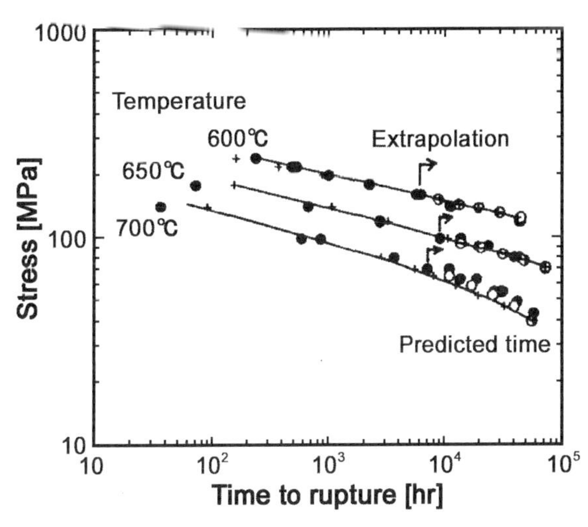

図 4-14　クリープ破断曲線（304H 鋼）

4.7節 硬度試験

<要 点>

硬い圧子を押し付けてできる跡の大きさで材料の硬度を評価する試験を、硬度試験と称する。

<基 本>

硬さ hardness とは、主として表面及び表面近傍の局部的な塑性変形のし難さである。物同士が接触した際の表面の傷み方を評価する概念で、強さや柔軟性とも関係がある。

充分に硬い圧子 indenter をある力で材料表面に押し付けそして圧子を離した際に、材料表面に残る圧痕 indentation 寸法を測り、それを材料の硬さの指標値とする。この試験方法だと、材料が完全な剛体材料の場合には圧痕は全く付かず、材料が完全な弾性材料の場合には圧痕が付くものの圧子を離すとそれは完全に消失する。極端な例では､柔らかい弾性材料であっても、変形が元に戻るので硬度が高くなる。いわゆる硬い、柔らかいという概念とは少々異なるので注意を必要する。実際にはどんな材料でも塑性変形が発生し、ある程度の圧痕を観察できる。

圧子の種類はいくつかあるが、代表的な物は以下の通りである。

- **鋼球圧子**：JIS Z 2243 ブリネル硬度 Brinell hardness, HBS（HBW）試験で用いる。一般に圧子の直径は 10mm で、圧痕表面積で試験荷重を割った値を硬度とする。
- **ダイヤ四角錐圧子**：JIS Z 2244 ビッカース硬度 Vickers hardness, HV 試験で用いる。先端頂角が 136°の四角錐圧子で、圧痕表面積で試験荷重を割った値を硬度とする。
- **ダイヤ円錐圧子**：JIS Z 2245 ロックウェル硬度 Rockwell hardness, HRC（HRB）試験で用いる。先端 0.3mm 分の頂角が 120°の円錐圧子または直径 1.5875mm の鋼球圧子で、圧痕深さを用いて硬度を計算する。
- **ダイヤモンド半球付きハンマー**：JIS Z 2246 ショア硬度 Shore hardeness, HS 試験で用いる。ハンマーの跳ね返り高さを元の高さで割った値を硬度とする。計算が簡単であり、且つ計測器が小型軽量で携帯可能である。

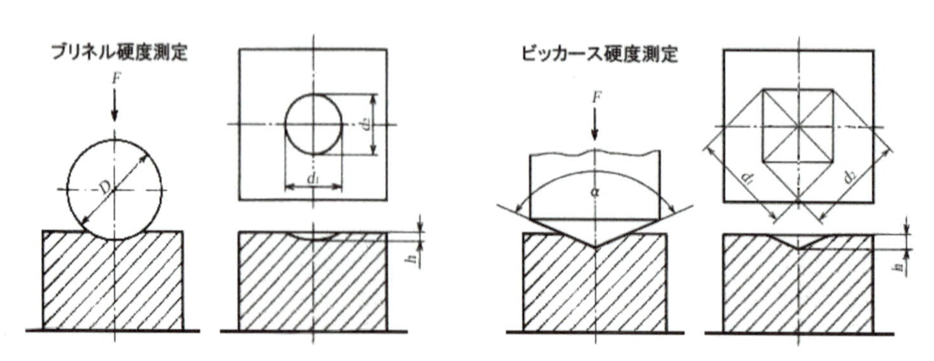

図 4-15　硬度試験圧子形状

鉄と鋼

鉄鋼材料学の基礎の基礎を学ぼう。

鉄鉱石と石炭から鋼ができるまでを知り、**Fe-C** 二元系合金平衡状態図を読んで、さまざまな結晶ができることや関連する鋼の分類について学ぼう。

Check Sheet

□ 1） 鉄鉱石と石炭（コークス）を混合して高温にすると、どんな反応が起こり、何ができるか述べなさい。

□ 2） その結果できる物に酸素を吹き込むと、どんな反応が起こり、何ができるか述べなさい。

□ 3） 熱間圧延(熱延)とは、何をする工程かを述べなさい。

□ 4） 鉄と鋼の違いを述べなさい。

□ 5） 2つの元素の合金を何というか記しなさい。

□ 6） 無限時間経過して平衡した状態を組成と温度の関係で示したグラフの名称を記しなさい。

□ 7） **Fe-C** 平衡状態図の固相線、液相線、純鉄の融点、L、α、γ、δ 域を示し、fcc 結晶域を示しなさい。M の作り方を示しなさい。

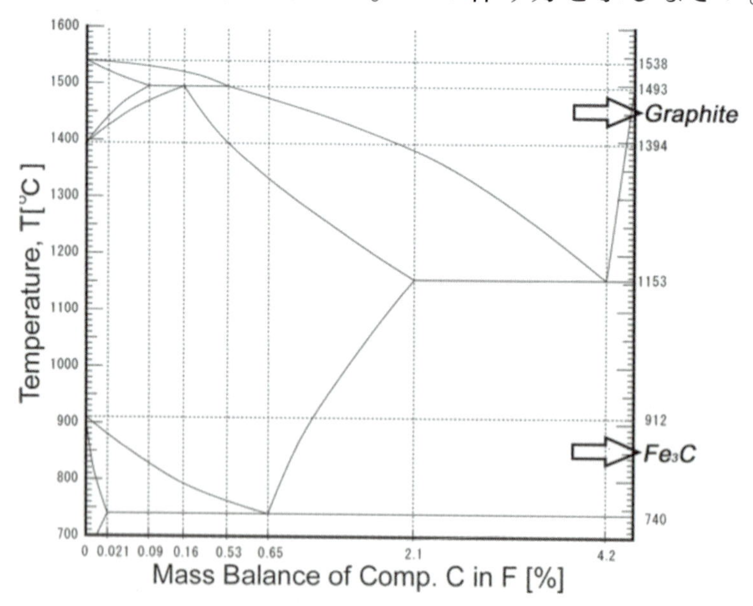

□ 8） ステンレスとは何か述べなさい。主たる成分となっている元素を記しなさい。また、その特徴を述べなさい。

5.1節 製鉄

<要 点>

鉄鉱石を炭素で還元し銑鉄を作り、そこに適量の酸素を吹き込み鋼鉄を作る。それを熱処理で調質した後に、鋼鉄はコイルとして出荷される。

<基 本>

鉄 iron **Fe** は酸化鉄 Iron oxide、即ち鉄鉱石 iron ore という形で地中に埋蔵されている。しかも、余分な元素と一緒になっている。**Fe** を取り出す為には、**Fe** に結合している酸素 **O** を引き剥がし、余分な元素を分けてやらないといけない。

O は、**Fe** より炭素 **C** とより結合しやすい。即ち、鉄鉱石を充分な石炭またはコークスと混合して高温にすると **C** が酸化鉄を還元し、**C** 含有率が 4.25%程度の銑鉄 pig iron ができる。銑鉄は固くて脆いので、使用用途は限られる。銑鉄に **O** を適切に吹き込む(吹錬 blowing)と、銑鉄中の **C** が二酸化炭素 CO_2 となり放出され **C** 含有量が下がる。**C** 含有量が 0.0218～2.14%になった鉄炭素合金を、鋼(鉄) steel と称する。鋼は低炭素合金鉄であり、強度、靱性、磁性及び耐熱性等に優れる材料である。

99%以上の純度の鉄 pure iron は密度 7.874g/cm^3 程度、ヤング率 211GPa 程度、ポアソン比 0.29 程度、ビッカース硬度 95～110、降伏強度 175MPa～225MPa、引張強度 275MPa～315MPa、破断伸び(以下「伸び」と記す) 40%～60%である。通常鉄には **C**、マンガン **Mn**、珪素 **Si**、硫黄 **S**、燐 **P** がどうしても混入する。成分によって変動するが、標準的な鋼は概して密度 7.86g/cm^3 程度、ヤング率 208GPa 程度、ポアソン比 0.29 程度、ビッカース硬度 110～160、降伏強度 205MPa～320MPa、引張強度 310MPa～420MPa、伸び 22～33%である。添加合金や調質の仕方に依り、強度や伸びは大きく変わる。一般的には強度が上がると伸びが縮むので、強くて変形能がある鋼は作るのが難しい。薄鋼板では引張強度が 380MPa～440MPa の製品が概ね普通鋼 carbon steel と呼ばれ、これ以上の強度を持つ鋼は高張力鋼 high tensile strength steel, HTSS と称する。

鋼は最初大きな直方体形状の塊(スラブ slab)でできるので、それを一方向に伸ばしながら調質する。温度を調整して圧力を掛けて加工歪を与え、所謂熱処理をするのである。

図 5-1　いろいろな鉄製品

＜発 展＞

●製鉄所

鉄器時代の材料供給の役を担い、昭和の日本には新日本製鐵株式会社（新日鉄）、川崎製鉄株式会社（川鉄）、住友金属工業株式会社（住金）、株式会社神戸製鋼所（神鋼）、日新製鋼株式会社（日新）の鉄鋼大手五社があった。2003年に川鉄と日本鋼管株式会社が合併しJFEスチール株式会社に、正に本書の原稿を執筆中の2012年に新日鉄と住金が合併し新日鐵住金株式会社になった。「鉄は国家なり」と言われ大量生産を求められた時代は過ぎ、むしろ多品種小ロットの小回りの利く生産体制が求められ始めた感がある。ただいずれにしても、鉄のように安価で強度と変形能を合わせ持つ材料を全く使わない訳にはいかないだろうから、鉄鋼大手には崩れゆく日本経済を是非支えてもらいたい。

これらの会社には高炉 blast furnace があり、銑鉄を作れる。付属の様々な工程現場を含めて、製鉄工場と総称する。高炉でできた溶けた銑鉄（溶銑）は転炉 converter に運ばれそこでスクラップと混ぜて吹錬される。転炉では **C** 含有量を調整し溶けた鋼鉄（溶鋼）を得、その後の二次精錬で添加元素等の成分微調整をし、それを連続鋳造 continuous casting, CC で冷却して鋼塊を作る。熱延に提供する直方体形状の鋼塊をスラブ slab、熱延以外の工程に提供する160mm角以上の正方形断面の鋼塊をブルーム bloom、熱延以外の工程に提供するそれより小断面の直方体形状の鋼塊をビレット billet と称する。これらの工程現場を製鋼工場と総称する。熱延工場でスラブは熱間圧延 hot rolling で薄く伸ばされながら調質され、所定の厚さの長い薄板になる。普通はこれをトイレットペーパーのように巻き取る（ホットコイル hot coil）。以上を上工程（かみこうてい）と総称する。

上工程があれば下工程（しもこうてい）もある。下工程では、更にホットコイルを薄くしながら調質する、メッキを塗布する、あるいは鋼管や条鋼等の断面を作り込む等の仕上げや成形をする工場が並ぶ。実は、製鉄所と名の付く工場には、上工程がある。一方で、製鋼所と名の付く工場は、製鉄所からスラブまたはホットコイルを買って、それを材料に鉄鋼材料を製造している。神鋼と日新は社名に製鋼という文字が入っているが、それぞれ加古川製鉄所と呉製鉄所を持っており、銑鉄から作っている。

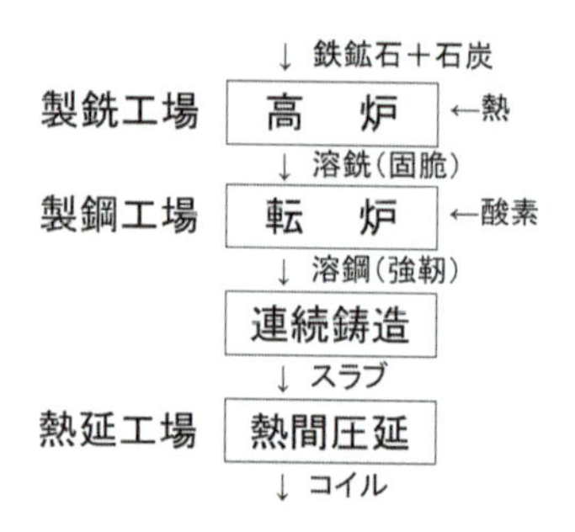

図 5-2　製鉄所の上工程のイメージ

ところで、製鉄所は広い。鉄鉱石やコークスを輸入するので、大抵は海岸に設けられている。海岸には大型タンカーが着ける港があり、そこから鉄鉱石やコークスを下ろす。暫く山積みにした後、高炉に運ばれる。材料の流れの通り、海岸から製鉄工場、製鋼工場、熱延工場と、内陸に向かう。熱延工場からコイル等を自動車メーカー等の他社に出荷できるように、熱延工場の近くに門を設け、下工程はそこから海岸や両側に向かって折り返す。鉄鋼は最後に浜に運ばれ、国内外に船でも運ばれる。所長を始めとする幹部や、工場全体を統括する部門、人事部門、営業部門等が入る本事務棟も、門の近くにある。研究施設も門の近くにあることが多い。工場専用のシステム管理部門、設備部門、エネルギー部門、病院もある。敷地面積は例えば新日鉄君津製鉄所は4km×6km、名古屋製鉄所は2km×3kmである。社員を運ぶバスや、材料等を運ぶ専用車ならびに貨車が敷地内を通っている。一度見学をしてみると、スケールの大きさに圧倒されると思う。

●製鉄の歴史

最初の鉄源は隕石 iron meteorite だった。隕石の主成分は **Fe-Ni** 合金と珪酸塩鉱物で、その配合により3種類に分類される。全隕石の約6％程度は **Fe-Ni** 合金主体の隕石で隕鉄（鉄隕石）と称し、92％程度は珪酸塩鉱物主体の隕石で石質隕石と称し、2％程度は両者混在する隕石で石鉄隕石と称する。隕鉄、石質隕石、石鉄隕石はそれぞれ、天体の核、地殻、マントル由来である。天然鉄とも言われる隕鉄は、製錬技術を持たない古代人でも加熱して叩けば成形できる材料だった。BC 5000 年のメソポタミアの墓から発見された鉄製装身具は、隕鉄を材料としている。隕鉄は地球創生の過程で沢山地上に供給され、風化に強く、また概して大寸法(アメリカのアリゾナ州キャニオンディアブロの大隕鉄孔周辺には 30ton の隕鉄がある)で供給されるので、最初の鉄材料となり得たのだろう。

やがて酸化鉄、即ち鉄鉱石に鉄源が移った。酸化鉄なのでそのままでは使えないが、地球に最も大量に存在する **Fe** と地表で最も大量に存在する **O** の化合物だけあって、鉄鉱石は各所で採掘されてきた。地表に露出した鉄鉱石が山火事や、あるいは偶然その上でした焚火等で加熱され、自然に還元され半溶融状の鉄ができた(自然冶金)のが始まりと考えられている。BC 1800 年頃には地中海で **Fe** が使われていた形跡があり、BC 1500 年頃にはヒッタイト帝国で鉄鉱石の製錬技術ができ様々な鉄製道具や武器が製造された。即ち、BC 1500 年から BC 1200 年頃が鉄器時代の幕開けである。ちなみに、銅精錬は BC 3500 年頃、青銅製錬は BC 2000 年頃に始まったようである。当初は一段階製鉄法(直接製鉄法)、即ち 800℃程度での低温還元で低炭素鉄を直接得る製法を採用していた。古代の低シャフト炉製鉄、中世のシュトゥック炉製鉄、日本のたたら製鉄等がこれに該当する。

低シャフト炉(ルッペ炉、レン炉等)は高さ約 1m、直径約 40cm ～ 50cm で、鉄鉱石中の **Fe** 約 50% を還元できる日産数 kg 級の炉だった。燃焼促進の為の気流を当初は自然風で賄っていたが、BC 250 年頃から鞴(気密空間の体積を変化させ気流を作る器具)を手または足で操作し人工的に供給するようになった。レン炉の炉内温度は 1,000℃前後で、半熔鉄 Luppe[独](不純物を含む海綿状態の鉄)が得られる。それを刀鍛冶のように叩きながら成形と調質を行った(鍛造)。

8 世紀頃に出現したシュトゥック炉は、高さ約 3.5m の炉だった。シュトゥック炉製鉄法はレン炉製鉄法と製錬メカニズムは同じだが、動力源が人力ではなく水車となり、日産 100kg 級となった。

Fe が有用な材料であることが判って来ると、消費量が増大し増産が求められた。したがって、鉄鉱石と、それを還元する為の炭素源としての木炭の消費量も増大した。増度の為に炉を大きくする必要も生じた。西洋では鞴のパワーを上げ炉を上に伸ばし高炉 blast furnace とし、日本では鞴の数と用いる炭素源を増し炉を横に伸ばしたたら炉とした。参考まで、たたら炉の炉内温度は江戸時代には 1,300℃に到達しており、コストの 50%近くが木炭費だったようである。

練鉄を直接得る直接製鉄法に対して、二段階製鉄法(間接製鉄法)は先ず高炉において銑鉄を生成し、然る後に精錬炉(現在の転炉＝転換炉)で脱炭(**C** を取り除く)し練鉄を得る製鉄法である。生産量の増加に伴い西洋では炉高が伸び、16 世紀には高さ約 4.5m、内径約 1.8m、日産 2ton 弱の木炭高炉ができた。この結果、木炭生産が追いつかなくなり、石炭を蒸し焼きにして **S** 等の不純物成分を除去したコークスを用いる技術が 18 世紀に開発された。この時石炭ガスも発生するので、これはガス灯燃料として利用された。コークスは木炭より固く発熱量も多いので、コークス高炉は増々高くなり、高さ 14m、日産 10ton 以上の大型高炉も作られた。現在の日本の高炉は、高さ 100m、日産 17,000ton を超える。

精錬炉は、現在の主な製鉄工程における転炉 converter の前身である。高炉でできた銑鉄を脱炭する為に熱源が必要だった。燃料は最初木炭だったが、次に石炭が用いられ、18 世紀には空気中の **O** を用いる攪拌 puddle 法を経て、1856 年に回転炉の中で溶銑に空気を吹き込んで還元するベッセマー転炉法が実現した。そして 1946 年に外部熱源を必要としない **O** 吹込転炉法が確立し、45 分ほどで 130ton の鋼の製錬が可能となった。**O** 吹込量(時間)の調整により、**C** 含有量を制御できる。

5 世紀頃の中国では、鋳鉄と錬鉄を混在させて溶解し、混在比に依って **C** 含有量を調整していた。この発想は 1864 年に実用化された平炉や 1907 年に実用化された電炉に継承され、屑鉄を材料とする。**CO_2** 排出量が 1/4 以下(高炉では鉄鋼 1ton 生産毎に **CO_2** を 2ton 排出)のクリーンな製錬法となった。他に、少量の製錬は坩堝 crucible を用いて為すこともある。

5.2節 鉄と炭素と平衡状態図

＜要 点＞

平衡状態図は、ある温度である組成の合金がどの様な状態になっているかを示すグラフである。鉄炭素合金の平衡状態図には、液相と、αフェライト(～0.0218C)、γオーステナイト(～2.14C)、δフェライト、黒鉛、セメンタイトの5固相がある。

炭素含有量により鉄炭素合金は特性が変化する。炭素含有量が0.0218%超2.14%以下の鉄を鋼と称し、強度と伸び(変形能)のバランスが良いので多用されている。

＜基 本＞

2元素の合金 alloy を二元系合金と称し、この2元素がある温度においてある混合比(組成 composition)で混ざり合い無限時間経過して平衡した(固体でも液体の数に)状態を、組成と温度の関係で示したグラフを(二元)平衡状態図(binary) phase diagram と称する。

Fe と **C** の合金は、組成や調質方法で多種多彩な特性を得られる。その無限の可能性の片鱗を平衡状態図で体感できるので、その為には先ず簡単な平衡状態図から順番に読図できるようにしていこう。

●猫目型

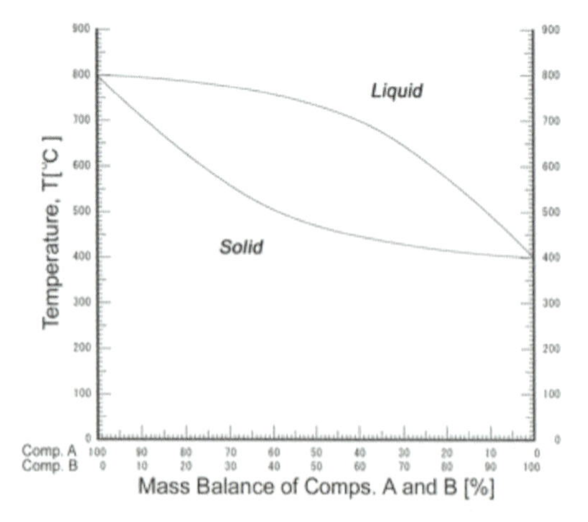

図5-3　全率固溶型平衡状態図例(猫目型)

成分 component A と成分Bの合金が、固体状態で組成に依らず完全に溶け合うとする。この時、平衡状態図は図5-3のような全率固溶型 complete solid solution となる。横軸は組成であり、左端は成分Aが100%で右端は成分Bが100%の組成である。縦軸は温度であり、成分Aの融点が800℃（平衡状態図の左縦軸の800℃位置)、成分Bの融点が400℃（右縦軸の400℃位置)とする。この時、成分AもBも混在する組成の合金の融点は、組成に比例するとして直線でつないではいけない。

図5-4で説明する。この合金が液体 liquid である様な状態を液相 liquid phase と称し、液相である下限温度側境界線を液相線 liquidus

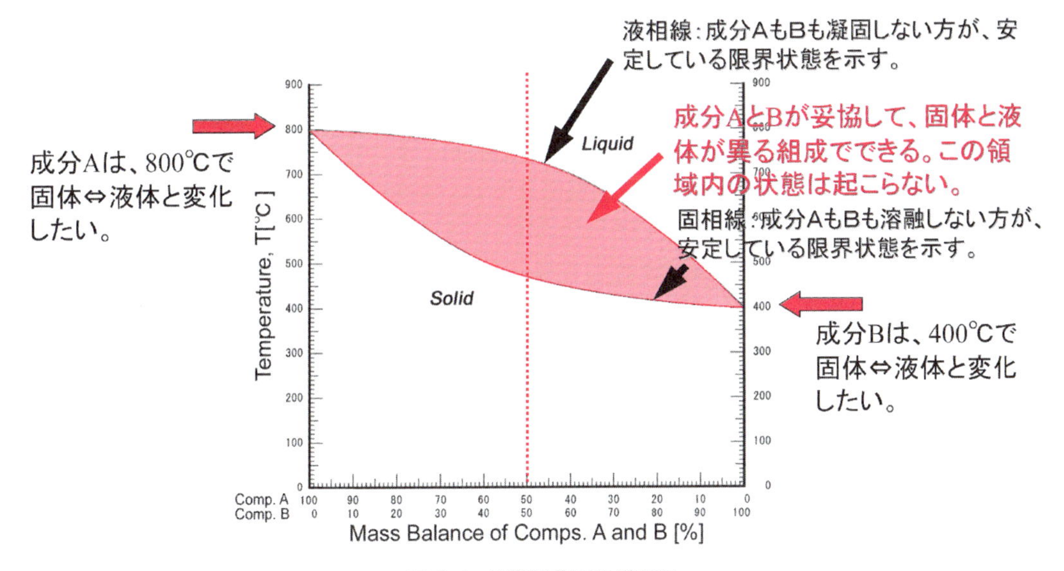

図 5-4　平衡状態図の説明図

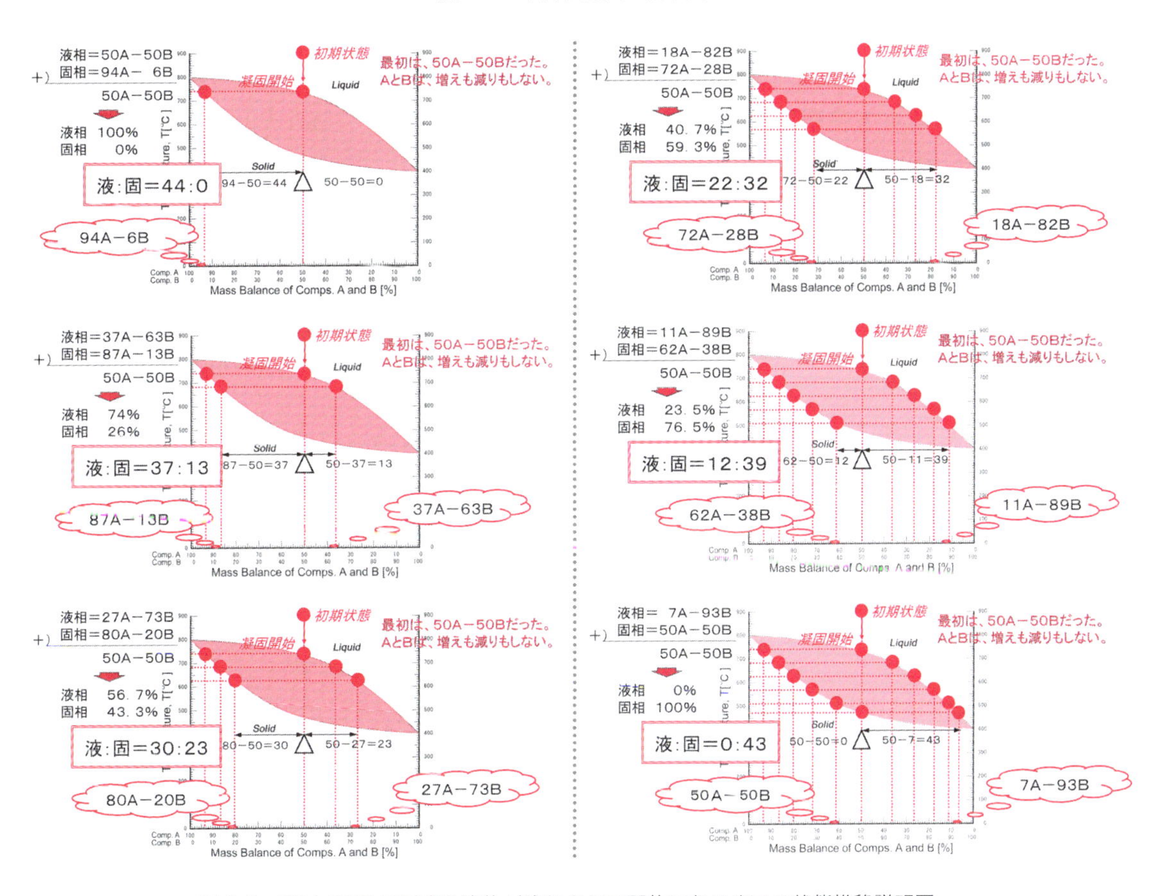

図 5-5　50A-50B の組成の液体が冷却されて固体になるまでの状態推移説明図

line と称する。一方、この合金が固体 solid である様な状態を固相 solid phase と称し、固相である上限温度側境界線を固相線 solidus line と称する。液相線と固相線は直線ではなく、互いに交わらない曲線になる。

では、この両線で囲まれた領域は何を意味するか？　注目すべきは、例えば成分 A と B が

50%ずつの組成の合金を考えた時、成分Aの融点を下回ってもまだその合金は液体でいられるという事実である。成分Aは当然融点800℃を下回ると固まりたいのだが、他方成分Bはまだ融点400℃を上回っているので液体でいたい。この両者の思いは温度により異なり、ある温度(この例ではたまたま740℃)までは成分Bの思いが圧倒的に強いので成分Aは止むなく成分Bと混ざったまま液体でいる。ところがある温度になると、成分Aは遂に我慢しきれず固まろうとする。そこは平衡状態図において液相線上の温度である。成分Aが固まる時、これまで我慢してきたので隣の成分Bまで今度は付き合えと言わんばかりに道連れで固まるのである。固体になるのだから、その状態は同じ温度の固相線上に飛び移る。その後更に温度が下がると、液体は液相線に沿って、固体は固相線に沿って組成を変化させながら、だんだん全体として固体が増えていく。つまり、液相線と固相線で囲まれた領域は、実際に起こりえない状態である。

一例として、図5-4の平衡状態図における50A-50Bの組成、即ち成分Aが50%、成分Bが50%の合金が冷却された場合の状態推移を図5-5に示す。組成50A-50Bの位置を垂直下降していき液相線にぶつかると、即その温度の固相線の位置に固体ができる。それぞれの横軸方向の位置はそれぞれの組成を示しており、液相の組成は50A-50B、固相の組成は94A-6Bである。さて、この温度では正に凝固する瞬間なので、液相が100%で固相は0%の割合となっている。この割合は、横軸において元々の位置である50A-50Bからどの程度隔たっているかの逆比率であり、液相線はそもそも50A-50Bなので隔たりがなく、固相線は50A-50Bから94A-5Bまで成分Aの立場でもBの立場でも44変わっているので隔たりは44、したがって、液相：固相＝44：0となる。固相と液相とで逆比になるので注意されたい。隔たりと相の割合を掛けて足すと元の組成である50A–50Bに戻る源である。

さて、例えば690℃まで更に温度が下がると、液体でいて良いのは液相線上の丁度37A-63Bの位置であり、固体でいて良いのは固相線上の丁度87A-13Bの位置である。即ち、液体と固体のそれぞれの組成は37A-63Bと87A-13Bである。そして50A-50Bから液相線は13隔たり、固相線は37隔たっているので、液相：固相＝37：13となる。計算すると、液相が37/(37+13)＝74%、固相が13/(37+13)＝26%の割合となる。

以下同じことが続く。肝心なことは、液体の組成は液相線に沿って変化し、固体の組成は固相線に沿って変化することである。

●谷間型

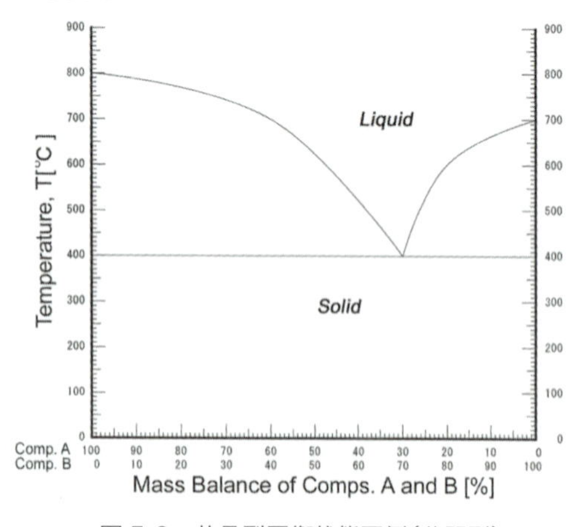

図5-6　共晶型平衡状態図例(谷間型)

さて、猫目型は全率固溶型だったが、全率非固溶型、即ち、固体においては2つの成分が全く溶け合わないこともある。この平衡状態図は図5-6のようになり、これを共晶型と称する。

注意すべきは、固相が線になってしまいそこに書けないのでやむを得ず長方形領域にSoildと書いてあるものの、この領域は2つの成分が個体において混ざり合うことを意味しており、全率非固溶型の合金系では起こりえない領域である。唯両端の成分Aのみ、あるいは成分Bのみの状態が起こり得る。

例えば、組成50A-50Bの液体が冷えると、液相線で組成100Aの固体が現れる。この後凝固して現れる固体の組成はしばらく100Aのままであるが、一方液相は液相線に沿って組成を換える。そして400℃になると突然100Bの固体が現れる。液相と固相の割合は、同様に元々の組成を中心にそこからの隔たりの比で決まる。

この例では組成30A-70Bの液体は400℃まで冷えると突然固体Aと固体Bの両方が現れる(晶出 crystallization)。現れる結晶を共晶 eutectic と称し、400℃を共晶温度 eutectic temperature、400℃の水平線を共晶線 eutectic line、液相線と共晶線の接点を共晶点 eutectic point、組成30A-70Bの合金を共晶合金 eutectic alloy と称する。

なお、以上は液体から固体への相変化を伴う場合だが、ある高温における固相から別の低温における固相への変化(析出 precipitation)についても全く同じ計算ができる。ただしこの場合には、共晶ではなく共析 entectoid と称する。

●蝶々型

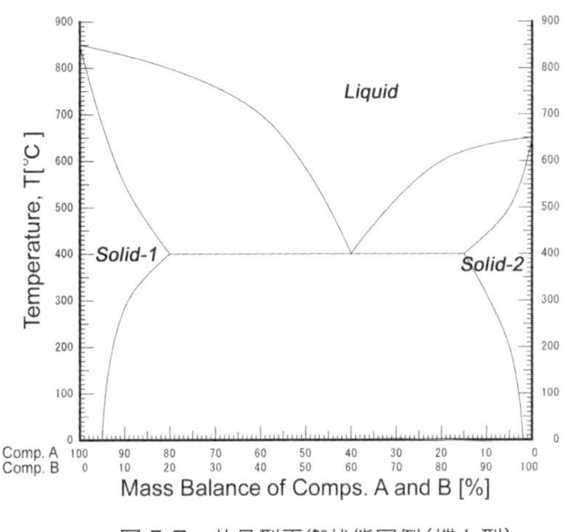

図5-7　共晶型平衡状態図例(蝶々型)

さて、猫目型は全率固溶型、谷間型は全率非固溶型だったが、一部固溶一部非固溶型、即ち、2種類の異なる組成の固体が併存することもある。この平衡状態図は図5-7のようになり、これもまた共晶型の一種である。

この場合には、固相1 (Soild-1)及び固相2 (Solid-2)と領域内に書けるので、中央の蝶々の様な領域全てが起こり得ない領域であることが解りやすい。

図5-7では、成分Aが80%以上の場合には固相1 (Soild-1)のみの状態が、成分Bが85%以上の場合には固相2 (Solid-2)のみの状態がある濃度においてあり得る。また、共晶温度は400℃であり組成40A-60Bの合金が共晶合金である。同様に、固相が別の固相に変化する場合には、共晶ではなく共析と称する。

●鉄炭素二元合金系平衡状態図

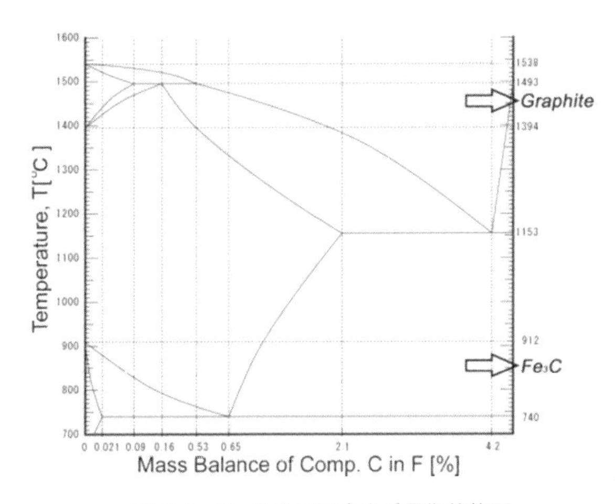

図5-8　Fe-Cの二元合金系平衡状態図

いよいよ、図5-8に示す**Fe**と**C**の二元合金系平衡状態図を見てみよう。横軸は**C**濃度であり、左端が純鉄を意味する。ここで、横軸が均等な目盛でないことに注意して欲しい。後述のαフェライト ferrite の領域が余りに細いので、このように0に近いほど広い目盛を採用したのである。

さて、1,500℃付近に横三角形領域があるが、これはδフェライトと呼ばれる**Fe**結晶内への**C**侵入型固相である。最大**C**固溶液量は0.09%。また750℃付近に縦長の三角形領域が見えているが、これはαフェライトと呼ばれる**Fe**結晶内への**C**侵入型固相である。最大**C**溶液量0.0218%。770℃以下に

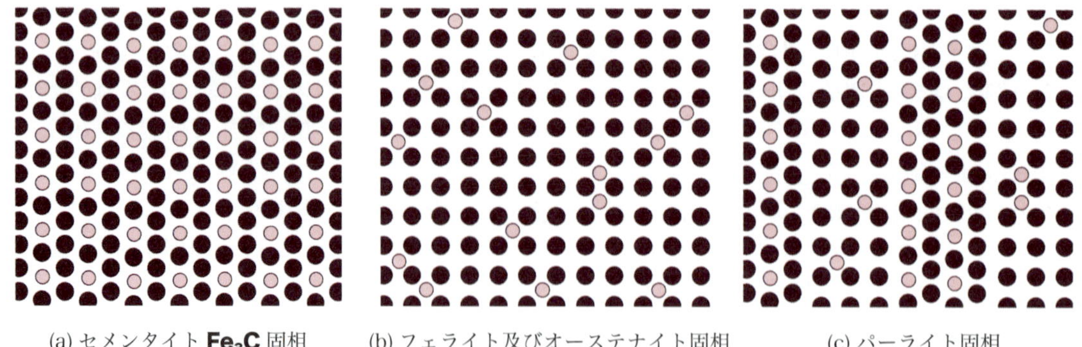

(a) セメンタイト Fe_3C 固相　(b) フェライト及びオーステナイト固相　(c) パーライト固相

図 5-9　**Fe-C** 合金系固相結晶イメージ図

おいて強磁性で、延性を有する。δフェライトとαフェライトの間に大きな五角形領域があるが、これはγオーステナイト austenite と呼ばれる **Fe** 結晶内への **C** 侵入型固相である。最大 **C** 固溶液量 2.14%。常磁性で、粘り及び耐食性を有する。上方の領域は液相であり、この図には見えていない遥か右に **C** 原子が六角形に配列した黒鉛 graphite 固相と、**C** が 6.67%以上の常温域でセラミックスの一種である硬く脆い炭化鉄 iron-carbide Fe_3C のセメンタイト cementite 固相がある。その他の領域は、実際には起こりえない状態を示す。αフェライトとセメンタイトが共析する状態では、柔らかいαフェライト(顕微鏡で白く見える)と硬いセメンタイト(黒く見える)が細かい積層状になった組織(パーライト pearlite)ができる。最も上の折れ曲線が液相線であり、740℃の水平線はパーライトの共析線である。各固相の結晶をイメージを図 5-9 に示す。●が **Fe** 原子、●が **C** 原子である。

フェライト固相は bcc 結晶、オーステナイト固相は fcc 結晶である。**Fe-C** 合金は、温度に依り、その結晶格子を換えるのである。炭素鋼片を加熱すると昇温に伴い膨張するが、ある温度で急に収縮する。fcc は充填率が約 0.74、bcc は 0.682 なので【☞ 3.2. 節発展】結晶が bcc から fcc に変わり体積が減るのである。また、αフェライトは 0.0218%、γオーステナイトは 2.14%の **C** を最大で固溶できる。γオーステナイトの **C** 固溶量がαフェライトと比べ顕著に多いのは、fcc が大きな隙間を格子中央に持っており **C** 原子が侵入しやすいからである。

各固相の **C** 固溶量に基づき、鉄を以下の 3 つに分類すると簡明である。

- **純鉄 pure iron**：**C** 含有量 0.0218%以下の **Fe** で、αフェライトである。柔軟なので薄板、箔あるいは細線に加工可能。**C** だけでなく、不純物元素の含有量もほぼ 0 であり、製造コストは高い。軟磁性材料としても優れ、モーター等に使われる。

- **鋼鉄 steel**：**C** 含有量が 0.0218%超 2.14%以下の **Fe** で、αフェライト＋パーライト混在組織である。強度と変形能のバランスが良く、幅広く用いられる。**C** 含有量が 0.3%以下の低炭素鋼 low carbon steel、0.3 ～ 0.765%の中炭素鋼 medium carbon steel、0.765%以上の高炭素鋼 high carbon steel に細分することが多い。

- **鋳鉄 cast iron**：鋳鉄は銑鉄の一種である。**C** 含有量が 2.14%超 6.67%以下の鉄で、αフェライト＋パーライト＋セメンタイト混在組織である。セメンタイトがある為硬くて脆く、鋳造して成形する。機械土台やマンホールの蓋等の材料として用いられる。

参考まで、**C** 含有量が 6.67%超の **Fe** は、セメンタイトと **C**（黒鉛）の混在組織となる。

＜発 展＞

●急冷

平衡状態図は、あくまで充分時間が経過して原子運動が平衡した時の状態を示している。温度が急激に変化した場合には、慣性で元の状態を引きずり遅れた変化をする。また原子拡散が変化に追いつかず相内で組成不均一 coring が起こり、二次元欠陥の一種である偏析 segregation が起こる。

γオーステナイトに **C** を充分固溶させ急冷すると、fcc 格子内に固溶していた **C** が格子から出て **Fe** と化合しようとする前に、格子の bcc への転換が起こる。すると、本来存在できない bcc 格子内で **C** が過剰に押し込められる(過飽和 supersaturation)。この結果、パーライトの代わりに非常に細密な板状またはレンズ状の(押し込められた **C** の為、α結晶が一方向に伸びる)極めて固くて脆い結晶αMマルテンサイト martensite ができる。**C** の拡散前にαM結晶ができる(無拡散変態)。硬さが必要な工具等に有効な材料で、日本では古くから日本刀の刃先に利用していた。

●熱処理

平衡状態図に温度変化という概念を加え、様々な材質を作り込めるのが **Fe-C** 合金系の特徴の一つである。以下に、代表的な熱処理 heat treatment を列挙しておく。

- **焼き入れ quenching**：**C**0.3%以上の平衡γを急冷しαMを作る熱処理。
- **焼き戻し tempering**：αMを加熱、保温、徐冷し、**C** を適度に放出させ結晶のゆがみを除去し、**Fe_3C** がα内に球状に分散することで靭性を得る熱処理。保温温度に依り組織が変わる。
- **焼きなまし(焼鈍) annealing**：炉内での徐冷。平衡γからの冷却(完全焼きなまし full annealing)は組織の微細化や不純物除去を、γ直前温度(A1点以下)からの冷却(低温焼きなまし low temperature annealing)は再結晶や加工歪の除去を目的とする。
- **焼きならし normalization**：平衡γを空中冷却する熱処理。組織を標準状態に戻せる。
- **加工熱処理 thermo-mechanical treatment**：加工硬化と熱処理の組み合わせ。

●烏型

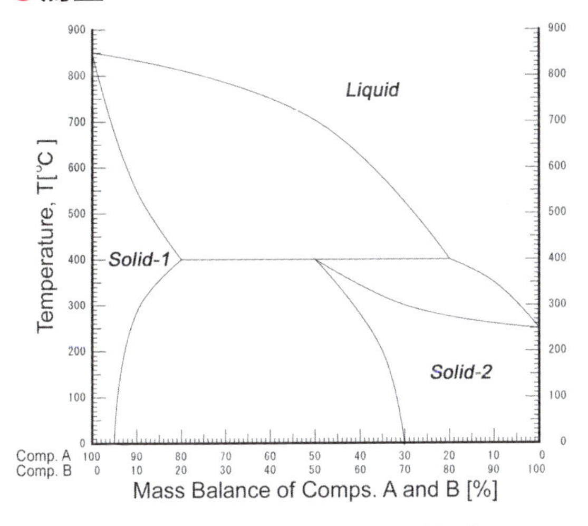

図 5-10　包晶型平衡状態図例(烏型)

ある温度までの冷却過程においては液体の一部が固相1 (Solid-1)に凝固していたところを、その温度を境にして固相1 (Solid-1)が消失し別の固相2 (Solid-2)が出現することもある。これを包晶 peritectic と称し、この平衡状態図は図 5-10 のようになる。図では 400℃のこの温度を、包晶温度 peritectic temperature と称する。包晶が起きる為には、同図においては成分Bが50%以上必要である。もし成分Bが50%未満の場合には、包晶温度以下になった場合固相1は消失せず液相が消失し、固相2が出現する。この50%の点は正に包晶が起き始める包晶組成 peritectic composition であり、この点を包晶点 peritectic point と称する。

この図においては成分Bが50〜70%の場合には、一旦消失した固相1が更に低い温度で液相が完全に無くなった後に少しだけ固相2のみの状態になり、それから再び出現する。2つの成分の融点が大きく隔たる合金がこの型になりやすい。

5.3節 鉄鋼の種類

<要 点>

鉄鋼は用途ごとに JIS 規格で分類されている。また、炭素鋼と合金鋼に分類できる。商品としては板材、条鋼あるいは鋼管等がある。

<基 本>

鉄は古くから機械、金型、工具等に使われ、それぞれの用途別に様々な鋼種が作られてきた。そんな経緯につき、JIS 規格では用途別に **Fe** を分類している。他の金属とは異なり、成分で系統的に鋼種を分類しきれないほどバラエティに富む。例えば特別に合金を添加しない炭素鋼には、一般構造用圧延鋼材(SS 材) rolled steel for general structure、溶接構造用圧延鋼材(SM 材) rolled steel for welded structure、機械構造用炭素鋼材(SC 材) carbon steel for machine structural use、及び炭素鋼鋳造品 carbon steel casting が定義されている。SS400、SM570 と書かれた場合、3 桁の数字は引張強度 [MPa] を意味する。SS 材、SM 材、そして鉄筋コンクリート用棒鋼(SR 材、SD 材)は軟鋼である。

前述の通り炭素鋼は **C** 含有量で純鉄、鋼鉄、鋳鉄に分類されているが、更に詳細に分類されることもある。**C** 含有量 0.12%以下の低炭素鋼及び純鉄を極軟鋼と称し、特に 0.08%以下の鋼を特別極軟鋼と称する。極軟鋼は引張強度 290 ～ 380MPa で、メッキ板やドラム缶の材料である。柔らかいので構造材としては一般的には用いない。**C** 含有量 0.12 ～ 0.2%の低炭素鋼は引張強度 380 ～ 450MPa であり、軟鋼と称する。鉄鋼材料の約 75%は軟鋼である。**C** 含有量 0.2 ～ 0.3%の低炭素鋼は引張強度 450 ～ 530MPa であり、半軟鋼と称する。熱処理ができる中炭素鋼は **C** 含有量 0.4%以下を半硬鋼、0.4 ～ 0.5%を硬鋼、0.5%以上を再硬鋼と称する。熱処理ができる高炭素鋼は再硬鋼である。引張強度が上がると伸びが低下する。

合金を添加した鋼を、合金鋼と称する。強度を向上させる為に **Cr**、**Ni**、**Mo**、**Mn** 等を添加した機械構造用低合金鋼(SCr 材、SCM 材、SNCM 材)や、溶接性と引張強度を両立させる為に **C**、**Mn**、**Si**、**Ni**、**Cr**、**Mo**、**V**、**Cu**、**P** 等を添加した高張力鋼 HTSS、**Al** 脱酸素を行ったり(**Al** で脱酸した鋼をアルミキルド鋼 aluminium killed steel と称する) **Ni**、**Cu** を添加した低温用鋼、**Si** が 4%以下の珪素鋼 silicon steel、極低炭鋼に **Ti** や **Nb** を添加した IF 鋼 interstitial free steel、**S** を添加した快削鋼 free cutting steel (SUM 材)等がある。

鋼は商品としては鋼塊、鋼板、条鋼、鋼管 pipe and tube、廃棄鋼片 scrap 等に分類できる。鋼板は厚さ 3mm 以下の薄板、3mm ～ 6mm の中板、6mm ～ 150mm の厚板、150mm 以上の極厚板に分類している。条鋼とはある同一断面の長い鋼材であり、レール等の軌条、H 字断面や T 字断面等の断面形状を持った形鋼、円や方形の小断面形状を持った棒鋼、50mm 程度以下の小断面を持った針金等の線材等がある。大企業では、紐付き(メーカーが商社と連携し最終ユーザーを把握する方法)で販売するが、巷では店売り(問屋がちょっとした加工までを行い小ロット多種類の商品として売る方法)もある。

表 5-1　炭素含有量に関する鋼の分類

普通鋼（0.2 まで）／特殊鋼（0.2 以上）

炭素含有量[%]	0.01	0.0218	0.08	0.12	0.2	0.3	0.4	0.5	0.765	2.14	6.67
引張強度[MPa]	290			380	450	530	620	700			
伸び[%]	50			25	22	18	18	14		8	

純鉄（〜0.0218）／鋼鉄（0.0218〜2.14）／鋳鉄（2.14〜6.67）

鋼鉄：低炭素鋼（0.0218〜0.3）、中炭素鋼（0.3〜0.765）、高炭素鋼（0.765〜2.14）

特別超軟鋼（0.01〜0.08）、超軟鋼（0.08〜0.12）、軟鋼（0.12〜0.2）、半軟鋼（0.2〜0.3）、半硬鋼（0.3〜0.4）、硬鋼（0.4〜0.5）、再硬鋼（0.5〜2.14）

表 5-2　普通鋼と特殊鋼の分類

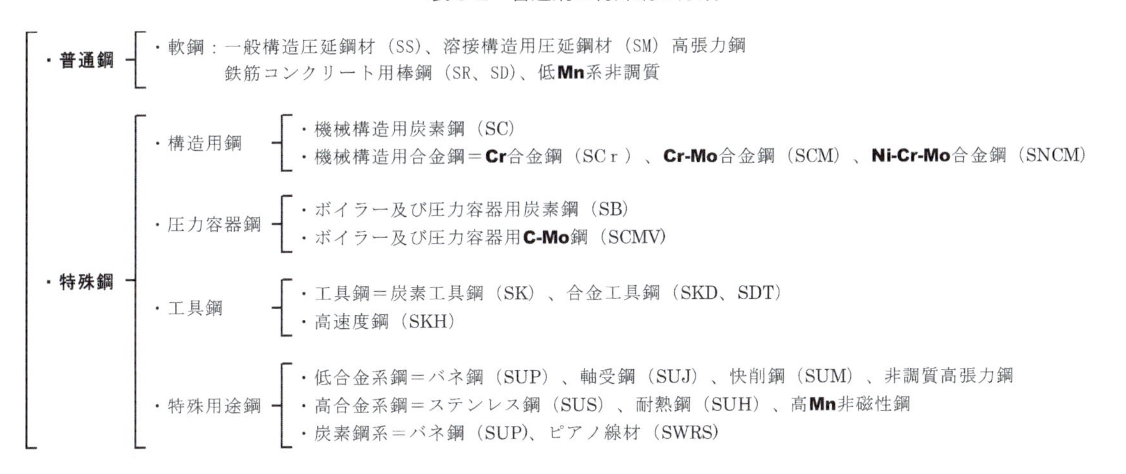

・普通鋼
- ・軟鋼：一般構造圧延鋼材（SS）、溶接構造用圧延鋼材（SM）高張力鋼
  鉄筋コンクリート用棒鋼（SR、SD）、低**Mn**系非調質

・特殊鋼
- ・構造用鋼
  - ・機械構造用炭素鋼（SC）
  - ・機械構造用合金鋼＝**Cr**合金鋼（SCｒ）、**Cr-Mo**合金鋼（SCM）、**Ni-Cr-Mo**合金鋼（SNCM）
- ・圧力容器鋼
  - ・ボイラー及び圧力容器用炭素鋼（SB）
  - ・ボイラー及び圧力容器用**C-Mo**鋼（SCMV）
- ・工具鋼
  - ・工具鋼＝炭素工具鋼（SK）、合金工具鋼（SKD、SDT）
  - ・高速度鋼（SKH）
- ・特殊用途鋼
  - ・低合金系鋼＝バネ鋼（SUP）、軸受鋼（SUJ）、快削鋼（SUM）、非調質高張力鋼
  - ・高合金系鋼＝ステンレス鋼（SUS）、耐熱鋼（SUH）、高**Mn**非磁性鋼
  - ・炭素鋼系＝バネ鋼（SUP)、ピアノ線材（SWRS）

＜発 展＞

●色と金属

鉄を「くろがね」と言うことがあるが、これは大和言葉である。大和言葉には他に「黄金」、「白金」、「赤金」、「青金」及び「黒金」という金属名称があり、これらを五色の金(かね)と総称する。

多くの金属は、電磁波の吸収帯が紫外線領域なので銀白色に見える。即ち、青金と黒金は実際の色を示しているものではない。黒金(くろがね)は鉄のことで、「黒鉄」とも書く。鉄は本来銀白色であり決して黒くはないが、硬いイメージが黒っぽく見せている感も無くはなく、また錆を回避する為の塗装の黒や、あるいは黒錆(四酸化三鉄) Fe_3O_4 の色に因んだものとも考えられる。また、青金(あおがね)は錫または鉛のことであるが、同様にして決して青くはない。青金が青銅を意味するとの説もある。白金(しろがね)は銀 **Ag** のことで、現在では白金(はっきん) **Pt** と区別する為に白銀(しろがね)(「はくぎん」とも読む)と書く。確かに銀は白い。

一方、黄金(こがね)(「くばね」、「おうごん」とも読む)は言わずと知れた金 **Au** のことである。また、赤金(あかがね)は銅 **Cu** のことだが、現在では **Au-Cu** 合金である赤金(あかきん)と区別する為に赤銅(あかがね)と書く。**Au** と **Cu** は確かに独特な色をしている。金の吸収帯は波長 550nm 以下と可視光に及び、銅はより赤色に近い波長 600nm 以下まで吸収するからである。色が付いている金属には他に、若干黄色掛かったセシウム **Cs** や、**Au** に近い黄銅等がある。また、酸化物はいろいろな色を呈する。

なお、青金(あおきん)は **Au** と 20%程度の **Ag** を混ぜた合金で、青みを帯びている。赤金(あかきん)は **Au** に 25 ～ 50%の **Cu** を混ぜた合金で、赤みを帯びている。

5.4節 Feの錆

<要 点>

Feは錆びる(酸化して脆くなる)。それを避ける為には、被覆をするか、添加元素を入れる必要がある。

<基 本>

Oは好んで金属を酸化 oxidation させる【☞8.1節発展】。金属が酸化して脆くなることを腐食 corrosion と称するが、特に**Fe**が腐食することを俗に錆びる rust と称する。理由は、**O**の電気陰性度 electronegativity が高いため、**Fe**と**O**は酸化鉄になっていた方がエネルギー的に安定する即ちエネルギー低位となるからである。何のことはない、酸化鉄である鉄鉱石にエネルギーを与えて鉄にしたのも束の間、やはりエネルギーを放出して低くなりたがるのが自然の性という訳である。無理しても長持ちしないのは、人間も同じである。

貴重な**Fe**を錆びさせずに使う為に、古来様々な工夫を行ってきた。先ず、油等の被膜を作り**O**を遮断する方法がある。ペンキやメッキ等も被膜になる。ブリキ(錻力) tinplate は錫**Sn**メッキした鉄板であり、トタン corrugated galvanised iron は亜鉛**Zn**メッキした建材用鋼板を指す。ブリキは缶詰用鋼板の典型的な材料だが、今では有機材料が主流となったおもちゃにも昔は使われていた。トタン屋根やトタン外壁の簡易的な建築物は今もあちこちで見られる。また、いわゆる添加元素という形でもっと錆びやすい物を近くに配置し、**O**をそちらに回してしまう(犠牲防食)手もある。後述のステンレスはこの原理を活用した材料である。また、塩素Cl^-が環境にあると、犠牲防食の逆で**Fe**は電子を放出してイオン化しやすくなる。**O**だけでなく、Cl^-を遮断することも重要な防錆の工夫である。

ところで、水分があると錆びやすくなると言われるが、この理由はいくつかある。水には様々なイオンが含まれており、特に海の近くや水道水等にCl^-も含まれる場合がある。また、水により水酸化鉄$Fe(OH)_2$、$Fe(OH)_3$ができるが、それは堆積し反応面積を増すと共に、そこに不純物が入りやすくなる。錆は錆を呼ぶ(もらい錆)と言われることが多いが、これは錆が一般的には吸湿性であり空気中の水分等を吸う為である。錆は錆びていない部分に比べると不安定であるので、錆を誘発するのである。海水の他に、血液や汗等の体液もCl^-を含んだ水分である【☞10.4節】。「身から出た錆」という諺(ことわざ)は、刀の使い方を誤ったり手入れを怠るような己の不始末が原因で刀身を錆びさせてしまう、自業自得を意味している。露出した**Fe**表面を素手で触らないように気をつけよう。

＜発 展＞

●酸化鉄

酸化鉄、即ち錆にはいくつか種類がある。**Fe** の価数は 2 または 3 を採る。これを(Ⅱ)または(Ⅲ)等と記載する。代表的な錆を以下に列挙する。

- **一酸化鉄 iron suboxide（酸化第一鉄 ferrous oxide）FeO**：酸化鉄(Ⅱ)。鉄鉱石から鉄に至る間の中間生成物で、錆にはほとんど含まれない。黒錆や赤錆に因んで、青錆と呼ばれる場合もある様だ。鉱物としてはウスタイト wustite として見つかる。
- **四酸化三鉄 triiron tetraoxide Fe_3O_4**：酸化鉄(Ⅱ・Ⅲ)、立方格子の結晶を酸素 **O**、Fe^{2+} イオン及び Fe^{3+} イオンが構成する。鉱物としては磁鉄鉱マグネタイト magnetite として見つかる。いわゆる黒錆である。鉄表面に形成された物は緻密な被膜となり、内部を保護する作用を有する。
- **三酸化二鉄 Fe_2O_3**：酸化鉄(Ⅲ)、赤錆と称する、いわゆる錆である。結晶格子の異なる 4 種類がある。
- **α-Fe_2O_3**：α 酸化鉄(Ⅲ)。菱面体格子の結晶。鉱物としては赤鉄鉱ヘマタイト hematite として見つかる。語源は血である。(詳細は下記)
- **β-Fe_2O_3**：β 酸化鉄(Ⅲ)。準安定形。面心立方晶。
- **γ-Fe_2O_3**：γ 酸化鉄(Ⅲ)。準安定形。立方格子の結晶。鉱物としては磁赤鉄鉱マグヘマタマイト maghematite として見つかる。
- **ε-Fe_2O_3**：ε 酸化鉄(Ⅲ) 斜方晶。γ から α への変態途中の不安定形。

また **O** と結合した **Fe** には他に、褐鉄鉱 limonite **FeOOH** 等のオキシ水酸化鉄や、水酸化鉄(Ⅲ)（バーナライト bernalite）$Fe(OH)_3$ 等の水酸化鉄等がある。

2 価 **Fe** 原子と環状有機化合物ポルフィリン porphyrin $(C_4H_2NH\text{-}CH\text{-}C_4H_2N\text{-}CH\text{-})_2$ から成る錯体をヘム Heme と称する。そして 4 つのヘムが蛋白質グロビン globin と結合した色素をヘモグロビン hemoglobin, Hb と称する。ヘムの 2 価 **Fe** 原子は、血中 O_2 分圧の高い肺において O_2 と結合し(酸素化)、低い末梢組織において O_2 を離す(脱酸素化)。酸化鉄(Ⅲ)は赤いので、血液は赤錆水溶液であるとしばしば例えられるが、価数が違うのでこれは厳密には正しくない。実際には 3 価鉄原子ヘモグロビンもあるが、これは O_2 結合能が無く、メトヘモグロビン(酸化ヘモグロビン)methemoglobin, MetHb と呼ばれ、O_2 ではなく水 H_2O がヘムの **Fe** 原子に結合する。ちなみに、ヘモグロビンは赤血球内の溶質(即ち水)に混ざっており、O_2 輸送はヘモグロビン、CO_2 輸送は溶質が、連動して担う。CO_2 が赤血球内に水溶するとヘモグロビンが脱酸素化し、ヘモグロビンが酸素化すると CO_2 が赤血球内から離脱する。

5.5節 ステンレス鋼

<要 点>

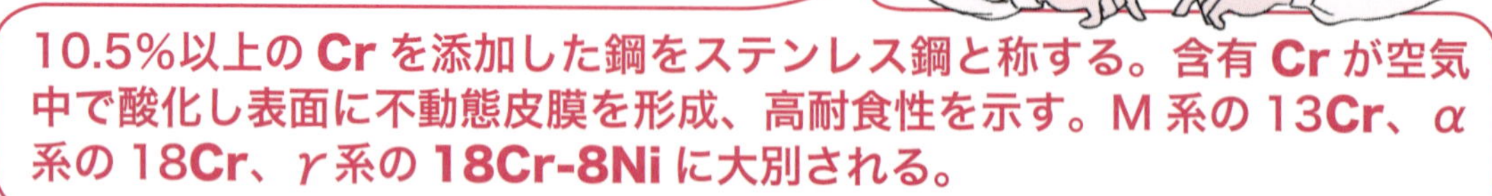

10.5%以上の Cr を添加した鋼をステンレス鋼と称する。含有 Cr が空気中で酸化し表面に不動態皮膜を形成、高耐食性を示す。M 系の 13Cr、α系の 18Cr、γ系の 18Cr-8Ni に大別される。

<基 本>

JIS G 0203 において、ステンレス鋼 stainless steel は **Fe** を主成分(50%以上)とした **Cr** を 10.5%以上含む錆び難い合金材料と定義されている。即ち、ステンレスは **Fe-Cr** 合金であり、普通は **C** を適切に含有しているので鋼でもある。**Ni** を含有する必要は無いが、効果が大きいのでしばしば含有される。日本語名称は不銹鋼。記号 SUS に因んで「サス」と略称することも多い。stain (汚れや錆)が less(無い・少ない)という意味。また、表面処理方法も多種多様である。ステンレス鋼は一般的には大気中では錆難く、オーステナイト(γ)系ステンレスは 10 年以上放置しても錆びない。そこでステンレス鋼は、鋼が錆びやすい湿気、化学薬品あるいは高温環境に接する部品や、電磁調理器部品等に用いられる。**18Cr-8Ni** γ系ステンレス SUS304 は代表鋼種の一つだが、例えば高温多湿環境に晒される厨房設備、構造物、鉄道車輌外面等に用いられる。また電磁調理器には、磁性ステンレスを SUS304 で挟んだ 3 層構造の材料が用いられる。海岸に建設される原子力プラントには、海水にも強い **18Cr-12Ni-2.5Mo** γ系ステンレス SUS316L も好んで使われる。

製造方法は本質的に普通鋼と同じだが、強度が高いので強力な設備を用意する必要があり、普通鋼とは製造ラインを分けることが多い。ところで、鉄鉱石も石炭もかつては国内で生産していたが、現在は鉄鉱石や石炭はおろか **Cr** や **Ni** までも輸入に頼っている。価格は産出国の情勢や為替に大きく左右されるので、資源の無い日本は原料入手源を多様化し、積極的に資源産出国への海外投資を行うことに拠り資源確保に務めている。

耐食性の他、耐熱性、加工性、強度、意匠性、結果的にメンテナンス性等にも優れるが、クリープを起こすことがある。また概して切削性に劣るので、切削加工をする必要がある材料には **Se**、**P**、**S** 等を添加し加工硬化を抑制する。100%リサイクル可能な材料として注目されている。

ステンレス鋼の耐食(蝕)性は、含有 **Cr** が空気中の **O** と結合し生成する厚さ 5nm ～ 30 μm 程度の不動態皮膜(水和オキシ酸化物 oxyhydroxide $CrO_x(OH)_{2-x}\cdot nH_2O$)により酸素遮断するメカニズムに依る。不動態皮膜が破壊されてもステンレス中の **Cr** が周囲の **O** と再結合して自動的に修復するので、**Cr** の含有量が多くなるほど錆難くなる。一般的には 12 ～ 26%混ぜる。**Cr** の不動態皮膜は硝酸 HNO_3 等の酸化性の酸に対しては効果が大きいが、硫酸 H_2SO_4 や塩酸 **HCl** 等の非酸化性の酸に対しては効果が小さい。これを補う為に、**Ni** を 8%以上加えることがある。また、不動態皮膜が還元されて破壊されると耐食性を損なう。

一方ステンレスは錆び難い(電位が高い)ので、より錆びやすい隣接する材料を優先的に錆びさせてしまう(電蝕)。ステンレスを用いる時は、周囲にも気を配る必要がある。

＜発 展＞

●系

JIS では金属組織に基づいて、ステンレス鋼を 5 種類に分類している。

- **フェライト(α)系ステンレス鋼 ferritic stainless steels**:磁性を有する。変形能は小さい。低炭素で、一般には **Ni** を含まない。固相地のステンレス鋼である。
- **マルテンサイト(M)系ステンレス鋼 martensitic stainless steels**：磁性を有する。強度と耐摩擦性が高く、耐食性は低め。焼入に依り硬度を得られ、包丁等の刃物鋼として多用される。高炭素で、一般には **Ni** を含まない。
- **オーステナイト(γ)系ステンレス鋼 austenitic stainless steels**：非磁性。変形能が高く低温脆性がないが、一方で高温高圧塩化雰囲気中で水素脆化による応力腐蝕割れを起こすことがある。加工硬化によって M 化する鋼種もあり、この場合磁性を帯びて耐食性が低下することもある。熱伝導性が低く熱膨張率が大きいので、高温設計には注意が必要。**18Cr-8Ni** ステンレス鋼等、一般には **Ni** を含む。γ 固相地のステンレス鋼である。
- **オーステナイト・フェライト二相ステンレス鋼 austenitic-ferritic duplex stainless steels**：γ 系の特性と α 系の特性を併せ持つ。耐食性に優れるが、水素脆化を起こすことがある。磁性を有する。
- **析出硬化ステンレス鋼 precipitation hardening stainless steels**：冷間圧延後固溶化熱処理をし M 地に金属間化合物を生成させた、高硬度ステンレス鋼。磁性を有する。γ 系ステンレスより、若干耐食性に劣る。

●鋼種

JIS では 100 種類以上規格化しており、他にもメーカーの独自開発ステンレス鋼種がある。表 5.3 に主なステンレス鋼を一覧する。規格名の後ろに付けられる L (SUS304L、SUS316L 等)は、**C** 量を極めて低く制御した軟らかめ材質であることを意味する。

2006 年以来 **Ni** は価格高騰し、それを原料とするステンレス鋼の価格も 1 年間で 2 倍以上に上昇した。その為、従来 γ 系ステンレス鋼を用いていた材料に関しては、**Ni** を含まない比較的安価な α 系ステンレス鋼への代替が検討され始めた。例えば、α 系の弱点だった耐食性を改善し SUS304 並みにした新日鐵

表 5-3　主なステンレス鋼の記号と成分

記号	系	Cr	Ni	Mn	N	Mo	その他
SUS201	γ	16～18	3.5～5.5	5.5～7.0	～0.25		
SUS202	γ	17～19	4.0～6.0	7.5～10.0	～0.25		
SUS301	γ	16～18	6.0～8.0				
SUS302	γ	17～19	8.0～10.0				
SUS303	γ	17～19	8.0～10.0	～0.60			
SUS304	γ	18～20	8.0～10.5				
SUS305	γ	17～19	10.5～13.0				
SUS316	γ	16～18	10.0～14.0			2～3	
SUS317	γ	18～20	11.0～15.0			3～4	
SUS329J1	α・γ	23～28	3.0～6.0			1～3	
SUS403	M	11.5～13.0					**Al**
SUS405	α	11.5～14.5					0.1～0.3
SUS420	M	12～14					
SUS430	α	16～18					
SUS430LX	α	16～19					**Nb** または **Ti** 0.1～1.0
SUS630	M 析出硬化	15.0～17.5	3.0～5.0				**Nb** 0.15～0.45、**Cu** 3～5

住金ステンレス製NSSC180（旧YUS180)や、JFEスチール製JFE443CT等が開発された。

●錆の種類

γ系以外のステンレス鋼(特に **13Cr** 系)は塩酸 hydrochloric acid **HCl**（塩化水素)ガス、二酸化硫黄 sulfur dioxide SO_2（亜硫酸)ガス、あるいは硫酸 sulfuric acid H_2SO_4 ガス等に弱い。ステンレスと関係の深い主な錆を、以下に列挙する。

- **粒界腐食 intercrystalline corrosion**：γ系ステンレスに多く見られる、結晶粒界に沿った腐食。700℃前後になると **Cr** は **C** と結合することがあり、その際クロム炭化物 chromium carbide が優先的に結晶粒界に析出する。この結果、結晶粒界で **Cr** 濃度が低下し、耐食性が劣化する。熱処理により発生することも多い。電気陰性度 1.66 の **Cr** より電気陰性度が 1.6 あるいは 1.54 と低い **Nb** や **Ti** が添加されていると(SUS430LX等)、**Cr** より先に **Nb** や **Ti** が **C** と結合するので、耐食性は維持される。
- **応力腐食 stress corrosion**：硫化水素 hydrogen sulfide H_2S や **HCl** を含む高温高圧環境中において、引張応力発生箇所に水素が集中しその圧力で亀裂 crack が発生する(水素脆化 hydrogen embrittlement)と、そこから腐食が進行していく。γ系ステンレスに多く見られる。Cl^- 等のハロゲンイオンがあると腐食が助長される。
- **孔食(点食)**：ステンレスにおいて不動態皮膜が破壊された箇所に腐食が集中し、孔が深くなる現象。環境の酸性度等の不均一、表面の凹凸、あるいは Cl^- 等のハロゲンイオンがあると腐食が助長される。齲歯とメカニズムが似ている。

以上のように、**NaCl** はステンレスを腐食させやすくする。また、pH が 3 以上では孔食が、3 以下では全面腐食が起きやすい。**Mo** はその **Cr** 酸化被膜を活性、安定、強化する。電気化学の観点からももらい錆を低減する。汗、海水、食品等に触れる環境では、**Mo** を含むステンレス鋼を用いることも多い。

●ステンレス鋼の歴史

14 世紀のイギリスでは鋼製刃物の技術がまだ低く、生産性も品質も悪かった。一方、11 〜 13 世紀にわたり十字軍が持ち帰った強靭で優れたダマスカス剣 damascus steel は、インド製のウーツ鋼 wootz が材料だった。その製法は不明、イギリスでは熱処理でウーツ鋼を超える鋼の開発を試みたが失敗に終わった。18 世紀にインドを植民地としたイギリスは、デリーのイスラム寺院に用いられた高耐候性を示す鉄柱等、インドの優れた製鋼技術を学び始めた。そして丁度その頃、**Cr** が発見された。

1819 年に **Cu** に **Au** や **Ag** を混ぜることで硬度が増すことが発見され、それを製鉄に応用して試行錯誤の結果 **Fe-Cr** 合金が開発された。最初にできた高炭素 **Cr** 合金は硬く脆かったが、王水に腐食されずに驚かれたとのことである。そして **C** 含有量を 1%に下げ、**Cr** 含有量 1.0%及び 1.5%の **Cr** 合金鋼を作ったところ切れ味良い刃物ができ、かつてダマスカス剣に見られた白黒の縞模様(ダマスク紋様)も現れた。約 900 年の歳月を経て、やっとイギリスはインドに追いついたのだ。1880 年代に入り、耐摩耗性に優れる **Mn** 鋼も開発されると共に、**Cr** の耐食効果が判り出し刃物用 **13Cr-0.3C** ステンレス鋼が発明された。

その後、**Ni** を更に添加する試行錯誤が行われた。記録上の最初の **Fe-Cr-Ni** 合金は強靭な **2.0Cr-3.5Ni-0.35C** 合金で、1894 年に兵器メーカーのクルップ社 [独] が防弾鋼板用に開発したとのことである。その後、**Cr** 含有量と熱処理により得られる金属組織や硬度等の物性が整理され、1911 年にモンナルツ Philipp Monnartz[独] が **Fe-Cr** 合金の耐食メカニズムを解明した。これによりステンレス鋼の開発や生産が加速化された。**13Cr** 合金は、当初は硬過ぎて研削や鍛造等の加工が難しかったが、食器、航空機エンジンのクランクシャフト、刃物等への適用が進み、1914 年には製鋼所で量産が始まり特許も出され商品の価値が上がっていった。

アルミニウムと銅

Fe と並び三大金属元素といわれる **Al** と **Cu** について、それぞれを比較しながら、基本的な特徴等を学ぼう。

Check Sheet

□ 1） **Al** の原料となる鉱石の名称を記しなさい。

□ 2） **Al** の代表的な密度、ヤング率、引張強度、融点を記しなさい。また、その特徴を述べなさい。

□ 3） **Al-Cu** 合金及び **Al-Zn** 合金の中で有名な合金の名称を記しなさい。

□ 4） **Al** または **Al** 合金の材料で複雑断面の棒材を作るのに適切な工程名称を記しなさい。

□ 5） **Cu** の非抵抗(電気抵抗率)と熱伝導度を記しなさい。また、その特徴を述べなさい。

□ 6） **Cu-Zn** 合金の名称とその特徴を記しなさい。

□ 7） **Cu-Sn** 合金の名称とその特徴を記しなさい。

□ 8） **Cu-Ni** 合金の名称とその特徴を記しなさい。

□ 9） **Au** と **Ag** と **Cu** の主要な特徴を簡潔に示し、共通点や相違点等を整理しなさい。

6.1節 鉄とアルミニウムと銅

<要 点>

Fe と Al と Cu 銅は、主要 3 金属元素である。Fe は強く磁性を持ち、使い勝手が良い。Al は地上に多く、軽く表面が綺麗である。Cu は比較的安価で、電気や熱を良く通し柔らかい。

<基 本>

鉄 **Fe** とアルミニウム aluminium **Al** は地球内部や地表に大量に存在し、枯渇しないと言われている。また銅 **Cu** はそこまで大量に存在しないにせよ、**Fe** より以前から用いられてきた材料である。これら以外の金属がむしろ小体積あるいは合金添加物として副次的に用いられる傾向があるのに対して、この 3 金属はこれら自体が主成分となり、比較的大きな物になることが多い。鉄器時代の現在において、これらは主要な 3 金属に違いない。消費量は **Fe**、**Al**、**Cu** の順番である。

これらの金属はそれぞれ特徴を知って使い分けるべきである。<要点>では、極一部の特徴のみをキャッチコピー的に短くまとめたが、現実はより複雑でありそれが全てではないことを理解してもらいたい。表 6-1 に主な特性を一覧する。

いろいろなイメージがあると思うが、先ずは見た目から。**Cu** は銅黄色で、**Al** は白銀色または白色である。**Fe** も本当は白銀色だが大抵は錆防止に塗装やメッキが施されているので、**Fe** の色を意識した読者諸君は余りいないだろうし、むしろ錆びた赤や茶色のイメージが強いのではないだろうか。**Al** の表面が白色に近ければ、そこは既に錆びている可能性が高い。

次に変形の観点から。**Fe** は強く(伸びの割に引張強度も降伏強度も高い)、**Al** は割れやすく(強度の割に伸びが小さい)、**Cu** は柔らかい(引張強度と降伏強度と伸びがそこそこある)。ただし、展延性(加工性)は **Cu** も **Al** も高く、また意外と純 **Fe** も柔らかい。したがって、構造材としては 3 種類の内では第一に **Fe** が考えられる。ただし **Fe** は錆びるので、間に合う場面では錆が白い **Al** を綺麗に使うのも魅力的である。一方 **Al** は折れると割れやすいので、大きな引張荷重環境下や安全性の求められる場所は避けて使うと良い。

何といっても **Al** は軽く、この特性はいろいろなメリットをもたらす。一方、**Cu** は 3 元素中では最も重い(密度が大きい)。**Fe** は重いというイメージがあるが、これは **Fe** が安いこともあり塊で用いられる機会が多いからである。**Cu** は **Fe** より原子量も原子番号も大きいが、日常 **Cu** を塊で使っている場面を見ることは先ず無いので、**Fe** 製品の方が **Cu** 製品より重いことがままある。ちなみに、**Au** は密度が 19.30g/cm^3 で **Fe** の 2.45 倍である。**Fe** の **Au** メッキ材と **Au** 無垢材は、持てば直ぐに区別できる。重い金塊を一度持ってみたいものである。

Cu は熱と電気を良く通し(熱伝導率が大きく電気抵抗率が小さい)、**Fe** は磁石に付く(磁性を持っている)。ただし、表 6-1 を見ると判る通り **Al** も **Cu** ほどではないが **Fe** と比べると熱や電気を通しやすい。

融点は **Al** が約 660℃、**Cu** が約 1,080℃、**Fe** は 1,530℃と、概ね 2：3：5 である。**Fe** の

融点を 1,500℃超えと覚えておくと良い。ちなみに、溶融炉は上限温度が 1,500℃を超えると急に大掛かりになる。小さな実験室で **Al** や **Cu** の溶解実験装置を見かけても **Fe** の溶解実験装置はそうそうお目に掛からない。

表 6-1　アルミニウム、鉄及び銅の材料物性値比較表

元素		Al		Fe	Cu	
特性		値	対鉄比	値	値	対鉄比
原子特性	原子番号	13	0.50	26	29	1.12
	原子量[g/mol]	26.9815386	0.48	55.845	63.546	1.14
	原子半径[pm]	143	1.13	126	132	1.05
	電気陰性度	1.16	0.63	1.83	1.90	1.04
固体特性	結晶構造	fcc	–	bcc	fcc	–
	共有結合半径[pm]	121	0.96	126	132	1.05
	格子定数[10^{-1}nm]	4.0496	1.41	2.8664	3.6148	1.26
	縦弾性係数[GPa]	68.3	0.32	211	124	0.59
	横弾性係数[GPa]	25.5	0.31	82	47.4	0.58
	ポアソン比	0.345	1.19	0.29	0.34	1.17

元素		Al				Fe		Cu	
合金名		純アルミ		平均的合金		純鉄	炭素鋼	純銅	
元素濃度[%]		99.996	対鉄比	99	対鉄比	99.95	98.485	99.96	対鉄比
物理特性	密度[g/cm^3]（20℃）	2.6989	0.34	2.71	0.34	7.8740	7.8410	8.94	1.14
	線膨張係数[10^{-6}/K]（25℃）	23.78	2.02	23.50	2.00	11.76	10.8	17.1	1.45
	融点[℃]	660.2	0.43	652.5	0.42	1538	1405	1084.62	0.71
	融解熱[kJ/mol]	10.58	0.77	10.4	0.75	13.81	–	13.26	0.96
	沸点[℃]	2470	0.86	–	–	2862	–	2562	0.90
	蒸発熱[kJ/mol]	291	0.86	–	–	340	–	300.4	0.88
	熱容量[J/mol･K]（25℃）	24.20	0.96	–	–	25.10	–	24.44	0.97
	熱伝導率[W/m･K]（23℃）	237	2.95	224	2.79	80.4	44.1	401	4.99
	比熱[J/K･mol]（100℃）	24.3	48.95	25.1	50.56	0.50	0.49	25.29	50.94
	熱膨張係数[μm/m･K]	23.1	1.96	22.9	1.94	11.8	10.7	16.5	1.40
	電気抵抗率[nΩ/m]（20℃）	27.8	0.29	30.0	0.31	96.1	201.5	16.78	0.17
熱処理・品種		焼鈍	75%冷延	焼鈍	H18	-	(S45C)	(C1020 BE-F	(C3604F)
機械特性	引張強度[MPa]	48	114	91	166	250	800	195	335
	降伏強度(0.2%耐力)[MPa]	13	108	34	145	110	640	130	223
	伸び[%]	48.8	5.5	35.0	5.0	60	8	40	18
	ビッカース硬度[HV]	20	36	26	90	30	215	35	80

表 6-1 について補足する。論文やデータブック等の文献で、様々な材料特性値を確認できる。そして、文献によって同じ筈の値が異なっていてどちらが本当かと当惑した経験もあろうかと思う。これは誤植ではない。

測定条件が異なるにも拘らずその記載が無い場合もあるが、より広い視野で考えると、そもそも同一の測定などできないのである。材料（純度や結晶状態等）、装置、測定環境等の影響につき、材料特性値の測定は容易ではない。ある状態を完全に再現することも無理なら、ある物体と全く同じ物体を用意することも不可能である。厳密に言うと、量産品も一つずつ全て違った物ができている。ブレやズレは世の中の常であり、現実は決して理想通りには進まない。

ヤング率は重要な材料特性値である。鉄鋼のヤング率は 206GPa 前後と言われるが、この値は長年の様々なデータや検討を経て落ち着いた値である。表 6-1 に記載の 211GPa は、純 **Fe** の値である。表 6-1 の材料特性値は、いろいろな文献の値を横睨みし妥当と思われる値を記したので、参考にしてもらいたい。なお、薄く記した **Cu** の機械特性値は予測値である。

6.2節 アルミニウム

<要 点>

Al は、大抵の場合合金で使われる。軽いので使い方次第では Fe 以上の強度を発揮する。押出が得意で、酸化被膜のアルマイトは防食効果がある。

<基 本>

Al は不純物を含んだ酸化アルミニウム aluminium oxide（アルミナ）Al_2O_3、即ちボーキサイト bauxite という形で地中に埋蔵されている。**Al** を取り出すためには **Fe** と同様に、**Al** に結合している **O** を引き剥がし、余分な元素を分離しなければならない。**Al** の精錬方法としては、ホール・エルー法 Hall-Héroult process のみが実用化されている。先ずボーキサイトを苛性ソーダ液に溶解しアルミン酸ソーダ液を作り、そこから Al_2O_3 を抽出する（バイエル法 Bayer process）。次に、溶解氷晶石の中で **C** を電極を利用し電気分解で溶融還元して **Al** を取り出す。原理は **Fe** の還元と同じだが、電気分解を用いるので掛かる電力が膨大である。

Al は **Fe** としばしば比較され、軽い構造物として認識されている。ただし **Al** は，純金属では構造体としてほぼ用を為さない弱い金属である。したがって、一般的には **Al** は合金で使用する。100MPa 程度（**Fe** の約 1/3）の引張強度を、合金化で 600MPa 程度まで改善できる。原子番号は **Fe** の 26 に対して 13 と半分、密度は **Fe** の約 7.9g/cm^3 に対して約 2.7g/cm^3 と 1/3、更にヤング率は **Fe** の約 211GPa に対して約 68GPa と 1/3 である。覚えやすい比率なので覚えると良い。**Fe** の 3 倍軽いので、**Fe** の 3 倍の量まで使えるという訳だ。ただし **Fe** の 1/3 のヤング率なので撓（たわ）み量を同一にする為には 3 倍の量を用いて荷重を 1/3 にする必要がある。数字の上では世の中は平等にできているが、材料の形（特に長物材料の断面形状）を上手く設計すると軽い材質を有効利用できる【☞発展】。例えば自転車、自動車、鉄道車両、飛行機、ロケット等の高速で移動する機械や、スピーカー芯やモーター等の振動や回転をする部分に対して、**Al** は省エネや高精度化、高速化を実現する重要な材料となっている。コンテナや船舶にも用いられている。

また、**Al** は **Cu** ほどではないが少なくとも **Fe** より電気や熱を通しやすいので、自動車ラジエーター、避雷針、TV 内電解コンデンサー等に用いられる。実は、高圧送電線にも使われている。**Al** の電気伝導性は **Cu** 以下だが、軽いので同じ質量で比べると **Cu** に勝る。送電線の自重撓み量が小さくなり、安全に高圧鉄塔間の距離をかせげる。**Al** 合金ロープ線や、鋼芯 **Al** 巻き線の高圧線（鋼芯アルミ縒線 aluminium conductors steel reinforced, ACSR）もある。

Al は圧延で良く伸び、見た目も綺麗になる。そこで、アルミ箔が台所等で実用されている。包装すると遮光性につき、中の物が痛まないので、缶、レトルトパック、カプセル薬保護ケース等にも用いられる。また炊飯ジャー内釜、フライパン、鍋、やかん等にも **Al** は多用されているが、電磁特性が悪いので最近の電化台所設備対応の **Fe** 製器具も増えつつある。内面をアルミ箔被膜したお菓子等の包装紙は断熱効果があり、CD 表面にもアルミ膜を設けレーザーを反射させている。

Al は押出 extrusion 製法が得意な金属であり、複雑断面形状の長物材料を作るのに適している。サッシやフレーム等、身近に **Al** 押出材を見つけることができる。

Al は **Fe** に見られる様な低温脆性を示さず、逆に温度低下に伴い引張強度、0.2%耐力及び伸びが増大する。このため **Al** は低温環境下でも構造材として使え、LNG タンク、南極観測用の構造物、または雪上車等は **Al** 製である。低温の方が加工しやすい場合すらある。

Al は空気に触れると酸化し、表面に薄膜を形成する。これは黒錆やステンレスの **Cr** 酸化物被膜のように内部を保護する。希硫酸 sulfuric acid $\mathbf{H_2SO_4}$ や蓚酸 oxalic acid **HOOC–COOH** ベースの溶液に **Al** を浸して電気を通すと、表面に厚く丈夫な被膜(アルマイト)ができる。この皮膜は海水にも強く、**Al** は船体に用いられる。色や光沢もつけられる。

Al は腐敗しないので、溶解再凝固で簡単にリサイクルできる。ボーキサイトから作る際に必要な電力の 1/30 で可能。ただ、紙の裏等に付けた箔はリサイクルが難しい。

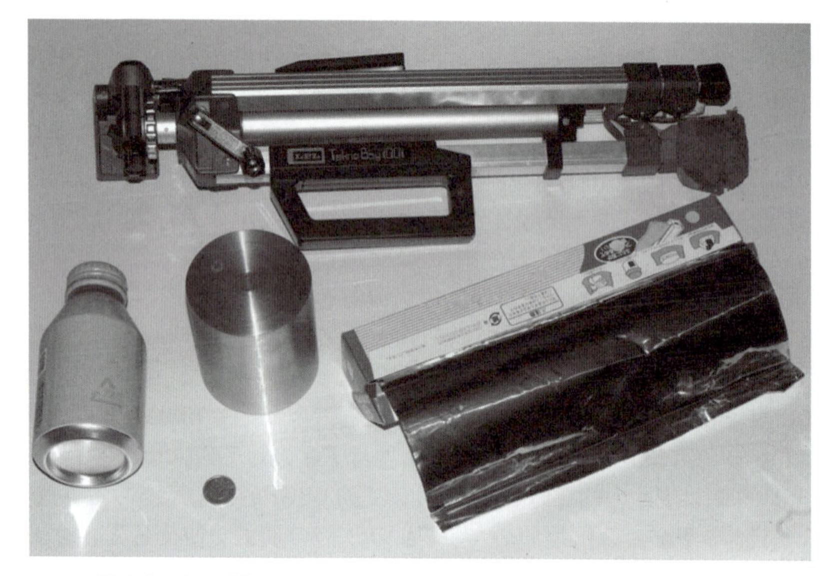

図 6-1　身の回りのアルミニウム及びアルミニウム合金製品の例

<発 展>

● Al 製品製造工程

ボーキサイトまたは **Al** 屑片から、地金と呼ばれる **Al** 塊を作る。この地金は様々な寸法や形状に作られ圧延 rolling、押出、鋳造等の工程を経て様々な製品素材になる。

圧延は、スラブ(長方体の形状の地金)から板材を作る基本工程である。6mm 以上を厚板、それ以下を薄板と区別する。箔は 0.006mm まで薄くできる。

押出製法は、ところてん方式に穴の空いた金型にビレット(円筒形状の地金)を押し通して、所定の断面の長尺材を作る製法である。管材、形材の他、線材(針金のようなもの)を作ることがある。押出後に材料が再結晶する必要があるので、例えば普通炭素鋼は 1,250℃前後、**Cu** は 850℃前後と、一般的にはビレットを高温にしてから押し出す(熱間押出)。ところが **Al** は 425℃前後で押し出せる(冷間押出)ので、作業性やコストに優れる。ちなみに、マグネシウム **Mg** は更に低温の 400℃前後で押し出せる。

実は **Al** は、高温では **Fe** と同様に、昇温と共に引張強度及び 0.2%耐力が低下し伸びが増大する。そしてこの変化は **Fe** より遥か低温から始まり、例えば 100℃前後でクリープが発生し、300℃前後で完全焼鈍状態となる。**Al** の押出温度が低いのは、この特性と関係がある。

ビレットを鍛造することもある。金型によりかなり自由な曲面を与えられ、且つ内部品質が均一なので、自動車、鉄道車両、航空機等の構造部材を作っている。

インゴットを鋳造やダイカスト die casting することもある。高圧を掛けるので、肉薄で精密な物を大量に生産できる。ミシンや自動車の機構や動力部品、フライパン等を作っている。

屑 **Al** は粉砕して、欠片や粉末状にする。添加剤や薬品原料等に用いる。

● Al 精錬の歴史

青銅器時代と鉄器時代があるのに対して、アルミニウム器時代は無い。**Al** の歴史は浅い。

Al は 1782 年に、明礬石(アルミナ)が発見され、1807 年電気分解による **Al** 精錬が行われた。1855 年化学還元法による **Al** 精錬が世界で初めて実施され、時のナポレオン三世は **Al** 製のナイフやスプーンを作り客人をもてなしたり、**Al** 製の軽い兜も作った。当時の **Al** 精錬技術では 20kg/ 年の生産がやっとで(現在の日本では地金 6,600ton/ 年)、金より高価だった。

パリ万国博覧会で **Al** が紹介されると、人気が急上昇した。1886 年にアメリカとフランスでほぼ同時に電界精錬法が発明され、発明者ホール C. M. Hall とエルー P. L. T. Héroult の名にちなみホール・エルー法 Hall-Héroult process と命名された。また 1887 年にバイヤー K. J. Bayer が湿式アルカリ法によるアルミナ製造法を発明した。この両方が今日の **Al** 地金一貫製造法である。

江戸時代にパリ万国博覧会に行った日本人が、初めて **Al** と出会った。明治時代には日本に **Al** 製品が輸入され、1894年には日本で初めて **Al** が製造された。その美しさが日本人に好かれて軽銀と呼ばれ、研究開発も盛んに行われ、日本において **Al** に関する成果も多く生まれた。例えば、1929 年にアルマイト処理を発明し、1934 年に **Al** 精錬を開始し、1936 年に超々ジュラルミンを開発し、1959 年にレディメード **Al** サッシを商品化した。1969 年に総需要が 100 万 ton を突破した後、1971 年にオール **Al** 缶が、1990 年にオール **Al** ボディ車が登場し、1996 年に総需要 400 万 ton を突破した。

参考まで、現在では日本の **Al** メーカーは様々な統合の経緯の結果、総合 **Al** 一貫大手の日本軽金属株式会社、圧延トップの住友軽金属工業株式会社(住軽金)、圧延加工大手の古河スカイ株式会社(古ス)、サッシ大手の不二サッシ株式会社及び昭和アルミニウム株式会社、二次合金トップの大紀アルミニウム工業所等の大手が存在している。途中、大手鉄鋼メーカーと付きつ離れつしながら、営業や研究開発の提携をしたり、委託関係を持ったりした。近年、住軽金、古ス等 5 社が、米国アルミニウム板圧延製造販売会社の ARCO Aluminum Inc を買収した。

●断面二次モーメント

有断面長尺材の曲げ荷重体系を考えた時、断面不変の仮定の下では、ヤング率 Young's modulus E、断面二次モーメント second moment of area I 、曲げモーメント bending moment M_B 、曲率半径 radius of curvature r は式(6-1)で関係付けられる。

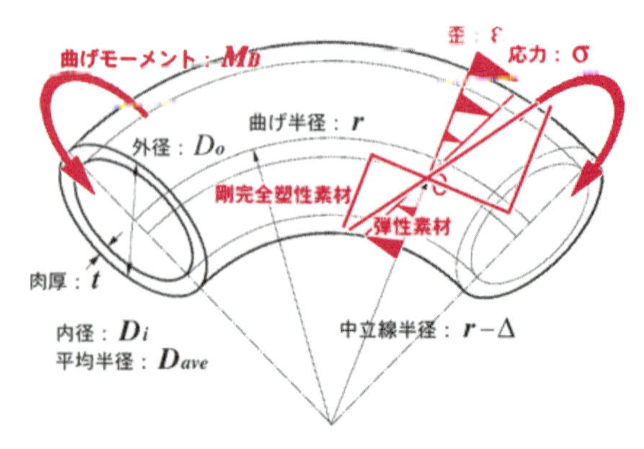

図 6-2　断面材の曲げ体系図

$$r = \frac{EI}{M_B} \quad \cdots\cdots (6\text{-}1)$$

中立面 neutral plane（応力 σ 及び歪 ε が発生しない面）から曲げ外側への距離 y の位置では、式(6-2)に示す通り y に比例した歪 ε が発生する。

$$\varepsilon = \frac{y}{r-\Delta} \quad \cdots\cdots (6\text{-}2)$$

ここで、Δは通常充分小さいので、=0 と近似し、式(6-1)と(6-2)より、式(6-3)が導かれる。

$$\sigma = E\frac{y}{r} = \frac{M_B}{I}y \quad \cdots\cdots (6\text{-}3)$$

断面二次モーメントは、例えば、幅 b 、厚み h の長方形断面のアルミ長尺材においては式(6-4)で、また外形 D_o 、内径 D_i の円管断面のアルミ長尺材においては式(6-5)で与えられる。

$$I = \frac{1}{12}bh^3 \quad \cdots\cdots (6\text{-}4)$$

$$I = \frac{\pi}{64}(D_o^4 - D_i^4) \quad \cdots\cdots (6\text{-}5)$$

これらを式(6-3)に代入し最外縁における最大応力値 σ_{max} を求め、式(6-6)及び(6-7)の通り得る。

$$\sigma_{max} = \sigma(y = \frac{h}{2}) = \frac{12M_B}{bh^3}\cdot\frac{h}{2} = \frac{6M_B}{bh^2} \quad \cdots\cdots (6\text{-}6)$$

$$\sigma_{max} = \sigma(y = \frac{D_O}{2}) = \frac{64M_B}{\pi(D_O^4 - D_i^4)}\cdot\frac{D_O}{2} = \frac{32D_OM_B}{\pi(D_O^4 - D_i^4)} \quad \cdots\cdots (6\text{-}7)$$

Al は密度が **Fe** の約 1/3 なので、同じ質量の長方形断面の長尺材を作る場合、**Fe** の厚み h に対して 3 倍の厚み $3h$ を採れる。即ち式(6-6)で計算される最大応力は、**Fe** が $6M/bh^2$ 、**Al** がその 1/9 の $6M/b(3h)^2$ である。また、同じ重量の円管断面の長尺材を作った場合、**Fe** の外形 D_o 及び内径 D_i に対して外形 $\sqrt{3}D_O$ 及び内径 $\sqrt{3}D_i$ を採れる。即ち式(6-6)で計算される最大応力は **Fe** が $32D_OM_B/\pi(D_O^4 - D_i^4)$ 、**Al** がその $1/3\sqrt{3}$ 倍の $32D_OM/3\sqrt{3}\pi(D_O^4 - D_i^4)$ である。いずれの場合も、**Fe** より **Al** の方が応力が小さく、また **Al** のヤング率が鉄の 1/3 であることを考慮しても、歪あるいは結果として変形や撓みは **Fe** より **Al** 材の方が小さい。

以上の通り曲げ荷重体系においては、軽い分中立面内外に質量を配置できるので、構造材としての質量当たりの強度(比強度)を大きくできる。**Al** は輸送機器や建築物等の構造材料として多く使用される。

6.3節 アルミニウム合金

＜要 点＞

アルミニウム合金は、1000系から9000系まで成分で明確に分類されている。強度、耐食性、加工性、溶接性等を改善する。A2017ジュラルミン、A2024超ジュラルミン、A7075超々ジュラルミン等がある。

＜基 本＞

Alは添加元素で整然と規格化されている。**Al**合金の70%を占める展伸材用合金は1000系から9000系まで分類され、**Cu**、**Mn**、**Mg**または**Zn**等を少量添加し様々な特性を改善している。また、圧延や熱処理をして強度を高くできる。鋳造用合金はAC1AからAC9Bまで、ダイカスト用合金はADC1からADC14まで分類され、様々な元素をより大量に添加する。

●展伸材用合金

1000系は工業用の純度99.0%以上の**Al**である。展伸性、耐食性、加工性及び溶接性に優れ、強度は低い。強度を必要としない日常品や容器等に用いる。

2000系は**Al-Cu**系及び**Al-Ci-Mg**系の時効硬化性合金である。A2017は熱処理(T4)材ジュラルミンduralumin **4Cu-0.5Mg-0.5Mn-Al**で、引張強度426MPa、降伏強度274MPa。ドイツのデューレンDürenで偶然発見されたので、地名と元素名を繋げた名称になった。また、A2024は熱処理(T3)材超ジュラルミンsuper duraluminで、引張強度480MPa、降伏強度343MPa。なお、A2090及びA2091は**Li**合金である。

3000系は、**Al-Mn**系及び**Al-Mn-Mg**系合金である。**Mn**を1～1.5%添加して耐食性を落とさずに強度を改善した合金である。

4000系は、**Al-Si**系合金である。流動性、耐食性、溶接性に優れる上に、熱膨張係数が小さいので、鋳造用の重要合金である。

5000系は、**Al-Mg**系合金である。**Mg**を0.8%～5%程度添加して強度を大きく落とさず耐食性を改善した合金。非熱処理材で、最も耐食性に優れる。光輝性に優れるA5N01、加工性と溶接性に優れるA5005、耐食性、溶接性と加工性に優れるA5052等がある。**Mg**添加量が多い品種には、応力腐食割れ防止に**Mn**と**Cr**を添加する。

6000系は、**Al-Mg-Si**系の時効硬化性合金である。**Mg**と**Si**の添加により時効硬化age hardeningを起こし、強度を改善している。時効とは金属の材料特性が経時変化することであり、硬化とは強度が上がる(得てして伸びが小さくなる)ことである。**Cu**を添加した高強度なA6061や、押出加工性に優れるA6063等がある。A6061は、高圧送電鉄塔や自動車フレームやバンパー等の構造材に用いられる。

7000系は、**Al-Zn-Mg**系の時効硬化性合金である。高強度の上、耐食性と成形性が良いA7N01は、鉄道車両や自動車フレーム等の構造材に用いられる。また、ジュラルミンに対抗して、住金が1.5倍強度のあるA7075超々ジュラルミン extra super duralumin, ESDを開発した。**Cu**を添加して引張強度を600MPaまで上げたが、反面耐食性に劣る。これはゼロ戦(零式艦上戦闘機)の主翼主桁に使われ、現在では飛行機や野球のバットに使われている。

その他の合金に対してA8000及びA9000代の記号を付している。

●鋳造用及びダイカスト用合金

Al-Cu系合金の内、**Cu**を4～5%含有する合金鋳造用(AC1A、AC1B)は、高強度で切削性も良い。一方で、**Al-Cu**系合金は耐食性や鋳造性が良くないので、**Si**を添加して鋳造性と溶接性を改善する。この合金はラウタル lautal (鋳造用AC2A、AC2B)と称する。**Cu**を添加しないで**Si**を10～13%添加した**Al-Si**系合金はシルミン silumin (鋳造用AC3A、ダイカスト用ADC1)と称し、鋳造性に特に優れる。この**Si**含有量を減らし**Mg**を加え熱処理性や衝撃値を向上させたのがγシルミン(鋳造用AC4C、ダイカスト用ADC3等)で、**Mg**の代わりに**Cu**を加え機械的性質を向上させたのが含銅シルミン(鋳造用AC4D、ダイカスト用ADC10等)である。**Mg**と**Cu**をバランス良く含有すると靭性が向上する。

AC1A、AC1Bに**Ni**と**Mg**を添加すると、耐熱性が向上する。**Y**合金(鋳造用AC5A)と称する。シルミンに**Cu**、**Mg**及び**Ni**を添加すると耐熱性や耐摩耗性が向上する。ローエックス lowex(鋳造用AC8A等)と称する。

Al-Mg系合金の内、**Mg**を3.5～5.5%含有する合金は、海水耐食性、強度、靭性等に優れる。鋳造性が悪く歩留まり(原料質量に占める製品質量の割合／無駄のなさを示す指標)が悪いのが欠点。鋳造用AC7Bヒドロナリウム hydronalium やダイカスト用ADC10等がある。

＜発 展＞

●先端Al合金

近年、低密度高剛性のリチウム lithium **Li**添加合金が航空機や大型構造物用の材料として用いられ始めている。A8000系及びA2090とA2091は、**Al-Li**系合金である。**Al**に**Li**を1%添加する毎に密度が3%減少し、弾性率が6%向上することが判っているが、詳細な冶金的原理およびデータは今後研究調査が必要である。表6-2にA2090、A8090及びA8091の特徴を一覧する。

Al合金の60%ほどの重量しかない複合材料が開発され適用が進んでいる昨今、その対抗馬として期待されている先端材料である。1920年に開発着手されており、1950年以降本格的な研究が始まった。A2090はアルコア社の開発商品である。米海軍偵察機(ビジランティー) RA-5C系の主翼に適用されたが、延性や靭性が合金の結晶方向によって著しく低い異方性を持つので、一旦姿を消した。しかしその後、異方性や靭性の改良がなされ、A2091、A8090、A8091、A2097、A2197、A2094、A2095、AX2096、A2195等が実用化された。A2195は現在スペースシャトルの燃料タンクとして適用されている。なお、$_3$**Li**は海水中に2,300億tonが溶解する大量資源である。容易に酸化するので合金元素として用いる。

表6-2　先端Al合金の成分及び材料特性値一覧表

	Li	Cu	Mg	Zr	Fe	Si	TS [MPa]	YS [MPa]	伸び [%]	ヤング率 [GPa]	密度 [g/cm^3]
A2090	2.25	2.75	<0.25	0.12	<0.12	<0.10	569	530	7.9	78.6	2.59
A8090	2.40	1.35	1.10	0.12	<0.15	<0.10	476	400	9.0	78.6	2.55
A8091	2.60	1.90	0.85	0.12	<0.30	<0.20	560	520	4.0	–	2.55

6.4節 銅

＜要 点＞

Cu は、単体でも合金でも用いられる。錆び難く、自然銅や酸化銅等を原料とする。電気熱的特性が Ag に次いで 2 番目に良い元素である。柔らかいので構造材としては不向き。

＜基 本＞

銅 cupper C は **Fe** や **Al** と比べ、顕著に安定した元素である。いわゆる銅鉱石には酸化銅 **CuO**, Cu_2O や硫化銅 Cu_2S 等の化合物もあるが、自然銅もある。商業利用される鉱石の大部分は **CuS** であり、特に黄銅鉱 chalcopyrite $CuFeS_2$、限られた場所では輝銅鉱 chalcocite Cu_2S 等が原料として用いられる。粉砕した原料鉱石を濃縮した後にコークス等と共に溶融させ、**Cu** に結合している **S** や **O** を引き剥がし **Cu** を得る。**Al** 同様に、**Cu** は品質を損ねずにリサイクルでき、そのコストも銅鉱石から作る 25%程度と安価である。

自然銅で発見されることもあり **Cu** の歴史は 10,000 年を超え、人類が隕鉄以外に最初に用いた金属でもある。また、**Fe** に比べて融点が低いこともあり、溶解を通して様々な使われ方をされ、特に鋳造材料として重宝した。日本では、708 年(慶雲時代)に **Cu** 塊が埼玉県秩父市黒谷から発見され、平城京遷都の資金源となった。この時に年号が和銅に変えられ、和同開珎が作られた。この銅塊は和銅(にきあかがね)と称され、純度が高く精錬を必要としなかった。

Cu は、比抵抗 [μ Ω cm] (小さいほど電気を良く通す)が 1.68 で、1.61 の **Ag** に次ぐ。電気抵抗率 [n Ω /m] (小さいほど電気を良く通す)で言うと 16.78 で、15.87 の **Ag** に次ぐ。また熱伝導度 [W/mK] (大きいほど良く伝える)が 397 [W/mK] で、これも 419 の **Ag** に次ぐ。この特性を利用して、**Cu** は電線や熱交換機等に用いられている。また磁性を持たないので、磁化変化を避けたい電磁部品材料に多くは純 **Cu** で用いられる。**Cu** 及び **Cu** 合金の世界年間生産量(1,500 万 ton @ 2005 年)の約半分が、電線として用いられている。

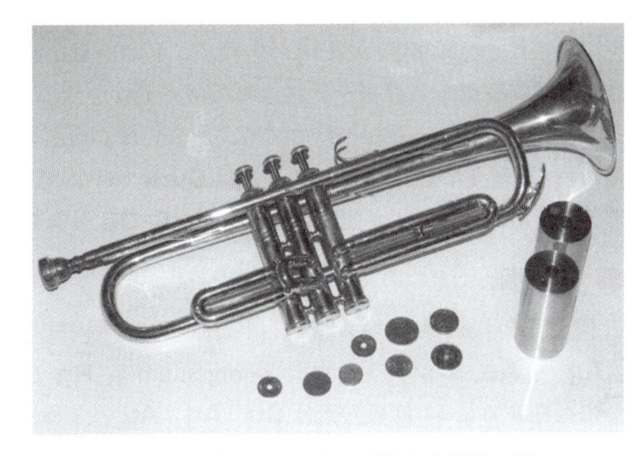

図 6-3　身の回りの銅及び銅合金製品の例

Cu は、特に単結晶では柔らかく展延性が良いが、これは電子配列に起因する第 11 族元素に共通した特徴である。第 11 族の元素で有名な物が、いわずと知れた **Au**、**Ag** そして **Cu** である。これらは光沢の美しさや貴重性等から、競技のメダルや高価な装飾品等に用いられる。**Cu** は金以外の唯一の金光沢を持つ金属であり、また **Cu** は古来鏡としても用いられていたこともあり、女神は **Cu** の象徴でもあった。金星のマークは、鏡に因んだものである。

柔らかいので構造材には不向きである。**Cu** は構造材料というよりは機能材料であるが、合金化すると機械特性が上がるので、楽器や釣鐘等を始め様々な成形品の材料になっている。

＜発 展＞

●銅　山

資源の無い日本にも、かつては銅山があり銅鉱石を輸出していた。3 大銅山として小学校で教わったと思うが、足尾銅山(日光市足尾地区)、別子銅山(愛媛県新居浜市)、日立銅山(茨城県日立市)が有名である。勿論今では全て廃鉱となり、100%輸入している。

世界の 10 大銅山のうちの 5 つはチリにある。エスコンディーダ Escondida 銅山、コデルコ・ノルテ Codelco Norte 銅山、コジャワシ Collahuasi 銅山、エル・テニエンテ El Teniente 銅山、ロス・ペランブレス Los Pelambres 銅山がそれらである。他はインドネシアに 2 銅山、アメリカ、ロシア及びペルーに 1 銅山ある。可産鉱量を生産量で単純に除すると、**Cu** は 2040 年に枯渇すると計算される。一方で、埋蔵量はまだ充分あるという説が有力である。**Cu** はリサイクルが容易なのだから、枯渇が問題となる前に是非ともリサイクルの仕組みを作り上げてもらいたい。

●銅の化学反応

Cu はイオン化傾向が小さく、そもそも安定した元素である。自然銅が発見されるのも、これが理由である。また、考えてみると過酷環境にさらされる硬貨に銅合金が多く使われている理由の一つでもある。ただし、硝酸や熱濃硫酸の様な酸化力の強い酸とは反応し、硫酸銅 $\mathbf{CuSO_4}$ 等を生成する。また、硫化水素 $\mathbf{H_2S}$ 及び硫化物は **Cu** と反応し、**Cu** は腐食し表面に硫化銅 **CuS** を形成する。

O との反応は、常温においては緩く、黒褐色をした酸化銅被膜を形成する。この被膜には防食作用がある。一方赤熱下においては酸化銅(Ⅱ) **CuO** が生成され、更なる加熱により酸化銅(Ⅰ) $\mathbf{Cu_2O}$ となる。また、酸素環境において塩酸と反応し塩化銅(Ⅰ) **CuCl** や塩化銅(Ⅱ) $\mathbf{CuCl_2}$ が生成される。

Cu は水とは反応しない。ただし、多湿環境においては $\mathbf{CO_2}$ や $\mathbf{H_2S}$ と反応し、水酸化炭酸銅 $\mathbf{CuCO_3 \cdot Cu(OH)_3}$ や塩化銅(Ⅱ) $\mathbf{CuCl_2}$ を生じる。これらは緑色なので、緑青(ろくしょう)と称される。自由の女神像や高徳院の阿弥陀如来像等の銅製建造物等にも緑青が見られる。昨今大気汚染で、**Cu** の腐食は加速化されているとの事。

銅イオンは殺菌効果を示す。例えばレジオネラ菌、O-157 やクリプトスポリジウム等に対して抗菌性が証明されている。19 世紀には **Cu** 容器内では緑藻が発生しないことが観察され、それが銅イオンに因る現象であることが証明された。緑青は水に微量が溶けるので、水中に十円玉を浸すと様々な殺菌作用を呈することが観察されている。古代インドでは **Cu** を医療器具材料として用いており、また BC 2400 年の古代エジプト人は傷や飲料水の殺菌に **Cu** を用いた。十円玉を靴に入れておくと防臭効果がある、花瓶に入れておくと花が長持ちする、あるいは、台所の排水口に入れておくとぬめり防止効果がある等言われる。現在でも、病院のドアノブは **Cu** 製であり、**Cu** 製の水道管も多い。水瓶は **Cu** 製である。なお、銀イオンも同様の効果が観察されている。**C-Cu** を含む化合物は有機銅試薬として用いられている。

●金銀銅

第 11 族元素 Group 11 element の原子は、閉殻していない d 電子軌道を持つ遷移元素で、$_{29}\mathbf{Cu}$、$_{47}\mathbf{Ag}$、$_{79}\mathbf{Au}$、レントゲニウム roentgenium $_{111}\mathbf{Rg}$ の 4 つである。ただし **Rg** は人工元素であり、自然に存在する第 11 族の元素は **Cu**、**Ag**、**Au** の 3 種類である。これらは第 11 族元素としての共通点も持てば、異なる元素としての違いも持つ。表 6-3 に金銀銅の特性を一覧する。比較のために第 1 族の

表 6-3　金銀銅の特性一覧

元素	金　Au	銀　Ag	銅　Cu	ナトリウムNa
電子配置	Xe＋$4f^{14}5d^{10}6s^{1}$	Kr＋$4d^{10}5s^{1}$	Ar＋$3d^{10}4s^{1}$	Ne＋$3s^{1}$
第一イオン化エネルギー[kJ/mol]	890.1	731.0	745.5	495.8
イオン半径[pm]	151	108	60, 74, 91	113
金属（共有）結合半径[pm]	144	144	128	166
電気陰性度	2.54	1.93	1.90	0.93
酸化還元電位[V]	1.83	0.7991	0.34	−2.714
比抵抗[μΩm]	2.214	1.61	1.68	4.77
熱伝導率@300K[W/m·K]	318	429	401	142
天然存在量対岩石圏比率[%]	5×10^{-7}	2×10^{-5}	7×10^{-3}	−

ナトリウム $_{11}$**Na** の特性値も併記する。

第 11 族元素は、第 1 族元素同様に最外 s 軌道が不対電子であり +1 価のイオンを形成するが、様々な点で第 1 族元素と物理化学的特徴が異なってくる。その理由は、図 6-4 に示す様に d 軌道電子(**Cu** の場合は 3d 軌道)の空間分布が上位軌道である s 軌道(**Cu** の場合は 4s 軌道)より広がっているので、原子核が原子全体をより強く拘束しイオン半径が小さくなり、金属格子も緻密になり、第一イオン化エネルギーも大きくなるからである。これらの結果として、腐食され難い、或いは電気分解で陽極に析出し易い等、第 11 族元素は安定した化学特性を共通して示す。

産出量は **Cu**、**Ag**、**Au** と桁 2 つずつ少なくなり、その希少価値も圧倒的に大きくなる。**Fe** の様に容易に酸化しないので単体原子で産出する事も多く、特に **Au** は殆どの場合が単体産出である。

電気陰性度と比抵抗は、**Cu** と **Ag** が類似し、**Au** はやや異なる性質を示す。電気陰性度は **Au** は 2.54 であり **C** の 2.55 と同等である。(因みに **O** は 3.44。)一方、**Ag** は 1.93、**Cu** は 1.90 と低い。**Au** は **Ag** や **Cu** より圧倒的に酸化しにくい。また **Au** は、比抵抗 2.214、熱伝導度 318 と、**Ag** や **Cu** よりやや劣る。

他方いろいろな面で、**Au** と **Ag** に類似性が認められる。例えば、**Au** はランタニド収縮(原子番号が大きくなると原子核の荷電数が増すので電子殻がより原子核に引っ張られて小さくなる)により、金属半径は **Au** と **Ag** でほぼ同じである。また展延性に極めて優れ、**Au** は 1g を数 m^2 の箔や 3,000m の線にする事ができ、**Ag** は 2,200m の線にする事ができる。**Au** の線を金糸(きんし)と言い、有機繊維材料と共に高級衣装用に用いられる。また、イオン化すると毒性が強くなり中毒やアレルギー症状も出るので、無機金化合物や有機水銀には要注意である。ナノ粒子が毒性を有する時もある。

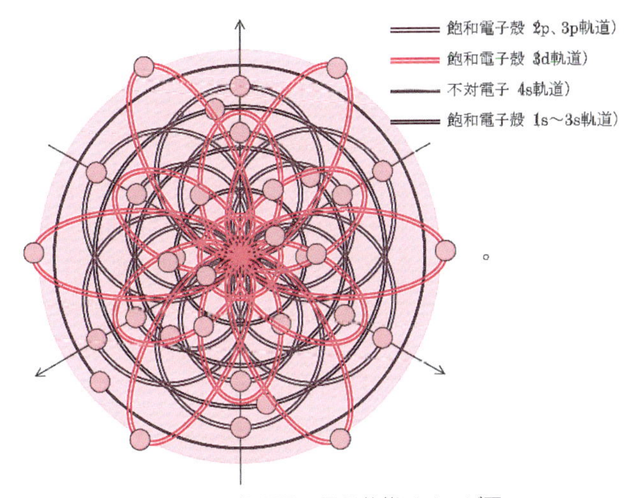

図 6-4　銅原子の電子状態イメージ図

6.5節 銅合金

<要 点>

Zn 合金の黄銅、Sn 合金の青銅、Zn-Sn 合金のネーバル黄銅、Ni 合金の白銅、Zn-Ni 合金の洋白等、様々な合金がある。現在の日本の硬貨は、ほとんどが銅合金製である。

<基 本>

Cu は単体と共に、合金としても使われている。添加元素には亜鉛 **Zn**、錫 **Sn**、燐 **P**、**Ti**、**Ni**、**Co**、**Pb** 等がある。主な合金は黄銅、青銅、白銅である。

Cu に **Zn** を混ぜると、強度、鋳造性及び加工性が向上する。**Cu-Zn** 合金を黄銅 brass と総称する。**Zn** の含有量により更に様々な名称が付けられている。5% **Zn** 合金を gilding metal、10% **Zn** 合金を commercial bronze、15% **Zn** 合金を red brass、20% **Zn** 合金を low brass 等と称し、5%～20% **Zn** 合金を丹銅と総称する。丹銅は赤色度合いが強く、展延性、絞り加工性、耐食性に優れ、建材、装身具、金管楽器（楽器の詳細な形状まで正確に作り込める）等の材料として用いられる。吹奏楽団を brass band と称するが、これは黄銅製の楽器で編成された楽団だからである。また、30% **Zn** 合金を七三黄銅 yellow brass、40% **Zn** 合金を六四黄銅と称する。**Zn** 含有量が多くなるにつれ黄色度合いが増すと共に、脆くなる。45% 以上の **Zn** 合金は使用に耐えない。なお、真鍮とは黄銅のことではなく、20～45% **Zn** を含有する黄銅のことである。良い材質の割に歴史が浅いのは、**Cu** の融点 1,084℃に対して **Zn** の沸点が 900℃程度と低く、混ぜにくいからである。

Sn を添加して耐食性を向上させた黄銅をネーバル黄銅 naval brass（海軍黄銅）と称する。また、10～30% **Zn** の黄銅に 5～30% **Ni** を添加した銀白色の合金を、洋白または洋銀 nickel silver, german silver（スペイン語ではアルパカ alpaca）と称する。柔軟性、屈曲加工性、耐食性に優れ、歪ゲージ材料、電気抵抗線、ばね、フルート等の楽器材料として用いられる。また機械的特性は黄銅に勝る。五百円硬貨は洋白であるが、**Ni** 合金とも称する。

Cu に **Sn** を混ぜると耐食性、耐摩耗性、適度な展伸性、鋳造に適した低融点や流動性等を得られる。**Cu-Sn** 合金を青銅 bronze と総称する。かつては大砲の鋳造材料だったので、特に 1% **Sn** 合金を砲金 gun metal と称する。本来青銅は青くなく、低 **Sn** 合金は新品の十円硬貨の色であり、中 **Sn** 合金は黄金色を呈し、高 **Sn** 合金は白銀色になる。青色は、長い年月を経て表面が酸化した結果生成される、緑青の色である。**Sn** を増すほど硬く、脆くなる。銅精錬が始まり 4,000 年後に青銅が発見され、その 2,000 年後に主たる銅合金となった。エルサレム宮殿の門や日本の釣鐘は青銅製であり、現在の機械部品では歯車や軸受等も青銅製である。**P** を添加した青銅を、燐青銅 phosphor bronze と称する。耐食性や耐摩耗性が向上する。

Cu に **Ni** を 10～30%添加した **Cu-Ni** 合金を、白銅 cupronickel と称する。海水耐食性や展伸性に優れ、海洋設備や部品、銃の薬莢等の材料となる。黄銅に比べ、遥かに薄くできる。

<発 展>

●銅と硬貨

物々交換だった社会に貨幣が出現し、物々交換がより効率的に行われることになった。貨幣は紙幣と硬貨に分類できる。当初の貨幣は硬貨のみであり、硬貨は本来それ自体に価値がある。即ち、材料本体の価値に、材料を加工して硬貨とすることによる付加価値が乗っている。したがって、硬貨を溶解すると価値が下がってしまう。日本では貨幣の加工は法律で禁止されているので、実験で金属材料が無くなっても、硬貨を炉に入れたりしないように。

最初の硬貨は貝殻や石(自然貨幣)や家畜や穀物等の(商品貨幣)だったが、青銅、**Fe**、**Cu**、**Au**、あるいは**Ag**等の金属が材料となっていった。金属硬貨の最初の使い方は地金を秤量する方法(秤量貨幣)だったが、やがて硬貨ができた(計数貨幣)。硬貨は保存性、等質性、運搬性等に優れ、普及した。

貨幣は当初鋳造していたと考えられる。古代エジプトで既に硬貨が使われていた様で、ローマ帝国では兵士の給与に銀貨が用いられ、その上位通貨である金貨と、下位通貨である銅貨が後に作られた。最初の銀貨であるデナリウス貨は98% **Ag**だったが、財政事情に伴い徐々に含有量は下がり、最終的には3%となった。また硬貨も大量になると取扱困難となったので、硬貨を預け代わりに紙幣を証明書兼交換約束書として持つことになった。これが紙幣の始まりである。即ち、紙幣の本質的な意味は、硬貨と交換可能という潜在能力にある。もし交換できなくなったら、紙幣は紙屑となる。

日本の最初の硬貨は、富本銭や無文銀銭とも言われているが、少なくとも708年の和同開珎(銀貨と銅貨)については記録が残っている。一旦11世紀頃に硬貨から絹に貨幣が変わったが、再び硬貨優位となり宋からの輸入銭が用いられた。一時、流通硬貨が足りず巷では鐚銭(びたせん)が作られたが、あまりに質悪だったので、割れや欠けがあっても、宋からの輸入銭が好んで使われた。「ビタ一文受け取らない」という言葉の発端である。戦国時代には戦国大名が力争いでこぞって金銀山開発を進め、徳川時代には農民からの年貢を米としながら、金銀銅貨を鋳造した。貨幣発行場所を金座、銀座、銅座と称する。

明治以来、貨幣の単位や発行に関する法律ができ、単位は円、発行所は日本銀行となった。当時の硬貨は一円、二円、五円、十円、二十円金貨だった。現在は、純**Al**製の一円硬貨、**35Zn**黄銅製の五円硬貨、**3.5Zn-1.5Sn**銅合金製の十円硬貨、**25Ni**白銅製の五十円硬貨、**25Ni**白銅製百円硬貨、が**20Zn-8Ni**銅合金製五百円硬貨及び**25Ni**白銅製五百円硬貨が用いられている。なおかつて、一円銀貨や一円黄銅貨、純**Ni**製五十円硬貨、**30Cu-10Zn**銀合金製百円硬貨が存在していた。

世の中本質は物々交換である。そもそも日本の経済がおかしくなったのは、バブルからである。実体の無い取引には気をつけなければならない。

●歪ゲージ

歪ゲージstrain gageは、箔(ゲージベース)の上に通電部分(フィラメント)が乗り、その両端が導線(ゲージリード)につながった構造の、表面歪を測定する道具である。歪ゲージを貼った測定面に歪εが発生すると、ゲージリードの長さが変形しその電気抵抗RがΔRだけ変化する。この抵抗変化率をホイートストンブリッジで精密に測定し、εを逆算する。式

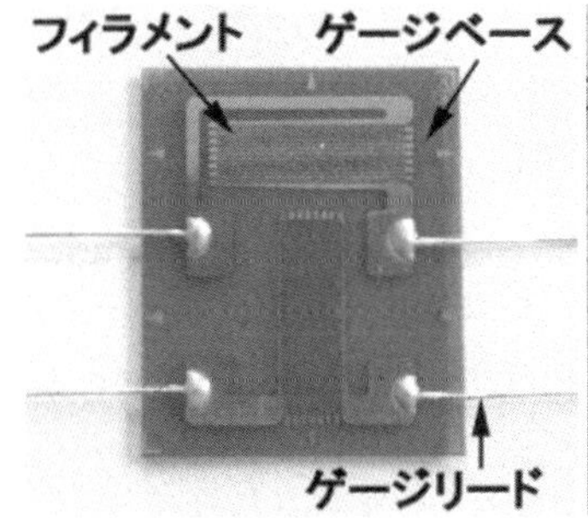

図6-5　歪ゲージ
(株式会社東京測器研究所提供)

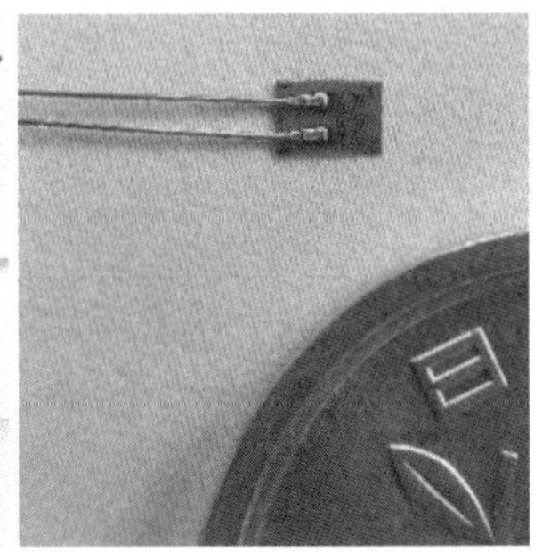
図6-6　小型歪ゲージ
(株式会社東京測器研究所提供)

(6-1) に換算されるべき ε と直接測定される抵抗変化率の関係式を記す。ν 及び η はそれぞれ、ゲージリードのポアソン比及び材料特性値であり、比例計数 K を歪感度と言う。

$$\frac{\Delta R}{R} = \{(1+2\nu) - \eta(1-2\nu)\}\varepsilon = K\varepsilon \quad \cdots\cdots (6\text{-}8)$$

歪ゲージの測定精度は、主として、歪ゲージ本体に因るものと、歪ゲージの取り扱いに因るものと、ホイートストンブリッジに因るものに大別できる。歪ゲージ本体に因る測定精度には、材料と形状が大きく影響する。フィラメントの材料は、基本的には R が小さく(測定し易く)軟らかい(変形に追従し易い) **Cu** 合金が良い。式 (6-1) において K が ε に依存しないのが理想であり、図 6-7 に各元素または合金の K の ε 依存性を示す。純 **Cu** は K が一定で測定精度は高いが ε が 8%前後で切れ、大歪まで測定する際にはやや比例性が崩れる。そこで、15%まで切れない **Cu-Ni** 合金が大歪測定用に使われる。また、環境温度が変化する際には、温度依存性が安定した **Ni-Cr-Al** 合金を材料とする。

なお、歪発生面から離れるほど測定精度が落ちるので、フィラメントの厚さ、ゲージベースの厚さ、ゲージベースと測定面を接着する接着剤の厚さは、薄く均一であるほど良い。フィラメントの厚さは 3μm ～ 10μm 程度である。因みに、ゲージベースは 80℃までなら可撓性(変形に良く追従する)が有り接着し易い紙製、80℃から 170℃以下であればポリエステル製、180℃から 200℃まで接着が難しいが耐熱性に優れるベークライト製が普通である。ゲージベースの厚さは 30μm ～ 70μm である。

歪ゲージメーカーは、歪ゲージ本体だけでなく、接着剤やホイートストンブリッジの研究開発もしている。また、使い方講習会も開催している。歪ゲージによる歪計測は、工学的には非破壊検査に属する【☞第 4.1 節】。上記の通り、歪測定精度を上げるには適切な取り扱いも欠かせず、その為の技術的な熟練と充分な知識を認める資格が存在する。歪ゲージメーカーの講習会は、その技術指導の一端も担っている。

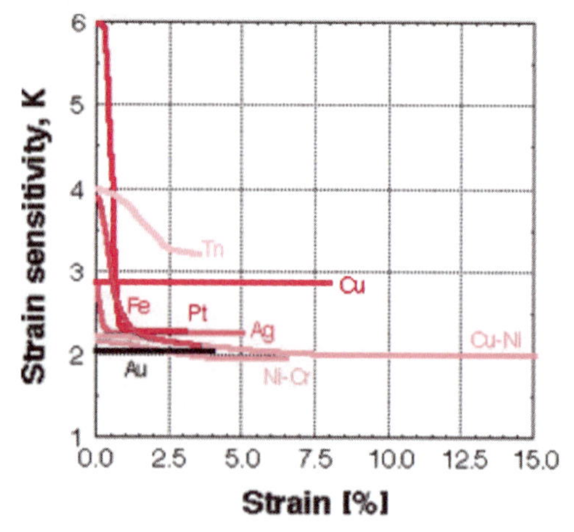

図 6-7　各元素の歪感度の歪依存性

●大仏

日本では、釣り鐘、大仏、仏像等に鋳造用材料である青銅が用いられている。

日本に大仏はたくさんあるが、時代を問わず二大大仏と言えば、奈良大仏（奈良県奈良市東大寺）と鎌倉大仏(神奈川県鎌倉市長谷高徳院)である。高さ 16.0m の奈良大仏は 752 年に、13.35m の高さの鎌倉大仏は 13 世紀頃に、ついでながら近代建築の 18.79m の高さの聚楽園大仏(愛知県東海市聚楽園公園)は 1927 年にそれぞれ建造された。奈良大仏の質量は本体が約 250ton、台座が約 130ton と巨大である。その本体は鋳造に 2 年、仕上成形に 5 年、金メッキに 5 年掛かったとの記録がある。

奈良大仏には、**Cu**、**Sn**、**Au**、**Fe**、**Pb**、**Hg** 等様々な材料(全て国内調達)が用いられた。本体の青銅には 486.63ton の **Cu** と 8.3ton の **Sn** が使われた。また、375kg の **Au** メッキと、その為の溶剤である 2,110kg の **Hg**、そして溶剤を飛ばす熱源として相当量の木炭が使われた。地震や戦乱で壊れては修理しており、例えば **Pb** は当初に比べ江戸時代の修理では 6 倍使ったり、鎌倉時代の修理では右肩部分に **Cu** を大量に使ったりした。ちなみに、**Cu** には砒素 arsenic **As** が含まれており、山口県美東(みとう)町長登(ながのぼり)銅山の **Cu** が多く使われたものと推察される。

その他の金属材料

Ti、**Mg**、**Ni**、**Co**、**Zn**、**Sn**、**Pb** 等の他の金属について、主な特徴を押さえよう。また、特に有名な機能や機能材料の名称を学ぼう。

Check Sheet

□ 1） **Zn** の特徴を記しなさい。

□ 2） **Sn** の特徴を記しなさい。

□ 3） **Ti** の特徴を記しなさい。

□ 4） **Mg** の特徴を記しなさい。

□ 5） **Ni、Co** の特徴を記しなさい。

□ 6） **Pb** の特徴を記しなさい。

□ 7） 良導体と絶縁体の中間の素材を何というか記しなさい。

□ 8） 低温で電気抵抗０となる現象の名称を記しなさい。

□ 9） 振動吸収機能がある素材の総称を記しなさい。

□ 10） 双晶状態を利用した超弾性特性名を記しなさい。

7.1節 Zn と Sn

<要 点>

Zn と Sn は軟らかく、単体では構造材料にはならない。他方、Fe の防食用メッキに用いられたり、Cu 合金の成分となったりする。

<基 本>

亜鉛 zinc $_{30}$**Zn** 及び錫 tin $_{50}$**Sn** は、他にカドミウム $_{48}$**Cd**、アンチモン $_{51}$**Sb**、バリウム $_{56}$**Ba**、鉛 $_{82}$**Pb** 及びビスマス $_{83}$**Bi** 等と一緒に、融点の低い非常に軟らかい低融点金属 low melting metal としてまとめて説明されることが多い。いずれも加工硬化せずクリープが起こりやすいので、構造材料としての利用には不向きである。本節では、**Fe**、**Al**、**Cu** との関係が特に深い **Zn** 及び **Sn** について説明をする。

● Zn

Zn は融点 419.5℃、沸点 907℃、常温では脆いが、130℃前後の特定範囲では展伸性や延性を示す、銀白色の金属である。色について青色掛かったとしばしば記載されるが、著者が製鉄所で使われている板チョコレートの様な塊の **Zn** を研究室の白色照明の下で見た目には、必ずしもそうも見えなかった。色の認識は難しい【☞第 11 章】。

Zn がいつから使われたかは定かではないが、恐らく BC 4000 年頃に **Cu** の添加元素として用いられていたのが最初ではないかと言われている。有効性によりニーズが多く、亜鉛鉱が広く地球上に分布しているので、**Fe**、**Al**、**Cu** の次に生産量が多い金属である。繰り返しになるが、**Zn** メッキ鋼板をトタンと称し、**Cu** との合金を黄銅と称する。7000 系 **Al** にも添加される。**Zn** 自体は酸化しやすく、例えば湿った空気中では灰白色の塩基性炭酸亜鉛 **$(COOHO)_2Zn$** が生成される。一方、例えば **Fe** より酸化しやすいので、**Fe** にメッキすると **Fe** より先に酸化し **Fe** 表面に酸化膜を生成することにより **Fe** を守る(犠牲防食作用galvanic protection)。船等を海水による耐食から守る特性は抜群である。製鉄所では、下工程に **Zn** メッキ工場があり、中ではコイルを **Zn** プールに浸す溶融 **Zn** メッキ工程と、電気分解を活用する電気 **Zn** メッキ工程を備えている。

● Sn

Sn は融点 231.93℃、沸点 2,602℃、同素変態点(結晶構造が変態する温度)を 13.2℃に持つ金属である。13.2℃以上においては正方晶 tetragonal 構造の β **Sn** と称される密度 7.28g/cm^3 の白色錫 white tin として安定しているが、13.2℃以下においては理論上 fcc 構造の α **Sn** と称される密度の粉末灰色錫 gray

図 7-1　Zn 及び Sn

tinになろうとする力が発生する。実際に粉末への反応が進んで見えるのは、-10℃以下においてである。ちなみに製鉄所では、**Sn**は少し大きい棒状せんべいのような掌に載る大きさの塊で用意される。比較的無害な金属として古くから食器等で使われていた様であり、日本では奈良時代に茶壷や茶托として輸入されたとのことである。**Sn**は鉛の次に軟らかい金属、即ち適度の硬さと加工性を持つので、**Sn**単体としても使われる。耐食性を示し、メッキはO_2を遮断するバリア防食である。繰り返しになるが、**Sn**メッキ鋼板をブリキと称し、**Cu**との合金を青銅と称する。また、**Pb**との合金は半田(はんだ)である。他の元素との反応性が良いので、いろいろな**Sn**合金が使われている。製鉄所では、下工程に**Sn**メッキ工場があり、一般的には電気分解を活用する電気**Sn**メッキ工程を備えており、稀にコイル等を**Sn**プールに浸す溶融**Sn**メッキ工程がある。

ところで、「亜」という文字は亜熱帯、亜種、亜硫酸等の熟語で使われている通り、次、あるいは下位という意味を持つ。ということは、亜鉛と鉛は、何か前後あるいは上下関係がありそうである。こう考えた諸君は、残念でした。着眼は良かったが、亜鉛と鉛にはそういった関係は全くないのだ。単なる当て字ということである。

＜発 展＞

●半導体と超伝導と形状記憶

半導体semiconductorとは、電気を充分良く通す良導体(電気伝導体)と全く通さない絶縁体の中間的な物質で【☞8.1節発展】、ある条件の時に通電する物等がある。通電をe^-が担う物をn型半導体negative-type-、正電荷の物質が担う物をp型半導体positive-type-と称する。

Znは容易に**O**と結合するので、**Zn**を燃焼させるか硫酸亜鉛$ZnSO_4$または硝酸亜鉛$Zn(NO_3)_2$を加熱すると酸化亜鉛zinc oxide（亜鉛華）**ZnO**が得られる。紅亜鉛鉱zinciteは天然**ZnO**である。**ZnO**は従来白色顔料や化粧品の材料だったが、近年は電子部品の材料としてむしろ有名である。**ZnO**中の**O**はやや欠落する傾向を呈し、その結果負孔が生じe^-が出入りするn型半導体となる。薄膜は圧電性を示す。また、**ZnO**粒子をBi_2O_3等で成る粒界で囲むと、バリスタvaristor = variable resistorになる。バリスタは、印加電圧が低いと電流を流さないが、ある電圧(バリスタ電圧)以上が印加されると急激に電気抵抗が低下し大電流を通電する。粒子構造を変化させると、バリスタ電圧や電気抵抗の変化の仕方を変えられる。大電圧が掛かった際に電流を逃がす保護回路の素子として、電算機、家電製品、避雷器や鉄道車両機器等に用いられている。

C族元素は半導体になりやすく、珪素**Si**の他、**Sn**もまた半導体材料である。灰色錫はそれ自体が半導体であり、鉛錫テルルcompound semiconductor lead tin telluride **Pb0.8Sn0.2Te** or **Pb0.7Sn0.3Te**は赤外線レーザー及び受光素子半導体材料である。**Sn**は空気中で燃焼して、酸化錫tin oxide **SnO**、SnO_2またはSnO_3と成る。錫石cassiteriteは天然酸化錫である。酸化錫中の**O**はやや欠落する傾向を呈し、**ZnO**同様にn型半導体となる。周辺にO_2があると酸化錫のe^-を捕獲するが、そこにガスが近づくとO_2が離れe^-が過剰状態となった酸化錫は通電しガスセンサーとして働く。また、酸化錫は透明なので、透明電極としても用いられる。

超伝導(超電導) superconductivityとは、超低温において電気抵抗が急激に0になる現象である。この温度を超伝導転移温度transition temperatureと称し、この温度を室温に上げる事が現在の課題である。水銀mercury **Hg**は4.20K程度で、ニオブ錫Nb_3Snは17K程度で超伝導を見せる。

なお、黄銅と青銅も、成分に依っては形状記憶合金【☞次節】である。即ち、38.5～41.5% **Zn**黄銅ならびに**Si**、**Al**、**Sn**添加黄銅と、15% **Sn**青銅は、形状記憶効果を確認されている。

7.2節 Ti と Mg

＜要 点＞

Ti と Mg は、いずれも酸化被膜を作る軽い構造材である。Ti は人体材料として優れ、Mg は航空宇宙機器材料に用いられる。

＜基 本＞

チタン titanium $_{22}$**Ti** とマグネシウム magnesium $_{12}$**Mg** の共通点は、軽い構造材料であり、酸化被膜を作ることである。**Fe**、**Al** 合金及び **Cu** 合金以外で現実的に構造材料となる金属はそう無いので、２元素をまとめて学んでしまいたい。また **Fe**、**Al** に次いで、**Mg**、**Ti** の順に地殻中に多く含まれる実用金属である。表 7-1 に **Ti** と **Mg** の主な機械特性を、**Fe** 及び **Al** と比較する。**Ti** は **Fe** の、**Mg** は **Al** のより軽量な材料ともいえる。

● Ti

構造材料としては**Fe** に引けを取らない。ヤング率こそ116GPa と**Fe** の2/5 程度であるが、引張強度270MPa ～410MPa、0.2％耐力165MPa 以上と**Fe** 以上の強度を示す。同等の引張強度の炭素鋼と比較すると展伸性は充分で粘り強い。密度が**Fe** の60％以下であることを考えると、優れた軽量構造材料と言える。

図 7-2　Ti 及び Mg

引張強度 1,470MPa、0.2％耐力 1,450MPa まで強化した **Ti** 合金は、伸び 14％と加工硬化がほとんど無くなる。地殻成分の９番目に多い元素だが、酸化チタン（チタニア）$\mathbf{TiO_2}$ 結晶の一種である金紅石（ルチル）rutile やチタン鉄鉱（イルメナイト）ilmenite $\mathbf{FeTiO_3}$ 等の酸化物の形で散在しており、精錬も容易ではないので、歴史は浅い。ちなみに、$\mathbf{TiO_2}$ は生体セラミックスである。

見た目は銀灰色で、融点は 1,667℃～ 1,812℃程度と **Fe** 以上である。空気中では常温で酸化被膜を作り内部が保護され、結果的に耐食性に優れる。弱い常磁性を示し、電気や熱は余り通さない。ジルコニウム zirconi $_{40}$**Zr** に近い元素である。水や酸に対して安定しており、特に海水に対して耐食性に優れる。

● Mg

密度が 1.74g/cm^3 と **Al** の 2/3 程度、**Fe** の 1/4 程度と、最も軽い構造材料である。ヤング率こそ45GPa と **Al** の 66％程度であるが、引張強度 60MPa ～ 180MPa、0.2％耐力 45MPa 以上と密度を考えると **Al** と同等の強度を示す。伸びも **Al** と同等である。ただし、単体では余り使用されず、JIS にも純 **Mg** の規格は無い。耐熱性及び切削性に優れ、**Al** 同様に航空宇宙機器や自動車の材料として用いられている。反応性が高く、食糧や薬剤の材料にもなる。地殻成分の６番目に多い元素で、マグネサイト magnesite $\mathbf{MgCO_3}$ やドロマイド dolomite $\mathbf{MgCO_3 \cdot CaCo_3}$ 等の酸化物の形で得られる。**Al** と同時期に商用生産され始めたが、精錬コストが高く普及が遅れた。

亜鉛 **Zn** に似た性質を持ち、見た目は銀白色で、融点 650℃程度、沸点 1,090℃～ 1,110℃といずれも **Zn** よりやや高い。極めて酸化しやすく、酸化被膜を作り結果的に耐食性に優れる。ただし、発熱すると激しい閃光を発して燃えるので、発火材料として用いられ、かつてはカメラのフラッシュにも利用された。常磁性で、高い電磁遮蔽性を有する。

表 7-1　Mg 及び Ti の機械的特性一覧

元　素	${}_{12}Mg$	${}_{22}Ti$	${}_{26}Fe$		${}_{13}Al$	
			純	炭素鋼	純	H18
密度 [g/cm^3]	1.738	4.506	7.874		2.6989	
ヤング率 [GPa]	45.7	116	211		68.3	
引張強度 [MPa]	60以上	270以上	250	380	48	166
0.2% 耐力 [MPa]	21以上	165	110	180	13	145
伸び [%]	5	27	60	25	48.8	5

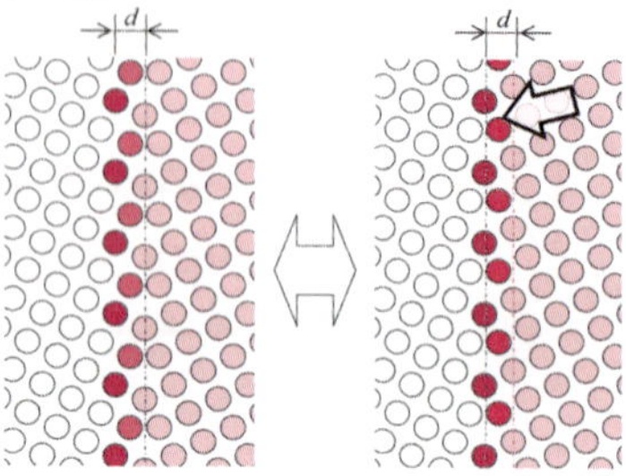

図 7-3　双晶のイメージ図
（赤色原子が動き双晶が左下に移動した）

＜発 展＞

● TiO_2 と MgO

Ti は加熱により容易に二酸化チタン titanium **TiO_2** を作る。**TiO_2** の中では金紅石が最も安定しているが、いずれも化学的に安定しており、弗酸、熱濃硫酸、溶融アルカリ以外の酸、アルカリや有機溶媒、水に溶解しない。また室温において、亜硫酸ガスや塩素ガス等の反応性が強い気体と反応しない。**TiO_2** は従来白色顔料(チタンホワイト)、磁器、研磨剤、医薬品等の材料だったが、近年紫外線吸収効果が確認され化粧品材料として注目され始めた。また、光触媒として水の分解や、大気の浄化作用を示す。人体への影響が小さいとして生体材料、化粧品や食品の添加物等に使われる一方で、国際癌研究機構 International Agency for Research on Cancer, IARC は人に対する発がん性を示唆している。

Mg も過熱により容易にマグネシア **MgO** や **MgO_2** 等を作る。ただし、大きな単独鉱床は日本にはなく、**$CaCO_3$** 等との混合鉱石として採掘されることが多い。天然には、**MgO** が緑マンガン鉱、**MgO_2** が軟マンガン鉱 pyrolusite として得られる。マグネシアは常温で 10^{16} Ωm と絶縁性に優れる。また、塩基性触媒、セメント、医薬品、ゴム、煉瓦等の材料になる。**MgO_2** は強い酸化剤であり、触媒や電池に用いられる。水や二酸化炭素とも容易に反応する。

●電気電子材料と形状記憶合金と磁性材料

Ti と **Mg** の化合物は、電気電子材料になる。例えば、チタン酸バリウム **$BaTiO_3$** は誘電セラミックスで、チタン酸ジルコン酸鉛 **$Pb(TiZr)O_3$** は圧電焦電セラミックスである。また二硼(ほう)化マグネシウム **MgB_2** は 21 世紀に発見された高温超電導材料で、銅酸化物と共に研究が続いている。【☞前節】

変態温度以下で変形した物体が変態温度以上になり、元の形状に回復する性質(形状記憶効果 shape memory effect)を有する合金を形状記憶合金 shape memory alloy と称する。双晶 twin crystal とは、元の結晶を鏡で映した様な対象的な配列構造をした結晶である。外からエネルギーが加わると、特にマルテンサイト組織等においては先ず双晶変形が発生しエネルギーを吸収する。一方で材料としては元の結晶の方が自然であるので、変態温度以上になると元の結晶構造に戻る。外から見ると形状が元に戻ったように見えるのである。形状記憶合金は、変態点以上の温度では、変形しても即座に元の形状に戻る(超弾性回復)。形状記憶合金の代表例は **Ti-Ni** 合金や **Ti-Pd** 合金であり、他により安価な **Fe-Mn-Si** 合金や **Fe-Mn-Al** 合金等も開発されている。アクシュエータや締め付け具等の材料となる。

なお、チタン酸カルシウム **$CaTiO_3$** 系は、磁性セラミックスである。

7.3節 Co と Ni

＜要 点＞

Co と Ni は強磁性で Fe と同等の機械的特性を有する他、耐食性に優れる。Ni は硬貨として国家が備蓄している。

＜基 本＞

周期律表において $_{26}$**Fe** の次に並ぶコバルト cobalt $_{27}$**Co** とニッケル nickel $_{28}$**Ni** は、族が異なるものの良く似た特性を持っている。先ず、いずれも常温で強磁性を示し、磁性材料として有用である。また原子半径は約 125pm、ヤング率は約 210GPa、ポアソン比は約 0.3、材料内の音速 4,900m/sec はほぼ同一であり、いずれも銀白色である。見分けるのは少々大変である。勿論相違点もある。例えば、硬度については **Co** が群を抜いており、密度はやや **Fe** が低く、融点はほぼ同じだが **Fe** のみが 1,500℃以上で、熱や電気の伝導性は **Fe** が劣り、**Fe** のみが腐食しやすい。**Fe** よりは、むしろ **Co** と **Ni** が似ている。**Co** と **Ni** は単金属としてよりは合金元素として用いられており、構造材料への添加物として耐酸化性、耐食性、高温強度等を改善する効果を有し、これらの合金は過酷環境下で構造材料として用いられる。

● Co

$^{59}_{27}$**Co** は、様々なコバルト鉱石を精錬して得る。コバルト鉱石はその約 50%がコンゴから、20%はオーストラリア、14%はキューバから産出される。最も重要な用途の一つは医療用あるいは食品用の殺菌、治療、発芽制御用γ線源であり、これは放射性同位元素コバルト 60 $^{60}_{27}$**Co** を材料とする。この他の用途では、**Co** を単体で用いることはほとんど無い。なお、この放射性同位元素 $^{60}_{27}$**Co** は、$^{59}_{27}$**Co** が中性子を捕獲することで生じる。即ち、原子爆弾や水素爆弾の周囲に $^{59}_{27}$**Co** を配置すると、爆発と同時に放射能となり広範囲に散布される(コバルト爆弾)。

● Ni

$_{28}$**Ni** は、**Fe** と共に最も安定元素であり、岩石惑星には **Fe** 同様に大量に存在する。様々なニッケル鉱石が世界各所で採掘でき、日本でもかつて採掘していた。光沢と高耐食性につきメッキ材料として用いられることもあり、ステンレス鋼や硬貨を始め、薬莢（やっきょう）、磁性材、耐熱材、形状記憶合金、触媒等用の合金元素としても用いる。このように **Ni** は合金元素として有用なので、国家はこれを備蓄するために平時は硬貨として流通させ、有事には回収して原料と為す。現在流通している五十円硬貨及び百円硬貨やアメリカの 5 セント硬貨等は **Ni** 合金である。

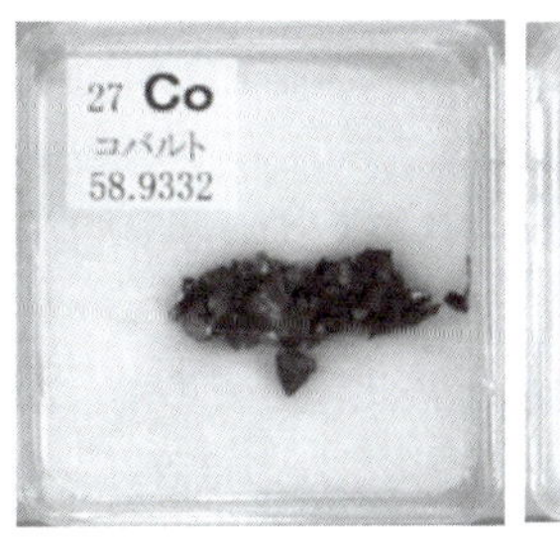

図 7-4　Co と Ni

<発 展>

●制振材料と酸化物

Ni は国家の備蓄元素なだけあり、様々な機能合金を作る。例えば、酸化マンガン酸化ニッケル **MnO-NiO** 等は磁性セラミックスであり、制振合金でもある。制振材料は、振動エネルギーを内部において振動以外の形態で消費する。振動により材質内の何かが変化して、その変化が非可逆現象であれば、上記が実現される。その非可逆現象として、内部粘性(母相と析出相との界面や粒界での粘性流動や、変態双結晶境界または母相とマルテンサイト相との境界の移動等)、磁壁の移動、転位の移動等の内部摩擦が採用されてきた。表 7-2 に、原理とそれに基づく制振合金の分類を一覧する。今後、制振合金の新しい原理が発見される可能性もなくはない。なお、鉄系制振合金は、主に磁壁の移動を基本原理とする。一般的に、内部摩擦が大きくなると強度が小さくなる。また振幅が大きいほど、減衰能は大きくなる。なお、制振材料開発の反対のことをすると、音響材料開発となる。ハンドベルや鉄琴等の材料となる。

表 7-2　減衰機構による制振合金の分類

分類	合金例	実用合金例	振動エネルギー吸収原理
複合型	**Fe-C-Si**	片状黒鉛鋳鉄	分散黒鉛
	Al-Zn	SPZ(Super Plastic Zinc)：Zn-22Al	Zr/Al二相間の粒界滑り
強磁性型		～　**所謂ステンレス鋼等**　～	磁壁の非可逆移動
	Fe、Ni	TD-**Ni**	
	Fe-Cr	12%**Cr**鋼	
	Fe-Cr-Al	Silentalloy：**Fe-12Cr-2Al**	
	Fe-Cr-Al-Mn	Tranqually：**Fe-12Cr-1.36Al-0.59Mn**	
	Fe-Cr-Mo	Gentallu：**Fe-12Cr-2Al-3Mo**	
	Co-Ni	NIVCO-10：**Co-22Ni-2Ti-1Zr**	
転位型	**Mg、Mg-Zr**	KIXI合金（**Mg-0.6Zr**）	転位の非可逆移動
	Mg-Mg_2Ni		
双晶型		～　***Mn*合金と形状記憶合金**　～	変態相と元相との界面の非可逆移動（内部粘性）。
	Mn-Cu	Sonostone：**Mn-37Cu-4.25Al-3Fe-1.5Ni**	
	Mn-Cu-Al		
		IncramuteⅠ：**Cu-40Mn-2Al**	
		IncramuteⅡ：**Cu-40Mn-2Al-2Sn**	
	Cu-Al-Ni	—	
	Cu-Zn-Al	—	
	NiTi	ニチノール：**Ni-50Ti**	

大同特殊鋼株式会社製の制振合金 **22.4Cu-5.2Ni-Fe** は、ヤング率 80GPa、引張強度 530MPa、降伏強度 265MPa、伸び 40%であり、大歪領域まで周波数依存性の少ない制振性能を有する。

また、**Co-Ni-Al**、**Co-Ni-Ga**、**Cu-Al-Ni**、**Ni-Fe-Ga**、**Fe-Ni-Co-Al** は形状記憶合金である。【☞前節】**Co** 酸化物は熱電変換材になる。

なお、これまで酸化物の話をしてきたので、ここでも少々。酸化コバルトは3変態ある。酸化コバルト(II) **CoO** はコバルトブルー色で陶磁器の接着剤。酸化コバルト(III) **Co_2O_3** は天然には殆ど存在しない。四酸化三コバルト **Co_3O_4** は黒色。一方酸化ニッケルは、他に酸化ニッケル(III)等の変態が言われているが、酸化ニッケル(II) **NiO** のみが確認されている。鮮やかな緑色で、ガラス陶磁器の着色剤になる。いずれも色が特徴である。

Pb と Sb と Bi と Cd と Ba

＜要 点＞

Cd、Sb、Ba、Pb、Bi 等は、低融点金属で構造材料には向かない。多くは毒性を示すが、Bi や Ba は医薬活用される。
Pb は、重く放射線遮蔽に適し、軟らかく鋳造も容易で、耐食材料にもなる。Cd は Zn と、Ba は Ca と似る。

＜基 本＞

前述の通り、カドミウム cadmium $_{48}$**Cd**、アンチモン antimony $_{51}$**Sb**、バリウム barium $_{56}$**Ba**、鉛 lead $_{82}$**Pb** 及びビスマス bismuth $_{83}$**Bi** 等は、**Zn** や **Sn** と同様に非常に軟らかい低融点金属である。加工硬化せずクリープが起りやすいので、構造材料としての利用には不向きである。**Pb** 等の重い元素や、**Cd** や **Ba** のように生体内蓄積性がある元素や、**As** や **Sb** の様な **N** 族元素は生物に対して毒性を示すことが多く、ここで説明する **Bi** 以外の 4 元素は毒である。一方、**Bi** は医薬活用されており、**Ba** も医薬活用される化合物が一つだけある。

● Pb

Pb は密度 11.34g/cm^3 と重く、それ故に放射線遮蔽に適している。融点が 327.5℃と低く、軟らかい上に、精錬が容易であるので、自然銅及び自然金に次いで古くから人類が使用してきた。鋳造も容易で、BC 3000 年頃エジプトで釣りの重りや装飾品等に使われていた様である。ローマ時代には水道管に、1400 年頃には印刷用の活字に使われ、日本では 1500 年頃には弾丸用材料だった。本来銀青色だが､錆びやすいので表面は灰色掛かって見えることが多い。それ故、土星 Saturn を象徴する金属で、老齢や暗黒も意味することがある。酸化被膜は比較的丈夫で酸化が奥に進行し難いので、耐食材料にもなる。また、擦ると字が書けるので文字を書く道具にもなった【☞ 1.2 節】。現在では、70％は蓄電池の電極板として用いられる。**Pb** に **Sb**、**Cu**、**Sn**、**Ca** 等を添加し強度を向上させて用いる場合もある。3 ～ 10％の **Sb** を含有する合金を、硬鉛 hard lead と称する。また、**Pb-Sn** は半田（はんだ）、**+Bi-Cd** はヒューズ材である。生物内に蓄積

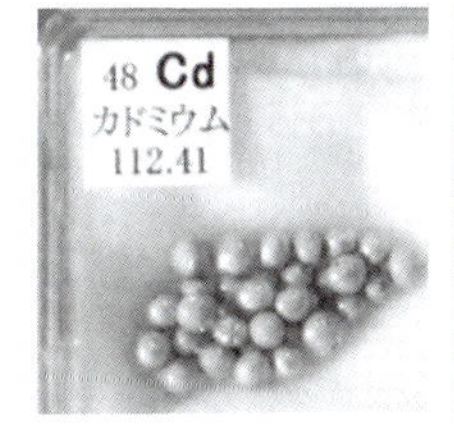

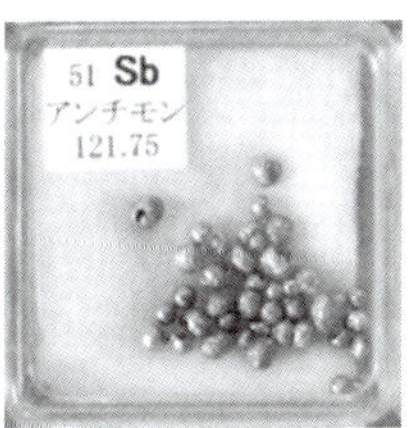

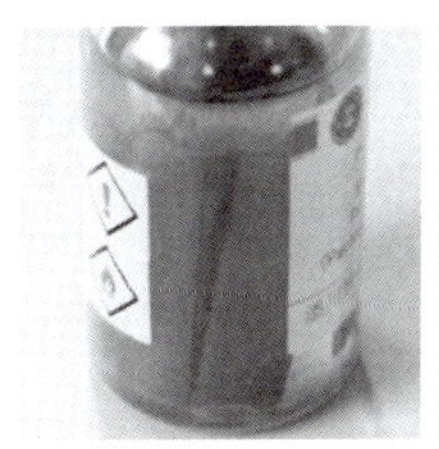

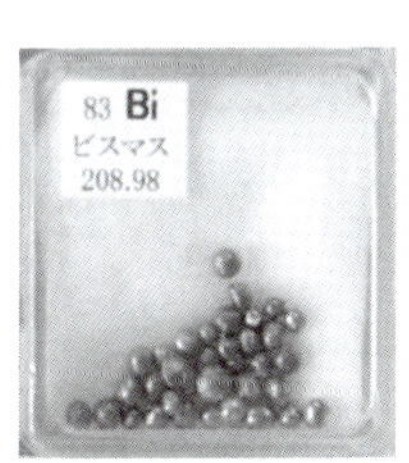

図 7-5　**Cd**、**Sb**、**Ba**（石油中に保管）、**Pb** 及び **Bi**

される毒性元素であり、近年環境問題もあり脱**Pb**傾向にある。ちなみに、ベートーヴェンの難聴は、ワインに甘みを加えるために鉛酸化物を過剰摂取していたことが原因と言われている。

● Sb と Bi と Cd と Ba

Sbは、古くから化粧顔料材料として用いられてきたものの、毒性の疑いがあるが詳細は不明。以前は工業材料として様々な場面で用いられてきたが、他の元素との代替が進められている。

Biは蒼鉛とも称され、元素において珍しく毒性が小さい。塩化酸化ビスマス(Ⅲ) bismuth chloride oxide **BiClO**は化粧品材料であり、パール塗料材料でもある。次硝酸ビスマス bismuth subnitrate $Bi_5O(OH)_9(NO_3)_4$、炭酸酸化ビスマス(Ⅲ) bismuth subcarbonate $Bi_2(CO_3)O_2 \cdot 0.5H_2O$ 等は全て整腸剤であり、下痢等に効能がある。

$_{48}Cd$ は**Zn**と似た化学的特性を持ち、人体内の**Zn**含有酵素の機能を阻害する。**Cd**は、骨格関節を弱めるいわゆるイタイイタイ病の原因であり、肺気腫、腎障害、蛋白尿あるいは癌等も引き起こす。工業的には顔料や電池の材料であるが、他の元素との代替が進められている。

$_{56}Ba$ は**Ca**と似た化学的特性を持ち、人体内の神経系における**Ca**チャンネルを阻害する。**Ba**は少量で筋興奮薬として作用し、多量で不整脈、震え、筋力低下、不安、呼吸困難、麻痺等の原因となる。炭酸バリウム barium carbonate $BaCO_3$ は殺鼠剤。一方、硫酸バリウム barium sulfate $BaSO_4$ は水溶せず安定しているので、造影剤、電気電子部品及び顔料の材料として用いられる。ただし、硫酸バリウムが完全に無害であるという認識に対する疑問の声もある。

＜発 展＞

●金属の毒性

金属は人体内に在り、様々な機能を果たしている。必要な金属は人間の必需材料【☞第10章】として認知されており、金属は即毒ではない。摂取し過ぎて体内の金属バランスが崩れると、金属は毒になる。

例えば、酵素を構成する金属が他の金属と化合または置換された場合には、その酵素は本来の機能を失い結果的に人体に対して不利益な状況となる。**Cd**は**Zn**と、**Ba**は**Ca**と置換され得る。**Fe**の節で前述した通り一酸化炭素は金属ではないが、ヘモグロビン(酵素ではない)の酸素と置換されることにより、酸素輸送機能を果たせなくなる。また**Pb**、**Cd**、**Hg**等は蛋白質を構成する**S**と結合する。

ところで、人間が体調不全になるのは金属バランスが崩れた時ばかりではない。寝過ぎ、睡眠不足、食べ過ぎ、飢え、怒り過ぎ、怖がり過ぎ、勉強し過ぎ……（おっと！）、過ぎたるは及ばざるが如し。昔の人は良い格言を残してくれた。諸君は、遊ぶ時間と勉強する時間の両方とも足りているかな？

●追伸～人間とは？

こんな毒性の強い元素も、様々な機能の合金を作り得る。例えば、**Ag-Cd**、**Au-Cd**は形状記憶合金である。また**Ba**や**Cu**の酸化物は高温超伝導体である。**CdS**は半導体である。

人間にとって毒であるということを少々考えてみたい。過剰摂取につき毒になる訳である。したがって、充分注意して節度ある使い方をすれば害を与えない。疲れた体には糖分が必要だが、摂取し過ぎると肥満になる。文明の利器であるTVは見過ぎると目を痛め、イヤフォンは使い過ぎると難聴になる【☞第11章】。自動車は便利だが、交通事故死者数は一時16,000人/年と飛行機より危ない乗り物だった。原子力をクリーンエネルギー源に利用するも、破滅の核兵器に変えるも、全ては人間の考え次第である。こう考えると、何が毒、何が邪魔、何が間違い等と画一的に考えること自体が誤りであることに気付くだろう。

材料の奥深さと広がりを、是非イメージしてもらいたい。

7.5節 その他の元素

<要 点>

Au は装飾品や電気電子材料として抜群、Pt は触媒や抗癌剤等様々な用途で用いられ、Ag は電気や熱を最も通し、Hg は常温常圧で液体である。

<基 本>

最後に、その他の金属をざっと整理してみる。金 gold $_{79}$**Au** と銀 silver $_{47}$**Ag** については、銅 copper **Cu** との比較を思い出してもらいたい【☞第 6.4 節】。

$_{79}$**Au** は軟らかく展伸性に優れ、1g で数 m^2 という非常に薄い箔を作れる。反応性は極めて小さく腐食はほとんど起こらないが、他方他の金属と溶けやすく合金を作りやすい。単体金として採取できるので、隕鉄同様に古くから用いられてきた。日本最古の金製品は、福島県志賀島で発見された、「漢委奴国王」印である。構造物には余り適さないが、装飾品や電気電子材料としては抜群である。金は美しい黄金色光沢を示すが、**Au-Cu** 合金は赤色系、**Au-Fe** 合金は緑色系、**Au-Al** 合金は紫系、**Au-Pt**、**Au-Pd** 合金、**Au-Ni** 合金は白色系、**Au-Bi-Ag** 合金は黒色系と、合金により色を豊かに変化させる。純金は軟らか過ぎるので、通常は若干 **Ag** や **Cu** を混ぜて金と称して使用している。100% を 24 として、18 金が標準的な **Au** 含有率になっている。

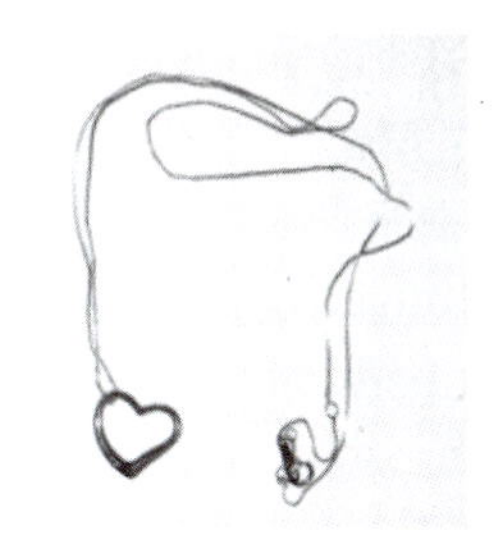

図 7-6　**Au** のネックレス(18 金)

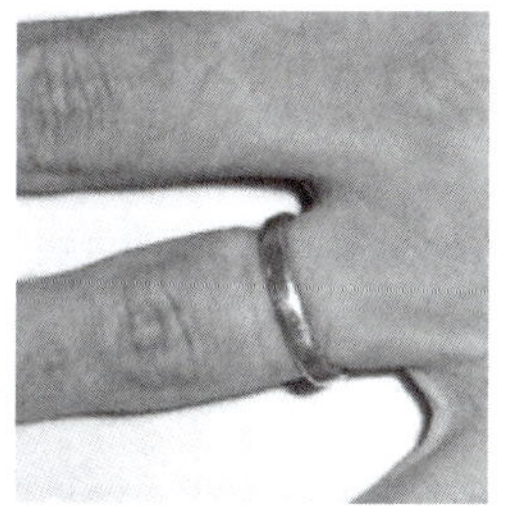

図 7-7　**Au** と **Pt** の表面をした指輪

錬金術はかつてから人類の憧れだった。そして昭和の後半には、加速器で $^{78}_{195}$**Pt** に陽子と中性子を一つずつ(即ち重水素 deuterium $^{1}_{2}$**H**)打ち込めば $^{79}_{197}$**Au** になるという冗談も出た。これは実は成立しない。なぜならば、**Au** より **Pt** の方が高価だからである。

Pt は **Au-Ni** 合金等の白色金 white gold とは異なるので注意が必要である。**Au** 同様に腐食しないので、同様に古くから使われてきた。**Au** のように黄金色を呈しないことで、**Au** と運命を分けた。即ち貴金属として早くから装飾品や硬貨等に用いられてきた **Au** とは異なり、むしろ電極、点火プラグ、熱電対等のセンサー、坩堝(るつぼ)、度量衡の原器等の実用的な利用をされてきている。特に排気ガスの浄化触媒としては有用であり、自動車の排気系に取り付けられている。また、化学的には水素化反応の触媒や、燃料電池の触媒材料である。白金懐炉(かいろ)という商品が昔あったが、発熱材料でもある。**Pt-Mg** は巨大磁気抵抗効果を有し磁気記録ヘッドに用いられており、**Pt-Fe** や **Pt-Co** は非常に強い結晶磁気異方性を示す。cis- ジクロロジアンミン白金 **cis-[Pt(NH3)$_2$Cl$_2$]** は、実用化された抗癌剤である。

$_{47}$**Ag** は **Au** や **Pt** よりは腐食され、毒の早期発見ができる装飾金属材料として食器に用いられてきた。一方、バクテリア等に強い殺菌作用を示すので、銀化合物が抗菌材料として用いられる例も多い。写真の感光剤や、齲歯(うし)の治療用合金としても有名。前述の通り、熱と電気を最も良く通す金属である。

水銀 mercury $_{80}$**Hg** は、常温常圧で唯一液体の金属元素で有毒である。体温計や血圧計は従来水銀を用いており、ディジタル計測器より熟練者が測定すると正確だが、落とす等して割れるとガラスと共に **Hg** が小飛散するのが欠点。ただし表面張力が大きく球状にまとまるので、注意して扱えば毒性に触れることを回避できる。各種金属と合金(アマルガム)を作りやすい。

$_{92}$**U** あるいは $_{94}$**Pu** は最も重い天然元素であり、$_{118}$**Uuo** は最も重い人工元素である。

他のレアアースもいくつかざっと紹介しよう。マンガン manganese $_{25}$**Mn**、モリブデン molybdenum $_{42}$**Mo**、ニオブ niobium $_{41}$**Nb** は、**Ti** 同様に **Fe** に添加することで高張力化できる。また、タングステン tungsten $_{74}$**W** 合金は超硬工具材料である。ネオジウム neodymium $_{60}$**Nd** は鋼に添加すると強磁性化でき、インジウム indium $_{49}$**In** は液晶の透明電極に使われる。

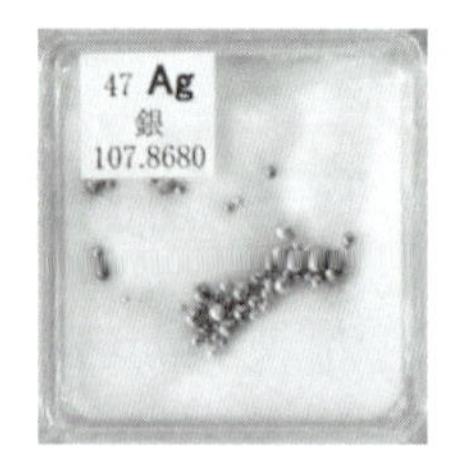

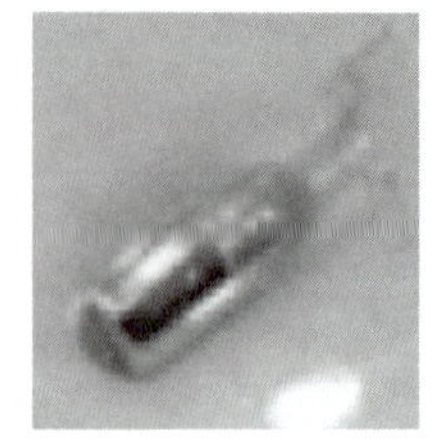

図 7-8　**Ag** と **Hg**（体温計先端）

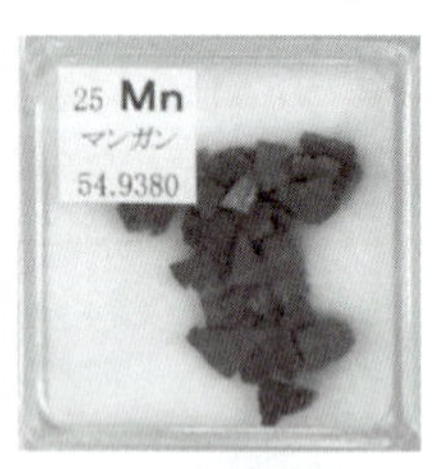

図 7-9　**Mn**、**Mo**、**Nb** 及び **W**

＜発 展＞

●鉄と関わる諸元素

製鉄現場において、実に様々な元素が鉄鋼に添加される(混ざっている)。表 7-10 に示す元素周期律表において、添加される元素を着色してみた。基本五元素とは、概ね全ての **Fe** 系材料に含まれる、製鉄工程で完全に除去できない 5 種類の不純物である。鉄鋼材料を買うと、その材料の成分表(ミルシート)が付いてくるが、必ずこの基本五元素の成分は表記されている。

製鉄現場では材料以外で用いられる元素も沢山ある。表 7-11 に示す元素周期律表において、使われる元素を着色してみた。**H**、**O**、**Ar** は熱処理炉等の雰囲気として用られ、コークス炉にて石炭をコークスへと変換する工程で出た **H** は燃料として活用し、高炉においては **O** は熱源となり、また製鋼工場の転炉において溶銑を脱炭する為に **O** をランスから吹きつける。溶銑や溶鋼は次の工程待ちの際に、鍋(溶銑や溶鋼を入れて置く大きなコップ)中に放置されるので、冷えないように保温材で溶銑や溶鋼の上面を覆う。その鍋や炉の壁は、1,500℃前後の溶銑や溶鋼を入れても溶け落ちないように、耐火物で覆っている。製鋼工程の仕上げで余分な **O** を除去する為に、**Al**、**Ca**、**Ti** 等の **O** と結合しやすい元素を入れる事もある。また、硬いアルミナが溶鋼中に残ると欠陥の素になるので、この発生を抑制する為に **La**、**Ce** を入れる事もある。

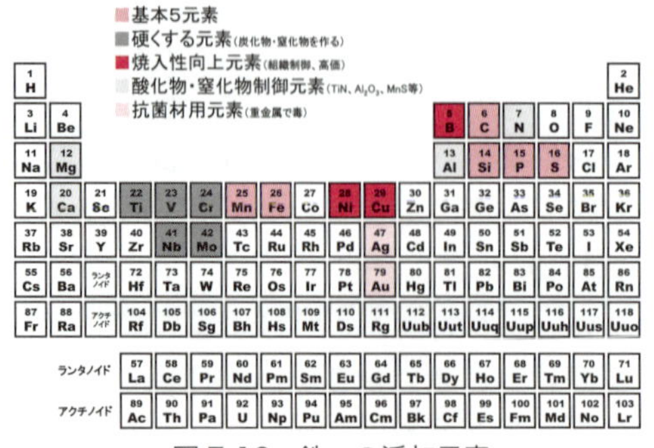

図 7-10　鉄への添加元素

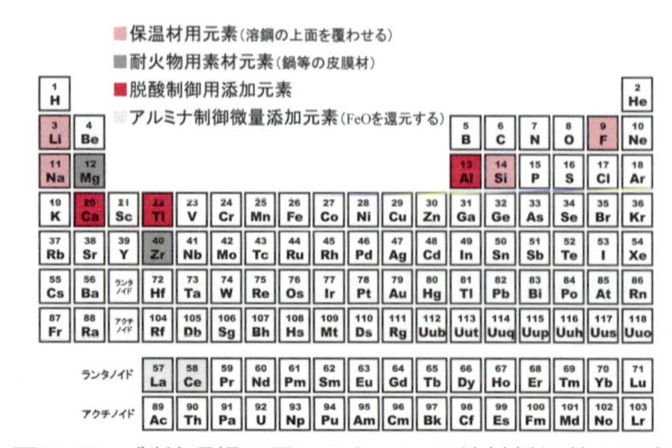

図 7-11　製鉄現場で用いられている鉄材料以外の元素

第8章 無機材料

金属以外の非生物由来の無機材料について、主な特徴や種類を確認してみよう。

Check Sheet

□ 1） 新機能を有するセラミックス名称を記しなさい。

□ 2） セラミックスの製造法の特徴を述べなさい。

□ 3） 耐熱セラミックスの例を挙げなさい。耐えられる温度は何℃か述べなさい。

□ 4） 誘電性を説明しなさい。

□ 5） 誘電セラミックスの例を挙げなさい。

□ 6） 圧電性を説明しなさい。

□ 7） 焦電性を説明しなさい。

□ 8） 圧電・焦電セラミックスの例を挙げなさい。

□ 9） 磁性セラミックスの例を挙げなさい。

□ 10） 光学セラミックスの例を挙げなさい。

□ 11） 生体セラミックスの例を挙げなさい。

□ 12） ガラスとは何か説明しなさい。

□ 13） 陶磁器とは何か説明しなさい。

□ 14） コンクリートとは何か説明しなさい。

□ 15） 燃料電池の反応式を示しなさい。

無機材料総論

<要 点>

無機材料とは、非生物由来の金属以外の材料である。多種多様な金属酸化物の中には、有用なセラミックスが多く存在する。

<基 本>

セラミックス ceramics は、狭義には金属酸化物が基本成分あるいは主成分の焼結体であり、広義には陶磁器全般を指す事が多い。一方、典型的な半導体材料のシリコンウェハ silicon wafer **Si**（金属）や、炭化物、窒化物あるいは硼化物等の無機化合物はセラミックスには含まれない。無機材料をセラミックスと同義とする場合もあるが、本書では第1章で述べた通り無機材料を生物由来の有機材料【☞第9章】の補集合とする。即ち本書では、無機材料は金属材料の他、いわゆるセラミックス（陶磁器）、様々な半導体や無機薬品等の無機化合物と、単純な化学物質全体の総称とし、本章では金属以外の無機材料を総合的に取り扱う。金属【☞第5～7章】は他の無機材料と比べると特徴的なので、別に説明する方が判りやすいだろう。

セラミックスの語源は、ギリシャ語の「粘土焼結体」である。したがって、陶磁器は間違いなくセラミックスである。成分に依って特性を調整できるので、今後様々な新しいセラミックスが登場し活躍するものと期待する。セラミックスは概して以下の特徴を有する。

1） 常温で固体。
2） 硬くて脆い。
3） 強度及び靭性が、局所的な内部欠陥に左右される。
4） 耐熱性。ただし、熱衝撃には弱い。
5） 金属より軽く（密度が低く）、有機材料より重い（密度が高い）。

セラミックスの製造法は、本質的には粉末原料を混合し均質にしてからある形にして焼結する、粉末冶金である。高温で焼くほど強度が増す傾向がある。窯を用いて加熱するので、セラミックス工業分野を窯業と称する。型を用いて押し固める一軸加圧成形（金型成形）法 pressure formin や、半液体の泥漿を流し込む泥漿鋳込み法 slip-cast 等がある。

<発 展>

●セラミックスの種類

陶磁器、ガラス、セメント、石膏等は普通のセラミックスであるとして、新機能を有するセラミックスをファインセラミックス fine ceramics と総称する。fine とは高度あるいは精密であることを意味する。

窒化珪素 **Si_3N_4**、炭化珪素 **SiC** 等は耐熱セラミックスで、1,200℃程度まで耐えられる。二酸化珪素 **SiO_2** は絶縁体 insulator としてトランジスタに用いられる他、光ファイバーの材料となる光学セラミックスでもある。アルミナ **Al_2O_3**、ジルコニア **ZrO_2**、チタニア **TiO_2**、燐酸カルシウム（燐灰石） apatite **$Ca_3(PO_4)_2$** 等は、生体セラミックスの例である。特に水酸燐灰石 hydroxylapatite **$Ca_5(PO_4)_3(OH)$**

は脊椎動物の歯や骨の主成分【☞第10章】で、生体修繕材料として利用されている。この辺りまでは普通のセラミックスだろうか。

電磁特性を持ったセラミックスは、ファインセラミックスの一例といえる。例えば、電圧入切の際に瞬間的に通電する特性は誘電性 dielectricity であり、交流を通過させ直流を絶縁するので光学素材には重要な特性である。誘電性の対義語は電気を通す導電性 conductivity で、チタン酸バリウム **$BaTiO_3$** は導電性より誘電性が優位な誘電セラミックス dielectric ceramic の一つである。また、赤外線等から受けた熱エネルギーに比例して表面に電荷 charge carrier が発生する(分極 polarization)特性を焦電性 pyroelectricity と称し、圧力を加えるとそれに比例して表面に電荷が発生する特性を圧電性 piezoelectricity と称する。電界を与えると変形する特性を逆圧電性 inverse-piezoelectricity と称することもある。強い誘電性を持つ強誘電体 ferroelectrics 材料は焦電性も有し、焦電性を持つ焦電体 pyroelectrics 材料は圧電性も有する。即ち、圧電性を有する圧電体 piezoelectrics の内電界がなくても熱エネルギー等で分極する材料が焦電体であり、焦電体の内電界で分極方向を反転できる材料が強誘電体である。チタン酸ジルコン酸鉛 **$Pb(TiZr)O_3$** は、圧電焦電セラミックスの一つである。また、チタン酸カルシウム **$CaTiO_3$** 系、酸化マンガン酸化ニッケル **MnO-NiO** 等は磁性セラミックスである。なお、圧電体は誘電体である。そこで誘電体を絶縁体の一種と見なして図 8-1 の分類マップを得る。圧電体でない誘電体を常誘電体と呼ぶ。また、半導体は不純物を混入しない真性半導体と、価数のより高い不純物を混入し自由電子に電荷を運ばせる n 型半導体(例えば 4 価の **Si** に 5 価の燐 **P** を混入)ならびに価数のより低い不純物を混入し正孔に電荷を運ばせる p 型半導体(例えば 4 価の **Si** に 3 価の硼素 **B** を混入)に分類できる

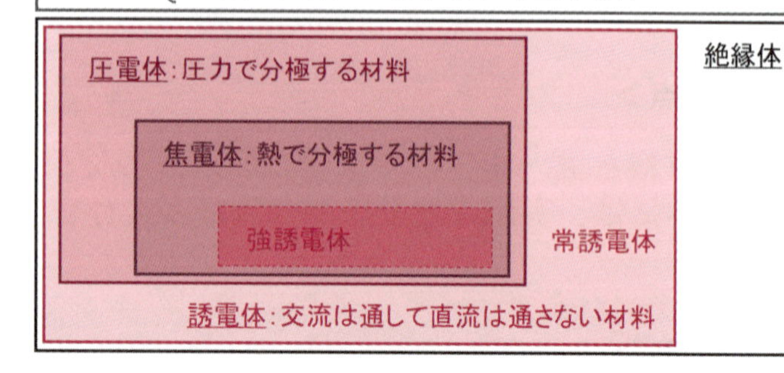

図 8-1　電気的機能を有する材料の分類マップ

表 8-1　金属とセラミックスの特性比較

評価項目	金属	セラミックス	備考
耐熱性[℃]	1100	1300	融点
耐食性	×	○	
靭性[$MN/m^{1.5}$]	210：炭素鋼	5.3：**Si_3N_4**	
	93：焼鈍鋼	4.5：**SiC**	
	34：**Al**合金	5.0：H.P.**Al_2O_3**	hot pressed
脆性起点[mm]	10～100	0.1～0.2	予亀裂先端窪みから
破断歪[%]	5以上	0.2	
ワイブル係数	20以上	5～20	大：強度バラツキ小
硬度[kgf/mm^2]	100～300	2000	
疲労機構	塑性変形	亀裂の成長	
耐衝撃性[J/cm]	10	0.01	
耐熱衝撃性	○	×	
設計実績	多	少	

多孔質で高機能なセラミックスもある。これは形状が FINE であり、孔が吸水等の機能を担う。軽量、高強度、高弾性及び耐熱性な炭素繊維強化炭素 **C-C** composite は、航空宇宙工学分野等で適用が進んでいる。紫外線を受けて有害物を分解する酵素を出すセラミックスも開発されている。

●金属酸化物

分子内の原子が電子を引き寄せる強さを電気陰性度 electronegativity と称する。**He**、**Ne**、**Ar** 等の単原子分子を構成する元素以外で最も電気陰性度が強いのは弗素 fluorine **F** であり、次いで強いのは酸素 oxygen **O** である。電気陰性度が強いと、自分より電気陰性度が弱い元素と化合してその元素から電子を奪う(酸化 oxidation させる)性質がある。即ち、**F** はガラスや白金さえも侵す猛毒であり、**He** と **Ne** 以外のほとんどの元素は弗化される。即ち弗素は単体ではほとんど存在し得ず、弗素化合物で観察される。**O** も同様であるが、酸化数は -2 で、**F** より穏やかであると共に、**F** より 10,000 倍以上も多く地球上(太陽系)に存在する。したがって酸化や酸化物と言った場合には **F** との化合や弗素化合物ではなく、**O** の化合や酸素化合物(いわゆる酸化物 oxide)を通常意味する。

言い直すと、酸化物は **O** と電気陰性度がより小さい元素との化合物である。**O** は **He**、**Ne**、**Ar** 等を除くほとんど全ての元素と結合する。希ガスの **Xe** ですら酸化し、三酸化キセノン XeO_3 となる。勿論、**O** は金属元素とも容易に化合する。**Fe**、**Al**、**Cu** 等はしたがって、地表においてはそれぞれの酸化物である鉄鉱石、ボーキサイト、銅鉱石として発掘される【☞第 5 章、第 6 章】。一部の金属と珪素 **Si** の酸化物等はセラミックスの一種である。

酸化物は、H^+ を与える酸または H^+ を受け取る塩基になる。酸 acid にのみなり得る酸化物を酸性酸化物 acidic oxide、塩基 base にのみなり得る酸化物を塩基性酸化物 basic oxide、いずれにもなり得る酸化物を両性酸化物 amphoteric oxide、いずれにもなり得ない酸化物を中性酸化物 neutral oxide と称する。金属酸化物は塩基性酸化物に、非金属酸化物は酸性酸化物になる傾向がある。ただし、アルミナは両性酸化物である。金属酸化物の特性は絶縁体、伝導体、焦電体、誘電体、磁性体、超伝導体、熱電変換素子等多種多様である。イットリウム yttrium **Y**、バリウム barium **Ba**、**Cu** の酸化物は高温超伝導体であり、コバルト cobalt **Co** の酸化物は熱電変換材料として期待される。

●金属とセラミックス

金属酸化物【☞第 7 章発展】もセラミックスであるが、酸化(正確には **O** と化合)するだけで金属と全く異なる特徴になるのは面白い。金属酸化物は共有結合またはイオン結合であり、原子やイオンが動き難い為に塑性変形が起き難いのである。表 8-1 に、金属と一般的な物性を比較する。セラミックスは 100μm の傷が脆性破壊を引き起こす。

セラミックスの市場規模は、日本では 2007 年には 630 億円(実績)で 2015 年には 750 億円の見込みであり、北米では 2011 年には 35 億ドル(実績)で 2016 年には 44 億ドルと試算されている。大半が金属酸化物であり、全体市場の 2/3 程度が電磁気的機能セラミックスで、1/5 程度が機械的機能セラミックスである。耐熱、耐摩耗性機能セラミックスの中には、金属窒化物や金属炭化物がある。

●ファインセラミックスの研究開発の歴史

最初にセラミックスが科学技術に活用されたのは、絶縁体としての電気電子材料と考えられる。そして 20 世紀前半には大型真空管用材料として用いられ、その後セラミックスの持つ電気特性が活用され出し、半導体材料、コンデンサー等の電気電子部品材料等へと適用範囲が広がった。

耐熱材としてのセラミックスの本格的な材料研究は、1960 年代の自動車排気による大気汚染問題に端を発した。即ち、高温での高効率燃焼エンジンを実現する為の耐熱性材料研究が、アメリカでは 1971 年に、ドイツでは 1974 年に始まった。日本は少々出遅れて 1984 年に合流した。

セラミックスの歴史は長いが、反対にファインセラミックスの歴史は浅い。しかし様々な分野でセラミックスの活用が進められており、今後いろいろなセラミックスが登場し、活躍するものと期待する。

8.2節 ガラス

<要 点>

ある温度領域でガラス状態になる物質をガラスと総称する。一般にガラスというと、石英ガラスを指す。脆い。

<基 本>

液体に依っては、急冷すると融点以下になっても結晶個体とはならず液体状態(過冷却液体)を保持する。更に冷却するとある温度で急激に粘性 viscosity が大きくなり、結晶と同程度の大きな剛性 rigidity となる他、熱膨張率や比熱等の物性値も不連続的に変化する。この個体状態をガラス状態 vitreous state と称し、ガラス状態になる変化をガラス転移 glass transition と称する。ガラス状態は非晶質状態(アモルファス) amorphous【☞第2章】である。

一般的にはガラスと言うと、窓ガラス glass 等の固く透明な物質を指す。しかし化学的には、温度を上げると上記のガラス転移現象を示す非晶質個体全般をガラスと称する。ガラスの語源はオランダ語 glas であり、「グラス」という発音は現在の日本語では珪酸塩ガラス製コップを意味する。またガラス製工芸品ビードロは、ガラスを意味するポルトガル語 vidro が語源である。ガラスは非晶質固体なので、界面で光は散乱せず、分子配列の光学的方向依存性も無く、透明になる。分子配列の力学的方向依存性も無く、割れ易さについては等方材料である。更に結晶とは異なり格子がないので、先端径0の刃物になり得る。但しガラスは脆性材料(弾性や靭性に劣る)で欠けたり割れたりし易く危ないので、家庭用ではなく鋭く切断する必要のある特殊実験用刃の材料になる。常温では内部抵抗は 10^9 ～ 10^{16} Ω m 程度と絶縁体である。

いわゆるガラスは珪酸塩を主成分とする、硬く透明な珪酸(塩)ガラスである。玻璃(はり)、硝子(しょうし)等と書いたり、あるいはこれでガラスと読む。代表的な石英ガラスは、石英 quartz（二酸化珪素）SiO_2 の結晶から成る。密度は 2.2g/cm^3 程度で、添加物によっては 2.4g/cm^3 ～ 2.6 g/cm^3 程度に上がる。また珪酸塩以外のガラス状態となる物質を材料とするガラスには、アクリルガラス、カルコゲンガラス、金属ガラス、有機ガラス等がある。鉛 **Pb** を用いたフリントガラス flint glass（工学用途の **Pb** ガラス）の密度は 6.3 g/cm^3 程度である。

引張強度は約 3MPa ～ 9MPa とナイロンや木材等の有機材料と同等で、圧縮強度は約 40MPa と鋼と同等である。また、ポアソン比は約 0.23 である。脆いので、網の挿入やフィルム被膜で飛散を防止したり、または圧縮残留応力の挿入等の工夫を採る事もある。酸に強く、アルカリに弱い。破砕片(カレット Cullet)から容易にリサイクルできる。近年ガラスを構造材として用いる試みが為されている。圧縮応力優位の部位にガラスを用い、ガラスに引張応力を発生させない設計が必要である。

ガラスの歴史は古く、装飾品、食器あるいは珐瑯等に用いられてきた。現代社会においては窓、鏡、レンズ、食器の他、構造材、電子機器、光通信等の様々な生活用品や産業部品に適用されている。多くのガラスは可視光線を充分に透過し、表面が平滑で洗浄しやすく、硬く、酸等の薬品にも強いので、利用価値が高い。2002年の日本におけるガラス出荷量は、電気製品用が8,300

億円、建築用が3,900億円、生活用ガラスが3,000億円、車両用ガラスが1,700億円とのこと。

●ガラスが透明な訳

ガラスはそこそこ強く硬いので、それを光が透過するのは奇異に思えるかも知れない。光は電磁波という場の伝播現象であり、豊かな森の中を散歩する様に物が狭い隙間を通過している訳ではない。また、電磁波の進行方向変化は、電子という素粒子との衝突による。光子という素粒子は、そういう性格の物(?)である。

電磁波は、その波長と同程度以上の寸法の粒子に衝突すると強く散乱する。ガラスは珪素 **Si** 原子(直径約4.2Å……**C** 族元素は原子核の割には原子半径が大きい)と酸素 **O** 原子(直径約2.8Å)が無秩序に配列した固体(無秩序なのでこれを液体と呼ぶ人もいる。)なので、粒子の大きさは最大で4.2Å＝0.42nmと言える。可視光線の最小波長(青色限界)は360nm～400nm程度であるので、ガラスに入射した可視光線はほとんど散乱しない。因みに、最大の原子の一つであるウラン **U** の原子半径は3.7Å、錫 **Sn** の原子半径は4.3Åなので、原子レベルの配列では電磁波の散乱は無い。水分子の大きさは3Å弱【☞図3-1】なので、同様に高分子でない限り分子も散乱を引き起こさない。一方、雲粒は直径3μm～10μm程度と可視光線の最大波長(赤色限界)の760nm～830nm程度より大きく、可視光線は全て散乱し白く見える。

電磁波は、密度の異なる境界線において屈折、反射する。したがって、結晶界面で電磁波は乱反射する。ガラスは非結晶質体であり結晶界面程の密度変化を内部に持たない為、電磁波を乱反射させない。また、材料表面でも電磁波は屈折、反射する。反射の度合いは材質による。金属は表面に自由電子が居るので、どんなに薄くても光は反射する(反射率が高い)。一方ガラスの反射率は低い(透過率が高い)が、表面で屈折する。

分子の振動や回転、またはその電子の軌道等の状態(固有状態)は断続値を採り得る。現在の固有状態とその上の固有状態のエネルギー差に対応する波長の電磁波は、その物体に吸収されやすい。電磁波を吸収した物体は、様々なエネルギー放出を経て元の固有状態に戻る。即ち、物体特有の吸収しやすい波長があり、それが可視領域の場合にはその物体に色が付いて見える。(白色太陽の下では、緑色greenを吸収したら紅紫色magentaに、赤色redを吸収したら水色cyanに見える。)ガラス分子は、赤外線領域の電磁波を若干吸収し、可視領域の電磁波を吸収しない。

＜発 展＞

●ガラスの規格

ガラス板については、JISで分類規格化されている。

- **フロート板ガラスfloat glass及び磨き板ガラス(JIS R 3202)**：いわゆる普通の透明平滑ガラス板。
- **型板ガラス(JIS R 3203)**：表面に模様があるガラス。透光性があるが視線を遮れる。
- **網入ガラス・線入ガラス(JIS R 3204)**：中に金網、金属線を入れたガラス。飛散や熱脱落を防止する。
- **合わせガラス(JIS R 3205)**：ポリビニルブチラール等の透明フィルムを挟んだ二重ガラス。物の飛散や貫通を防止する。
- **強化ガラス(JIS R 3206)**：表層に圧縮応力、深層に引張応力を与えたフロート板ガラス。高強度で飛散を防止する。
- **熱線吸収板ガラス(JIS R 3208)**：**Cu**、**Ni**、**Fe**等の金属を混合した、熱線吸収能の高いガラス。
- **複層ガラス(JIS R 3209)**：空気層を挟んだ二重ガラス。断熱性に優れる。
- **熱線反射ガラス(JIS R 3221)**：表面に金属酸化物を塗布し熱線を反射するガラス。ハーフミラー。

・**磨りガラス(スリガラス)**：表面をランダムに磨いたガラス。視界を遮れる。
・**レンズガラス**：視界を遮れる。

●ガラス製造の歴史

ガラスの主原料の **O** や **Si** は、地表に多く含まれる。石器時代に、噴火で流れた溶岩が凝固した火山岩の黒曜石 obsidian を石包丁や矢尻として用いたのが、最初のガラス製品と言える。また、隕石衝突で天然ガラスのテクタイト tektite ができ、岩石中にもガラス質の組織が存在することもある。

BC 4000 年にはエジプトやメソポタミアで融点 2,230℃の SiO_2 の表面を融かしてビーズを作っていたが、BC 2000 年頃に植物灰中に含まれる炭酸カリウム Potassium carbonate K_2CO_3 や天然炭酸ナトリウム(ソーダ) sodium carbonateNa_2CO_3 を混ぜると SiO_2 の融点が 1,200℃程度まで下がることが発見され、ガラス製造が鋳造に変わった。昔のガラスは主として K_2CO_3 を用いたカリガラスで、産業革命以降の多くのガラスは、Na_2CO_3 を用いたソーダ(石灰)ガラス soda (-lime) glass となった。

BC 1550 年頃にはエジプトで粘土型を用いたガラス製造法(コア法)が実用化され、その技術が西アジアに広がった。BC 4 世紀～ BC 1 世紀のエジプトにおいて、ガラスはヘレニズム文化の一端を担っていた。当時のガラス原料は珪砂、珪石、ソーダ灰、石灰等であり、金属不純物や空孔も多々含まれ色付きや不透明なガラスが多かった。また熱源の木材を求めてガラス製造場所が転々としていた様である。一方、中国では、BC 11 世紀には **Pb** ガラス等の無色透明なガラスができていた。それが BC 3 世紀～ 3 世紀頃に日本に伝承されたと言われている。

BC 1 世紀以降になると、中東や中国等でガラス製造技術が進んだ。BC 1 世紀に、エジプトのアレクサンドリアで当時のガラス大量生産法(宙吹き)が開発され、食器や保存器がガラス製になった。また 5 世紀には、シリアで板ガラス製造法(クラウン法の原形)が開発された。

8 世紀にはイスラム地域でガラスへの彩色が始まり、ステンドグラス stained glass が製造され始めた。西ヨーロッパでも 12 世紀には、教会のゴシックグラス(中世ヨーロッパのゴシック建築様式で使われたステンドグラス)が作られるようになった。そして 13 世紀には不純物を除去した無色透明なガラスが製造され、15 世紀には酸化鉛 **PbO** と酸化マンガン **MnO** の添加により屈折率の高いクリスタルガラスが製造された。16 世紀にはガラス製造技術はヨーロッパに広がった。

1670 年代には、ヨーロッパ各地で無色透明なガラスの製造法が確立し、教会のバロックガラスや食器のロココガラス等の装飾豊かなガラス製品が作られていた。ヨーロッパのガラス製造技術は、日本にも伝わり、江戸切子(カットグラス工芸細工)が作られた。1856 年には、1,600℃の温度を用いてガラスを大量に溶融する製造法(ジーメンス法)が確立し、更に 2,000℃まで温度を上げられるようになり(ゾルゲール法)、1950 年イギリスのピルキントン社 Pilkington Group Limited が、大面積のフロートガラスの製造を始めた。1970 年に化学反応を利用する新しい製造法(ディスリッヒ法)が確立し、1,000℃までの加熱で充分となった。この製法は、いろいろな材料製造法に適用されている)。近年では、プラズマを用いて燃料費を抑える製造法が開発されている。

(a) 概観

(b) ゴシック様式のステンドグラス

図 8-2 ストラスブール大聖堂(wikipedia より引用)

陶磁器

＜要 点＞

土や石を原料とする無機材料は陶磁器である。いずれも金属酸化物が成分の一部になっており、焼き固める。

＜基 本＞

土石細粉を練り固めた焼き物を、陶磁器 pottery and porcelain と総称する。陶器は土由来、磁器は石由来のセラミックスである。畿内より東では瀬戸物、中国や四国より西では唐津物とも呼ばれる。岐阜県土岐市が生産量日本一である。

土 soil と石 rock は同類と言って差し支えないだろう。地球創成の際に、宇宙塵 cosmic dust は遠心分離され重い元素は核に、軽い元素は地表に移動しながら、マントル循環、噴火、海や雨の侵食、そして各種生物の生命活動の結果、様々な元素が地球全体に散りばめられた。最初の岩は火成岩 igneous rock であり、これが熱や地圧等で変質して変成岩 metamorphic rock ができ、またこれらが風化 weathering して風化岩 weathered rock ができ、侵食や更なる風化で残留土 residual soil や堆積物ができ、これが押し固められ堆積岩 sedimentary rock となる。堆積岩は変質して変成岩に戻る。この様に、土と岩に関する一種の循環ループができ上がる。土は一般的には地表付近の固結していない地層(表層 surface layer)に存在する、残留土や体積物を中心とする物であり、土質工学で取り扱う。一方、岩は地表以下の地盤を成す地層や表層に現れた地盤の一部(基盤 bedrock)であり、岩盤工学で取り扱う。近年この境界線が曖昧になりつつあり、これらの主成分が本質的には同一であることからも、土と石の分類には明確な観点が必要と言える。

さて磁器は、石英等のガラス成分を多く含む岩石の粉を粘土状にした材料を 1,400℃程度で焼いて作る。ある意味ガラスに近く、光を透過し、水を通さず、指で弾くとピンピン澄んだ音がする。高温で焼くほど透明感のある白色を呈する。石英等の代わりに酸化アルミニウム aluminium oxide $\mathbf{Al_2O_3}$ を成分とすると、透明感は無くなるが強度は上がる。

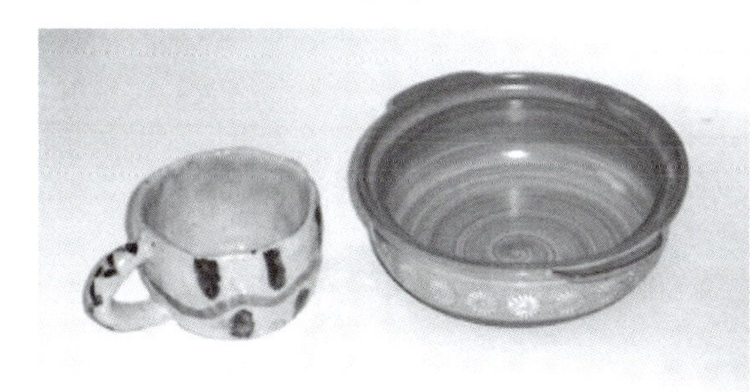

図 8-3　陶器の例

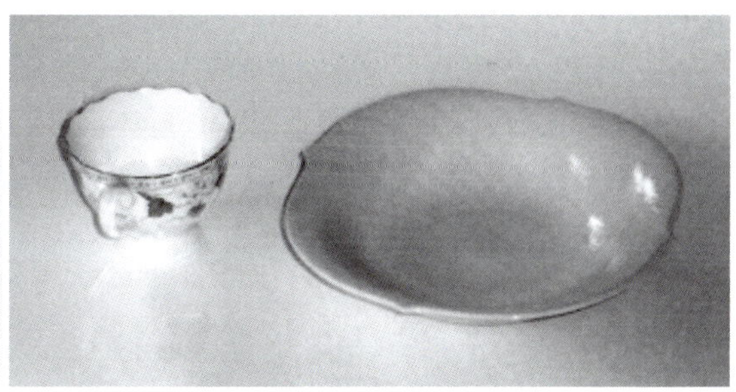

図 8-4　磁器の例

一方陶器は、天然粘土を調質して1,250℃程度で焼いて作る。主成分は、珪酸塩鉱物の内粘土を構成する粘土鉱物 clay mineral である、カオリナイト（高陵石、カオリン石）kaolinite **$Al_4Si_4O_{10}(OH)_8$** やモンモリロナイト（モンモリロン石）montmorillonite またはモンモリロナイト **$(Na,Ca)_{0.33}(Al,Mg)_2Si_4O_{10}(OH)_2 \cdot nH_2O$** である。光を通さず、水を通す。ただし、陶器の湯飲み等は、使用初めに染み出した水が目詰まりを起こしてやがて水通さなくなる。指で弾くとポコポコ鈍い音がする。釉薬を塗らない天然粘土を窯を使わず700～900℃で野焼きして作った物が、土器である。

なお、同じ厚さの陶器と磁器を衝突させると、陶器が割れる。

＜発 展＞

●土と植物

土には地球を構成する元素がほとんど全て含まれる。土に多く含まれる元素は **H**、**C**、**N**、**O** の他に、珪素 **Si**、アルミニウム **Al**、鉄 **Fe**、カルシウム **Ca**、カリウム **K**、ナトリウム **Na**、マグネシウム **Mg** 等であり、大抵の場合酸化物として観察される。これら7元素にマンガン **Mn**、燐 **P**、硫黄 **S**、チタン **Ti** を加えた11元素を、土壌の主成分元素と称する。表8-2及び表8-3に、参考まで植物の構成元素と比較しながら、土壌を構成する元素を一覧する。植物には **N**、**P**、**K** が必要だが、土壌中含有率は少ないので肥料で与えると良い。

表8-2　主要含有各元素の植物中及び土壌中含有率 [%]

元素	H	C	N	O	Na	Mg	P	S	K	Ca
植物中	5.5	45.4	3.0	41.0	0.12	0.32	0.23	0.34	1.4	1.8
土壌中	−	2.0	0.10	49.0	0.63	0.50	0.065	0.007	1.40	1.37

表8-3　微量含有各元素の植物中及び土壌中含有量 [mg/kg]

元素	B	Al	Si	Ti	V	Mn	Fe	Ni	Cu	Zn	Rb	Sr	Mo	Pb
植物中	50	550	220	1.0	1.6	630	140	2.7	14	160	20	26	0.9	2.7
土壌中	10	71000	330000	5000	100	850	38000	40	20	50	100	300	2	10

●陶磁器の分類

陶磁器には焼き方、用途あるいは生産地等により「●●焼」という名称が、50種類以上も存在する。土が違う他、釉薬（上薬）の有無や焼成温度もそれぞれで異る。一例を挙げると、益子焼（栃木県）、九谷焼（石川県）、越前焼（福井県）、美濃焼（岐阜県）、瀬戸焼（愛知県）、常滑焼（愛知県）、伊賀焼（三重県）、信楽焼（滋賀県）、清水焼（京都府）、備前焼（岡山県）、萩焼（山口県）、大谷焼（徳島県）、唐津焼（佐賀県）、伊万里焼（佐賀県）等がある。生産各地ではそこの土壌を活用しており、それがそれぞれの陶磁器の特徴にもつながっている。例えば、古琵琶湖層の土を使う伊賀焼きは、土鍋に非常に適合するとのことである。

外国では陶磁器を土由来の土器 earthenware と石由来の炻器（せっき）stoneware に大きく分類し、炻器の中で半透明な物を磁器として区別しているようである。土器は日本の陶器にほぼ完全に対応する。また、炻器は陶器と磁器の中間的なセラミックスで、日本では半磁器や焼締めとも呼ばれる。一般的には施釉（せゆう）や絵付けはせずに浮彫りや貼花（レリーフ）等をして、1,100～1,250℃の堅牢で焼き耐水性を与える。素朴な地肌がよく似合う。

コンクリートとセメント

＜要 点＞

型枠に砂、砂利、水等を流し込みセメントで固めた無機材料。様々な成分調整が可能。

＜基 本＞

建築物、上下水道管やマンホール、橋梁や鉄道の枕木等には、コンクリート concrete（混凝土）が使われている。コンクリートは砂、砂利、水等をセメント cement で凝固させた無機材料である。また、セメントは水や液剤と水和や重合して硬化する粉体であり、広義にはアスファルト、膠、樹脂、石膏、石灰等や、これらを組み合わせた接着剤全般を指す。

アスファルトや樹脂は有機材料なので【☞第９章】、本章では狭義の水硬化性セメントを取り扱う。

古代エジプトのピラミッドには、気硬性セメント（モルタル）が使われていた。古代ギリシアや古代ローマのパルテノン神殿、カラカラ浴場あるいはローマ水道には凝灰岩粉を添加した水硬性セメントが使われてきた。その後、水溶性セメントを海洋構造物やレンガ構造物等に用いるべく硬化時間を短くする努力が為され、粘土質の石灰石を推定 1,000℃～1,100℃で焼成した粉砕粉と砂を混ぜたローマンセメントが 1796 年に特許を取得した。1800 年代前半には石灰と粘土を混合し焼成した人工セメントが開発され、1840 年に今日のポルトランドセメント portland cement が完成した。日本では幕末にフランス製のセメントが輸入され、1875 年（明治８年）に東京深川の官営会社で生産が始まった。なお、天然セメントも人工セメントも、強度はビーライト Ca_2SiO_4 の含有率に依存し、強度は時間と共に徐々に増大する。

コンクリートは、予め設定した型枠の中に固化前の生コンクリート fresh concrete を流し込み（打ち込み）、固めて敷設する。即ち、コンクリート製造では最終工程の完了と同時に製品あるいはその主たる部分が完成する。コンクリートは形状フリーで、複雑な形状の構造物の材料として適している。古代ローマのパルテノン神殿は鉄筋を伴わない、最古の現存コンクリート建築物である。その頃の建築物が残っているということは、コンクリートの寿命が長いことを意味する。ヤング率は鋼の約 10％の約 21GPa、ポアソン比は約 0.167、引張強度は約 1.2MPa、圧縮強度は約 12MPa である。引張強度が極端に弱いので、現在では通常鉄筋と一緒に用いて鉄筋コンクリート reinforced concrete, RC（複合材料）を成す。コンクリートの材料はセメントの他骨材と水及び化学混和剤であり、これらを使用現場に適合するように配合する。配合率（示方）を設計者が指示することもある。一方、添加物により強度や電気伝導性が改善されることが古来知られており、その研究も行われている。

配合は、生コン工場または現場で行われる。生コン工場で配合された生コンクリートを ready mixed concrete と称し、トラックミキサーで現場まで搬送する。

＜発 展＞

●セメントの種類と危険性

セメントは、ポルトランドセメント、それに混合材料を添加した混合セメント、及び特殊セメントに分類できる。

- **ポルトランドセメント**：酸化カルシウム CaO、二酸化珪素 SiO_2、酸化アルミニウム Al_2O_3、酸化鉄 Fe_2O_3 を主原料とする、最も一般的なセメント。原料比を調整し、用途に相応しい特性を得る。
- **混合セメント**：製鉄所の高炉から生成する副産物のスラグの微粉末を混ぜた高炉セメント(JIS R 5211)は、海水や化学物質に対して強い。二酸化珪素(シリカ)を60%以上混ぜたシリカセメント(JIS R 5212)は、耐薬品性があるが現在ではほとんど生産されていない。火力発電所の副産物の石炭焼却灰(フライアッシュ)を混ぜたフライアッシュセメント(JIS R 5213)は、流動性が良く、水密性がある。
- **特殊セメント**：例えば、強度、耐火性、耐酸性を有するボーキサイトと石灰石から作るアルミナセメント等がある。

なお、原料粉は10μm程度と小さいので、粉塵に注意する必要がある。また天然セメントは微量ながら六価クロムを含有する。原料粉中の水酸化カルシウムは水溶するとアルカリ性になるので、硬化前のセメントは皮膚を痛める危険性がある。

●コンクリート舗装

道路をコンクリートで舗装する際は、セメントコンクリートを用いる。通常掛かる荷重により撓(たわ)み引張応力が発生するので、引っ張りに弱い弱点を補って鉄筋を挿入することが多い。アスファルトに比べ工期は長いが、撓みや摩耗に対して優れ、耐久性も良い。高速道路や臨港地帯のように重車両が頻繁に通行する道や、トンネル内や急傾斜のように舗装補修を行い難い道には、コンクリート舗装が適している。また狭い場所には、コンクリートブロックを置いて簡易的に舗装できる。

以前はアスファルト舗装の方が施工コストが安めだった(現在は平舗装で260万円/1,000m^2前後)ので、現在の日本の95%の道路がアスファルト舗装である。しかし原油価格が上昇した今では施工コストの優劣は一概にはいえず、またメンテナンスを考え、例えば2012年開通の新東名高速道路では70%がコンクリート舗装になった(例えば2車線道路巾10m路肩側溝付で8,000円/m^2)。コンクリート舗装は電車のレールと同様に継ぎ目の振動や騒音が問題だったが、継ぎ目を減らして施工する技術も開発された。

8.5節 無機化学薬品

＜要 点＞

ソーダ（Na 化合物）を始め、様々な薬品がある。燃料電池等の電池原料もこれである。

＜基 本＞

工業薬品、水処理薬品あるいは分析試薬等は、**C** を主体として作られているいわゆる処方薬とは異なり、無機化学薬品 inorganic chemical である。鉄鋼業、製紙業あるいは化学工業等の基盤産業にも、医薬工業や電気工業等の応用産業にも、多種多様の無機化学薬品が基礎材料として用いられている。無機化合物の多くを無機化学薬品として利用しているとも言える。

無機化学薬品には、例えば曹達 soda 製品、硫酸 sulfuric acid H_2SO_4、アルミニウム化合物、アンモニア ammonia NH_3 化合物、カリウム化合物等がある。

曹達は通常、ソーダと呼ぶ。化学的には **Na** 化合物の総称だが、炭酸水や炭酸飲料を総称することもある。炭酸飲料には、炭酸水に糖分等を添加しただけの無色透明なサイダーもあれば、乳酸飲料、果汁飲料、またはアルコールと炭酸を混合したソーダ等もある。日本では 1853 年にペリーが胃薬としてラムネを紹介し、1868 年にノースレー [英] がサイダーを横浜で製造販売し始めた。サイダー cider はそもそも欧米ではリンゴ果汁やリンゴ酒を指し、またラムネは語源がレモネード lemonade であり、外国のラムネと日本のサイダーがむしろ同じ物である。クエン酸 citric acid、重曹、水、砂糖を原料にして、家庭でも炭酸水は簡単に作れる。

工業的に一番重要な曹達は、炭酸ナトリウム sodium carbonate Na_2CO_3 である。ソーダ灰、精製ソーダ、洗濯ソーダ等とも呼ぶ。また、水酸化ナトリウム sodium hydroxide **NaOH** も有名で、炭酸ナトリウムより性質が苛烈なので苛性ソーダ caustic soda とも呼ばれる。また、**NaOH** が CO_2 二酸化炭素と反応してできる炭酸水素ナトリウム sodium hydrogen carbonate $NaHCO_3$ は、Na_2CO_3 より比重が高いので、重炭酸ナトリウム sodium bicarbonate あるいは重炭酸曹達（略して重曹）とも呼ぶ。

他の代表的な曹達は、塩素酸ソーダ sodium chlorate $NaClO_3$、亜塩素酸ソーダ sodium chlorite $NaClO_2$、次亜塩素酸ソーダ sodium hypochlorite **NaClO**、亜硫酸ソーダ sodium sulfite Na_2SO_3、硫化ソーダ sodium sulfide Na_2S 等である。また、苛性カリ caustic potash（水酸化カリウム potassium hydroxide）**KOH**、液化塩素、塩化カルシウム calcium chloride $CaCl_2$、塩酸 hydrochloric acid **HCl** 等が工業用無機化合物としてよく用いられる。また水処理あるいは水質評価には、硫酸アルミニウム aluminum sulfate $Al_2(SO_4)_3 \cdot 16H_2O$、活性炭、過酸化水素（オキシドール） hydrogen peroxide H_2O_2、塩化鉄（Ⅲ） iron （III） chloride（塩化第二鉄液 ferric chloride）$FeCl_3$、アンモニア水 ammonia NH_3+H_2O、芒硝（ほうしょう）（硫酸ナトリウム sodium sulfate） Na_2SO_4、シリカゲル silica gel $SiO_2 \cdot nH_2O$、珪酸ソーダ silicate soda Na_2SiO_3、硫酸、亜鉛化合物、クロム化合物、珪素化合物、銅化合物、チタン化合物、弗素化

合物、燐酸化合物、等が用いられる。炭酸カルシウム calcium carbonate **$CaCO_3$** 等の **Ca** 化合物、珪酸アルミニウム aluminum silicate **Al_2O_5Si** 等のアルミニウム化合物、酸化マグネシウム magnesium oxide **MgO** 等のマグネシウム化合物、炭酸リチウム lithium carbonate **Li_2CO_3** 等のリチウム化合物等もよく用いられる。

＜発 展＞

●燃料電池

化石燃料を用いた発電は大気汚染や温暖化を引き起こすと言われ、原子力発電は平成 23 年 3 月 11 日の東日本大震災でソフト的な安全性が疑問視された。一方、ここまで贅沢な生活に慣れた我々は、今更電気の無い生活には到底戻れないと思われる。他の安価でクリーンで高効率な発電方式を早急に確立できれば理想的なのだが、そんな旨い話はそうそう転がってはいないだろう。

燃料電池 fuel cell とは、補充可能な **H_2** 等の負極活物質と空気中の **O_2** 等の正極活物質を常温または高温環境で反応させて継続的に電力を取り出す発電装置である。正極剤及び負極剤を補充し続けることで、電力の供給も継続できる。反応式は式(8-1)の通りで、発電の結果生成される副産物は人畜無害な水のみである。

$$2H_2 + O_2 \rightarrow 2H_2O + 4e^- \quad \cdots\cdots (8\text{-}1)$$

発電効率は後述の通り 30 ～ 65%程度である。ちなみに 2012 年現在の工学技術の下で発電効率を比較すると、火力発電は 40 ～ 60%、水力発電は 80 ～ 90%、風力発電は 25 ～ 60%、原子力発電は 25%、太陽光発電は 10 ～ 20%程度である。ここで、発電効率は計算の仕方によりかなり大きな差が生じるので、本書では平均的な値や最小値と最大値を記載する事にした。

燃料電池は、用いる電解質の種類で大きく 4 種類に分類できる。イオン交換膜を挟む方式を固体高分子(膜)型燃料電池 polymer electrolyte (Membrane) fuel cell, PE (M) FC と総称する。実用化が最も進んでいるが、発電効率は 30 ～ 40%程度と最も悪い。燐酸 **H_3PO_4** 水溶液をセパレータに含浸させる方式を燐酸型燃料電池 phosphoric acid fuel cell, PAFC と総称する。動作温度は 200℃程度で、発電効率は 40 ～ 45%程度である。溶融した炭酸塩を電解質としてセパレータに含浸させて **H** の代わりに炭酸イオンを活用する方式を、溶融炭酸塩型燃料電池 molten carbonate fuel cell, MCFC と総称する。従来の化石燃料も燃料として用いることが可能で、発電効率は 50 ～ 65%と高い。ただし、日本での実績は無い。酸化物イオンの透過性が高いイオン伝導性セラミックスを電解質として用いる方式を、固体酸化物形燃料電池 solid oxide fuel cell, SOFC と総称する。動作温度が 1,000℃程度と高いが、エネルギー供給能力は高く燃料電池効率は 63%と高い。実証試験中である。

なお、従来型燃料電池もまとめておく。アルカリ電解液をセパレータに **H** の代わりに含浸させて水酸化物イオンを活用する方式を、アルカリ電解質型燃料電池 alkaline fuel cell, AFC と総称する。従来と同じ発電方式なので適用もそれほど広がらないと思われるが、0.50W/cm^2 の出力を達成している。また、エタノール ethanol **C_2H_5OH** 等の燃料を直接反応させる方式を、直接形燃料電池 direct fuel cell, DFC と総称する。小型軽量電池として実用が始まっている。酵素を用いて食物からエネルギーを取り出すバイオ燃料電池もあり、生体内での活用が期待されている。光合成原理を利用する電池も検討されている。

世界的には規格化も進み、燃料電池の実用化と普及が検討されている。

有機材料

生物由来の有機材料について、主な特徴や種類を確認してみよう。

Check Sheet

□ 1） 有機材料を構成する主な元素を挙げなさい。

□ 2） 成形後の再加熱時の挙動で、プラスチックスを大別しなさい。

□ 3） プラスチックスの成形方法の例を挙げなさい。

□ 4） 汎用プラスチックスの例を挙げなさい。

□ 5） エンジニアリングプラスチックスの例を挙げなさい。

□ 6） FRP を説明しなさい。また、主な FRP の例を２つ挙げなさい。

□ 7） 等方材料と異方材料を説明しなさい。

□ 8） 複合材料の製造方法の例を挙げなさい。

□ 9） 木材の特徴を述べなさい。

□ 10） ゴムの特徴を述べなさい。

□ 11） 紙の特徴を述べなさい。

□ 12） 布の特徴を述べなさい。

9.1節 有機材料総論

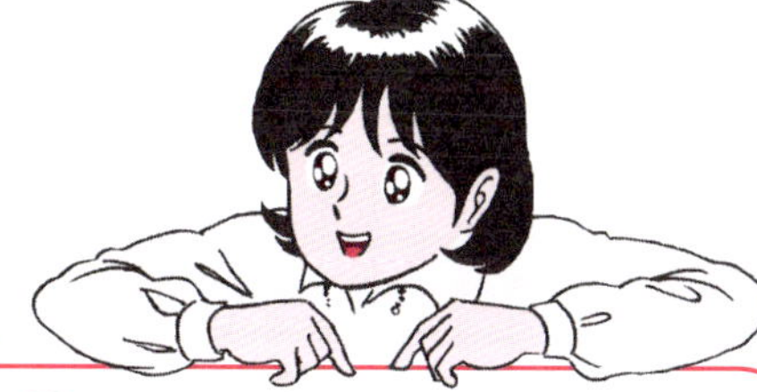

<要 点>

有機材料とは、生物由来の材料であり、結果的にCを中心に構成された高分子で高機能な材料の総称でもある。

<基 本>

Cは結合手(電子の不足数)が4であり、豊富な結合の組み合わせを採れる。ついでながら、**Si**も同じ様な性質を持っている。これらは、長鎖状にも網状にも無限に連なることができ、結果的に高分子を構成できる。有機材料とは、**C**を中心に**H**や**O**等と共に構成された、分子の各所に様々な原子や基等をつけた高分子である。**C**を構成元素として含んでいても、二酸化炭素CO_2のような単純分子や高分子であってもダイヤモンドC_nのように高機能ではない材料は、有機材料には含めない。

Cを中心とした分子の1つの代表例はメタンmethane CH_4であり、最も単純な炭化水素hydrocarbonsである。メタンの1つの**H**が取れ、結合の可能性を持った部分をメチル基methyl group $-CH_3$と称する。メチル基同士が結合すると、エタンethane C_2H_6になる。エタンの1つのHが取れ、結合の可能性を持った部分をエチル基ethyl group $-C_2H_5$と称する。エチル基とメチル基が結合すると、プロパンpropane C_3H_8になる。こうして次々と**C**を直線的に連続した(直鎖 linear)全体としてはC_nH_{2n+2}という分子を考えることができる。もちろん、枝状に**C**を連ねる構造も可能である。これらをアルカンalkane及びアルキル基と総称し、**C**の数が多いアルカンをパラフィンparaffinと称する。太陽系にはn＜100のアルカンが多く、地球においては石油中に多くのアルカンが含まれる。生物由来の脂肪油に対して、石油由来のアルカンを鉱油mineral oilと称する。アルカンは自然界に多種多様に存在するものの、生物に必須ではない。絶縁性、疎水性、親油性を有し、水より軽く、安定しているので酸やアルカリと反応し難いが、**O**と反応して燃焼する。

アルカンの一つの**H**をヒドロキシ基hydroxy group **-OH**に換えると、アルコールalcoholになる。最初にアルコールが認識されたのは、エタノールethanol（エチルアルコールethyl alcohol）C_2H_5OH、即ち酒である。アルコールにはメタノールmethanol、エタノール、プロパノールpropanol等と、**C**数に応じて種類がある。ヒドロキシ基は他の分子と水素結合を形成でき、また極性を持つ。また、弱い酸性を示し匂う。国際癌研究機関International Agency for Research on Cancerが人への発癌性が認められる物質Group 1に分類している。メタンのCH_3をアルデヒド基aldehyde group（ホルミル基formyl group）**-COH**に換えると酸化メチレンoxymethylene（ホルムアルデヒドformaldehyde）CH_2Oになる。エタンを換えると酸化エチレンに、プロパンを換えると酸化プロピレンになる。アルデヒド基を持つ炭素化合物をアルデヒドaldehydeと総称する。総じて匂いがあり、還元性である。

メタンのCH_3をカルボキシル基carboxyl group **-COOH**に換えるとメタン酸methanoic acid（蟻酸formic acid）になる。エタンを換えるとエタン酸に、プロパンを換えるとプロパ

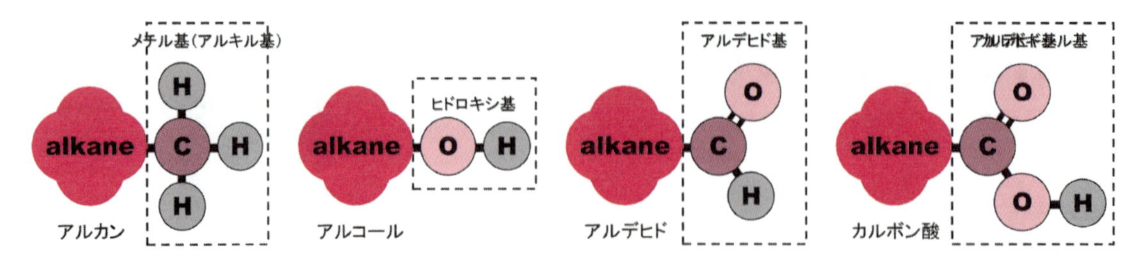

図 9-1　単純な有機化合物の構造式

ン酸になる。カルボキシル基を持つ炭素化合物をカルボン酸 carboxylic acid と総称する。生体において、**C** 数が 4 以上の直鎖カルボン酸は脂肪の成分であり、脂肪酸 fatty acid と称する。総じて匂う。多様な化学反応を示す。

以上は最も原始的な高分子化合物であり、**C**、**O** 及び **H** のみから成る炭素化合物ですら無限にあることが推察できる。また、「基」という接尾語を持つ単語は、それぞれがその基特有の特性を持つことも意味する。第 1 章で述べた通り、生物は機能 function を持った物体であり、生物を構成する材料には有機材料が多い。食物繊維を除く五大栄養素【☞第 10 章】の内、無機質を除く炭水化物、脂肪、蛋白質、ビタミンの 4 つは、いずれも有機材料である。有機材料と謳う材料の加工のルーツを探ると、結局は生物に行き着くと言える。太陽エネルギーを用いて二酸化炭素 $\mathbf{CO_2}$ と水 $\mathbf{H_2O}$ から有機材料を作る植物は、偉大である。

＜発 展＞

●化石燃料

生物の死骸が地中で変性してできた化石の内、燃料として利用できる物を化石燃料 fossil fuel と総称する。石炭 coal、石油 petroleum、天然ガス natural gas 等は従来多く使われてきた化石燃料であり、メタンハイドレート methane hydrate、シェールガス shale gas 等が今後利用されようとしている。

化石燃料はその由来により炭素化合物、窒素酸化物、硫黄酸化物等で構成され、エネルギーを取り出すための燃焼により二酸化炭素 $\mathbf{CO_2}$、窒素酸化物 $\mathbf{NO_x}$、硫黄酸化物 $\mathbf{SO_x}$ 等を生成する。

例えば石油はプールのように地層内に溜まっているのではなく、岩石組織同士の隙間やあるいは岩石結晶の内部等に点在している。この点在密度が低い場合や、あるいは分布が平面的に広がっている場合には採掘し難い。1900 年代から石油は枯渇すると言われ続けているにも関わらず未だに枯渇していないが、この理由は 2 つある。一つは油田を見つける技術が向上したこと。そうはいっても、そうそう次々に油田が新しく発見されている訳では無く、かつ油田はいつか見つけ尽くされるだろう。もう一つは石油を採掘する技術が向上したことである。1900 年代は、油田に埋蔵されている石油の約 35%しか採掘できなかった。しかし採掘技術が向上することにより、枯れた油田から更に石油を採掘できるようになってきたのである。しかし今現在においても、約 30%の石油は採掘できないまま残されている。2006 年の予想では、採掘できる石油が尽きるのは 2049 年、天然ガスは 2075 年、石炭は 2172 年と言われている。技術の発達で枯渇時期は後に伸びるだろうが、だからと言って安心しきって良いものでもない。

なお、現代社会はエネルギーの大量消費を継続しており、イギリス以外の先進国はエネルギーの自給自足ができない。特に日本は、2003 年の統計では化石燃料による自給率 4%（原子力による自給率 12%）である。原子力発電を見直す気運にある今、エネルギーを全体的に今一度見直すべきであろう。

●主な有機化合物

多くの **C** の数が 1 の化合物は重要な有機化学材料であり、これらの多くがメタンから化学的に得ることができる。<基本>には、メタン、メチレン、ホルムアルデヒド、蟻酸(ぎさん)を紹介したが、他にも例えばメタンの **H** の代わりに弗素 **F**、塩素 **Cl**、臭素 **Br** あるいは沃素(ようそ) **I** 等が結合してできるハロゲン化物 halide がある。ハロゲン原子は他の原子に置換されやすく、様々な化学反応に活用される。

シアノ基 cyano group（ニトリル基 nitrile group）**-C≡N** を持つ有機化合物を、シアン化合物 cyanide（ニトリル）nitrile と総称する。シアンイオン $\mathbf{CN^-}$ は猛毒で、例えばシアン化水素 hydrogen cyanide（青酸）**HCN** は、血中の Fe と化合し生物を酸欠に至らしめる。因みに家庭用手袋は、耐油性、耐摩耗性、引き裂き強度に比較的優れるニトリルゴム nitrile rubber（ブタジエンアクリロニトリル共重合体)製である。

ベンゼン benzene $\mathbf{C_6H_6}$ は、最も単純な芳香族炭化水素 aromatic hydrocarbons である。芳香族炭化水素は、ベンゼン環 benzene ring を持つ。ベンゼン環 2 つが連なると、ナフタレン naphthalene $\mathbf{C_{10}H_8}$ になる。ベンゼンから、プラスチック材料のスチレン styrene $\mathbf{C_6H_5C_2H_3}$、樹脂や接着剤の原料のフェノール phenol or benzenol $\mathbf{C_6H_5OH}$、ナイロン製造に用いるシクロヘキサン cyclohexane $\mathbf{C_6H_{12}}$ 等を化学的に作る。またベンゼンはゴム、潤滑剤、色素、洗剤、医薬品、爆薬あるいは殺虫剤等の材料となる。芳香族炭化水素は **C** の数に比べ **H** の数が少なめであり、燃焼により煤(すす)が発生する。

● NOX と SOX

発展途上国には、なりふり構わず経済成長を目指す時期がある。その時公害が発生し、数年後には健康障害という代償を払う。日本は 1960 年頃の高度経済成長期に火力発電所、工場、自動車、そして家庭から有害物質(主としてソックス SOX)を排出した。

SOX とは、硫黄酸化物 sulfur oxide の総称である。一酸化硫黄 **SO**、二酸化硫黄(亜硫酸ガス）$\mathbf{SO_2}$、三酸化硫黄 $\mathbf{SO_3}$ 等の **S** に対する **O** の数を X として、これらを化学式 SOX で総じて示してできた言葉である。化石燃料の燃焼の他、火山活動に伴っても発生する。SOX は、水と反応して硫酸 sulfuric acid $\mathbf{H_2SO_4}$ や亜硫酸 sulfurous acid $\mathbf{H_2SO_3}$ となり、酸性雨をもたらす。四日市喘息の原因物質にもなった。1968 年に大気汚染防止法が制定され、SOX 環境基準により排出規制され、工場等は燃料の脱硫処理や排ガス処理を行う様になった。今では日本国内からの SOX の排出量は下がったが、まだ NOX や浮遊粒子状物質 SPM による大気汚染が続いている。また、中国や朝鮮半島の経済成長に伴い発生した大気汚染物質が偏西風に乗り日本を汚染する様になった。現在日本上空に存在する SOX の 50%は中国から、15%は朝鮮半島由来とのことである。

窒素酸化物 nitrogen oxide を総称してノックス NOX と言う。亜酸化窒素(一酸化二窒素）$\mathbf{N_2O}$、一酸化窒素 **NO**、二酸化窒素 $\mathbf{NO_2}$、三酸化二窒素 $\mathbf{N_2O_3}$、四酸化二窒素 $\mathbf{N_2O_4}$、五酸化二窒素 $\mathbf{N_2O_5}$ 等を、**N** に対する **O** の数を X として化学式 NOX で総じて示してできた言葉である。土壌中の微生物が生成したり、燃料中の **N** が燃焼して発生する他、高温燃焼時に空気中の **N** と **O** が結合してできる。水と反応して硝酸 nitric acid $\mathbf{H_2NO_3}$ になるので酸性雨の原因になり、光化学スモッグも誘発する。一酸化二窒素はオゾン層を破壊し、二酸化炭素の 310 倍の温室効果を持ち、麻酔作用がある。一酸化窒素は血管拡張作用や神経伝達物質代替作用がある。二酸化窒素は毒性が強く、容易に肺から吸収され、強い酸化作用により気管支炎や肺水腫等を引き起こす。一酸化窒素と二酸化窒素が血液中に入ると、ヘモグロビンを構成する **Fe** と化合し酸素を運ぶ機能を失う。

NOX と SOX は **CO**、揮発性有機化合物(光化学スモッグの素)や粉塵等と並び、大気汚染物質である。放射能物質と同様に危険物である。

9.2節 木材

<要 点>

木材は樹木の幹等を伐採した材料で、燃料、飼料、パルプまたは幹金属に比べ軽く、意外と強いので構造材料としても用いられる。異方性が強い。

<基 本>

身の回りの生物由来の材料といえば、自然が豊かで山林に恵まれている日本では、第一に木材を挙げるべきだろう。日本では古来林業は盛んで、木工細工も盛んに行われていた。箸、下駄、家屋等の日常的な物から、仏像や仏閣等まで、木造製品は多々ある。

日本の中学校技術家庭科では､木工加工と金属加工を習ったはずだ。我々はよく材料として、木材と金属を比較する。例えば日本の家屋は、石積みや煉瓦造りもあるが、鉄骨構造や木造が多い。簡単な実験装置を作成する際にも、いずれの材料をどう加工するかを最初に議論することが多いだろう。木材は、金属ほど強くないが、金属ほど重くなく、脆くもなく、腐るが酸化せず、熱を通しにくいので温かい。金属より人間に優しいだろう。一長一短である。

木材は、構造材やパルプ pulp【☞次節】として用いる他、燃えるので燃料 fuel として使え、またこれを餌とする生物もいるので飼料としても使える。合板以外には木目があり、丁度金属板が圧延方向からの角度により強度等が変わるのと同様に、強度や水分による変形の方向に関して異方性をもたらす。正倉院では、湿度に伴う変形を利用した自然の換気システムとしての校倉造が有名である。木材は伐採された後もなお生き物であり、環境変化に応じて変化する。日本では、気候に応じた木材の使用ノウハウが蓄積されている。

日本では、木材用の木は杉 cedar や桧 cypress 等の針葉樹が主で、針葉樹を植林する一方、樫(evergreen) oak、椎 pasania、楢(Japanese) oak 等の広葉樹はむしろ雑木扱いだった。高級な箪笥等は桐 paulownia で、棺は主に桧や高野槇等の腐り難い針葉樹で作られる。国産の杉や桧は、代表的な木材である。

代表的な木材は、板材と角材である。ただし、無垢板材は寸法に限界があるので、合板や木質ボードが有用である。合板は木材を薄くスライスし、木目を直角にプレスで貼り合わせて作る。接着剤のホルムアルデヒド formaldehyde CH_2O は人体影響があるので使われなくなってきている。工程やコストの関係で、薄板層は奇数枚になることが多い。木質ボードは木材の粉砕片や繊維等を固めた板で、特性は粉砕片の大きさや固め方次第である。

<発 展>

●木材の異方性

方向に依らず材質が同じ材料を等方材料、方向に依って材質が異る材料を異方材料と称する。<基本>で述べた通り木材は、幹や枝の伸びる方向、半径方向、周回方向で強烈な異方性を持つ。

断面を見てみる。中心の細い部分は髄(樹心)と称する、成長の起点で軟らかい部位である。また、外周端の極薄い殻は樹皮と称する、環境から内部を保護する硬い部位である。その他の部分を材と称する。蝦夷松、椴松、米栂等を除く多くの樹木は、材の中心側は赤っぽく見え赤身と呼ばれ、樹皮側は比較的白く見えるので白太と呼ばれる。樹木の成長は、今伸びている先端部以外では樹皮直下の維管束形成層で細胞分裂して為すが、成長が停止した細胞は細胞壁を残して消失する。その結果、内部より外部に質量が集中し、丁度曲げ強度に優れる軽量形状となっている。樹木内部には道管、師管及び各種の繊維が幹や枝に平行して並び､その方向にめっぽう強い。また､断熱性も持つ。樹木の構造上の主成分はセルロースであり、それを細胞組織が柔軟に連結している。この為、材木は適切な強度を持ちながらしなやかさを両立する。セルロースは伐採してから結晶化が徐々に進み、木材は強度を高めていく。

幹や枝の長手方向の引張強度は、国産針葉樹で 78MPa ～ 137MPa 程度、広葉樹で 59MPa ～ 196MPa 程度であり、最高で 300MPa の木材もある。参考まで引張強度を密度で割った比強度は、針葉樹で 170MPa ～ 280MPa 程度、広葉樹で 160MPa ～ 260MPa 程度と、鉄(40MPa ～ 130MPa)より優れる(軽い割に強い)。一方、長手方向と比べ、蝦夷松や赤松では半径方向引張強度は 7%程度、周(接線)方向引張強度は 3%程度である。また橅や水楢は、半径方向が 10%～ 16%程度、周(接線)方向が 7%～ 8%程度である。この異方性の為に、目切れ(木材の長手方向と幹や枝の長手方向が一致しない)部位から容易に剪断破壊【☞第 4 章】が発生する。

長手方向の圧縮強度は引張強度の約 30%程度で、国産針葉樹で 30MPa ～ 40MPa 程度、広葉樹で 20MPa ～ 65MPa 程度である。長手方向に走る繊維は中空構造であるので、圧縮力を受けると座屈し中空構造が圧潰する。半径方向や周(接線)方向についても同様である。圧縮強度が引張強度より大きいコンクリートと対照的な特性である。曲げ強度は、引張強度より小さい。曲げにより圧縮部位が発生するので、その部位が引張部位より遥かに小さい荷重で破壊し始めるからである。

●木材の密度

木材は言わば生きた材料なので、水分を環境に応じて含有する。即ち、木材の密度は水分含有率(含水率)に依る。含水率は、加工条件の割り出しや保管方法の選択に関わる重要な状態値なので、一部分を完全に乾燥(全乾)させて質量変化を計測することで計算する。

自然環境中における水分含有状態を、全乾に対して気乾と称する。日本では 15%湿度環境における気乾を基準としている。気乾密度は杉で 0.28 g/cm^3 ～ 0.42 g/cm^3 程度、水楢で 0.45 g/cm^3 ～ 0.90 g/cm^3 程度、板屋楓で 0.58 g/cm^3 ～ 0.77 g/cm^3 程度である。最も軽いのはバルサで 0.17 g/cm^3 程度、最も重いのはリグナムバイタで 1.23 g/cm^3 程度(水に沈む！)である。また、部位により密度は異なる。

図 9-2　ツーバイフォー家屋を構成する木材
(三菱地所ホーム株式会社提供)

9.3節 ゴム

<要 点>

大きな破断歪に至るまで弾性を保持する材料の一つに、ゴムがある。天然ゴムと合成ゴムがある。

<基 本>

木から抽出される樹液を原料として作る有機材料に、(天然)ゴム gom がある。

柔軟な紐状分子が網目構造を成す固体は、ある温度範囲において広い応力 - 歪範囲で弾性挙動を示す(ゴム状態 rubbe)。それは非晶質状態(アモルファス)であり、特に鎖状分子の絡み合い網目構造となった物はより低湿でガラス状態になる。ゴム状態の固体は一般的に、そのヤング率(縦弾性係数)は 1MPa ～ 10MPa 程度と極めて小さくかつ絶対温度に比例し、その破断伸びが元の長さの数倍以上と長く、除荷すると瞬時に歪が 0 に戻る。また、一定張力を掛けながら温度を上げるとヤング率が温度に比例するので短尺化し、断熱的に伸ばすと発熱する。ポアソン比は 0.5 に極めて近く、体積変化のない弾性変形を示す。

一般的には、ゴム状態の個体をゴムと称する。一方、ゴムの定義は曖昧でもある。元々は植物中から抽出される無定形で軟質の高分子物質を、ゴムと呼んでいた。16 世紀頃、ヨーロッパ人が、中南米等で自分達のゴムに似て非なる植物性乳液(ラテックス) latex から作られる物を見つけ、それもまたゴムと称したために、ゴムが様々な物を指すようになった。一時、アルコールに溶けず水を吸って著しく膨潤しゲルになる物をゴム、水に溶けずアルコールに溶ける植物由来の無定形の樹脂をレジン resin と区別していた時代もある。現在では、後述の天然ゴムや合成ゴムの様な、有機高分子を主成分とするゴム状態の弾性材料をゴム(弾性ゴム)と称することが多い。漢字では護謨と書く。なお、ラテックスとは水中にポリマー分子が分散して安定化したものの総称である。樹液はラテックスの一種である。

ゴム状態の工業用材料をエラストマー elastomer と総称するが、これは熱を加えても軟化しない熱硬化性エラストマー thermosetting elastomers と、熱を加えると軟化する熱可塑性エラストマー thermoplastic elastomers に大別できる。前者は所謂ゴムである。エラストマーとは、弾性 elastic と重合体 polymer を組み合わせた造語である。

ゴムは日常生活品から工業部品まで、様々な場面で適用されている。例えば、輪ゴムは天然ゴム製、靴底は合成ゴムまたは発泡ポリウレタン(ゴム) polyurethane 製、ある種の化粧品はキサンタンガム xanthan gum 製、タイヤ tyre は天然ゴムや合成ゴム製である。また、切手の裏面接着剤や水彩絵具の固着剤等には、アラビアゴム gum arabic 等の天然ゴムが用いられている。身の回りのゴム製品は他にゴム紐、長靴、雨合羽、ゴム手袋、ボール、卓球ラケットラバー、風船、絶縁体部品、防振免震部品、ガスケット、O リング等がある。戦争中は生ゴムを軽油と混合溶解させた潤滑油を使っていたこともある。

＜発 展＞

●ガム

ガム gum はゴムとスペルが異なるが語源は同じであり、ガムは英語読み、ゴムはオランダ語読みである。また、ドイツ語ではグミ gummi という。それぞれ植物中から抽出されるゴム状態の物には違いないが、日本にそれぞれの物が入って来た時に呼ばれていた発音が、そのまま異なる日本語となり残ってしまったのである。

ガムはサポジラ sapodilla の木から取れる樹液チクル chicle に砂糖、香料、ハッカ等を混ぜ、練って固めて作る。即ち、人間の体温程度の温度で軟化するゴムである。チクルは植物性乳液の一種である。フーセンガム等の安価なガムには、チクルの代わりに酢酸ビニル vinyl acetate $C_4H_6O_2$ を用いることもあるが、これは国際癌研究機関が人への発癌性が疑われる物質 Group 2B に分類している。

●ゴムのあれこれ

ゴムの弾性は、金属の弾性のように変形した格子が元に戻ろうとする性質からではなく、原子や分子の配列が負荷によりむしろ整列させられそれが元の不規則配列に戻ろうとする性質から来る。その性質を創り出すのは、天然ゴムや合成ゴムの網目状高分子構造や、プラスチックの鎖状(合成)高分子構造や、あるいは **S** の分子構造である。

ゴムは一種の高分子有機材料であり、ゴムノキの樹液ラテックスから作られる天然ゴムと、人工的に合成される合成ゴムに大別できる。

ラテックスには cis- ポリイソプレン polyisoprene **cis-**$[(C_5H_8)_n]$ が水溶しており、これを精製し凝固乾燥させると天然ゴムができる。**S** を添加すると広い温度範囲で軟化し難くなり、**S** の他に **C** 粉末を添加すると更に改善でき、**C** 含有量が増すと硬さも増す。硬質ゴム製品が黒いのは、添加された **C** の色である。なお、パラゴムノキの幹から抽出するラテックスから作った生ゴムは著しい弾性を有し、新材料としてヨーロッパの近代工業を発展させた。また、パラゴムノキ以外の植物のラテックスの探索や合成ゴムの研究を促した。これらのゴムを弾性ゴムと称する。たまたまこれらで擦り鉛筆の字を消せた rub のでラバー rubber とも呼び、消しゴムの開発にもつながった。天然ゴムはマレーシア、インドネシア、タイで世界生産量の 70%を生産しており、日本はインドネシアやタイから輸入している。

一方合成ゴムには、ポリブタジエン系、ニトリル系、クロロプレン系等がある。いずれも付加重合または共重合によって得られる。主な合成ゴムは、以下の通りである。

- アクリルゴム　ACM
- ニトリルゴム　NBR
- イソプレンゴム　IR
- ウレタンゴム　U
- エチレンプロピレンゴム　EPM or EPDM
- クロロスルホン化ポリエチレン　CSM
- エピクロルヒドリンゴム　CO or ECO
- クロロプレンゴム　CR
- シリコンゴム　Q
- スチレンブタジエンゴム　SBR
- ブタジエンゴム　BR
- フッ素ゴム　FKM
- ポリイソブチレン(ブチルゴム)　IIR

ゴムの主な製造工程は素練り、混練り、成形、加硫等である。素練りは天然ゴムをミキサーに入れ分子を分断する工程である。混練りは素練りしたゴムに **C**、**S** 等を添加し最終成分を作る工程である。加硫は化学反応によりゴムの特性(主に強さ)を改善する工程である。

9.4節 紙

<要 点>

紙は、主として植物性繊維を平面状に薄く配置させて固めた物である。厚い紙は木材に匹敵する強さを持つ。リサイクルが可能。

<基 本>

木からできる別の有機材料として、紙を挙げたい。JISでは、紙paperを「植物繊維その他の繊維fiberを膠着させて製造したもの」と定義している。直径100μm以下で水素結合をすれば、繊維の材質に依らず紙にできる。植物繊維の主成分はセルロースcelluloseであり、やはり水素結合する。一方で、水素結合は水で切れやすいので、紙は水に弱い。一般的には平面に成形するが、曲面の紙を作れないことも無い。繊維の積層幅を変化させ厚さを制御し、繊維の質、長さ、あるいは密度を変化させることで強度等の材質を制御する。

そもそもの原料は木材であり、そこからパルプpulp（分離した植物繊維）を先ず作る。それを融かし、必要な薬剤を添加し、そして水で1％程度に薄める。紙の主材料はここまでで混ぜ終わる。これを簀（す）の子や網の上に流し込み、薄く均一に広げ湿紙を作る。それを加圧脱水、加温乾燥させて原紙を作る。水を使用しない乾式製造法もある。最後に仕上げとして、表面処理、着色、被覆、加圧（カレンダリングという）等をして、裁断されて製品となる。

紙は、元来包装用だったが、筆記用の紙ができてから、パピルス、羊皮紙等に代わり身近な物になった。日本では、江戸時代に襖、和傘、提灯あるいは扇子等の身の回りの物に和紙が使われた。また、19世紀のイギリスで段ボールが開発され、梱包用に用いられるようになった。現在身の回りで見る紙は、大部分が洋紙である。幾つかの紙を以下に紹介する。

- **和紙**：日本で製造されてきた紙。洋紙に比べ繊維が圧倒的に長いので、薄くても強い。保存性も良く、1,000年以上もつ。日本円紙幣の材料である。パルプの違いにより麻紙、穀紙、斐紙、檀紙等に分類できる。
- **半紙**：規格では25cm×35cm程度の薄い和紙。元々B版【☝発展】は和紙規格であり、実はB4（257mm×364mm）寸法である。平安時代に使われていた杉原紙（全紙）は二尺三寸（約70cm）×一尺三寸（39cm）であり、この半切り寸法なので半紙と言う。江戸時代には包装用紙だったが、明治時代から毛筆記用として使われ始めた。
- **トレーシング用紙 tracing paper**：セルロースの繊維内部の微細な隙間から空気を除去し光の屈折を整えた、薄い半透明な紙。丈夫で耐水性や耐油性があるので、食品や薬の包装にも用いられる。油脂や樹脂で隙間を充填させたパラフィン紙、硫酸等で繊維を膨潤させ隙間を狭めた硫酸紙やパーチメント紙、叩いて隙間を狭めたグラシン紙等がある。
- **段ボール corrugated cardboard**：板紙を多層構造にした物。一般的にはライナー（表裏の板紙）の間にフルーテッド（波形の紙）を挟んだ、中空高強度構造を採る。波形は粗いAフルートから細かいGフルートまで規格化され、複数のフルーテッドを併用した物もある。ライナーもフルーテッドも一般的に4層構造である。

・**上質紙**：化学パルプを原料とする洋紙の総称。印刷や塗絵に適している。イングランドのケント州 Kent country で製造された純白で硬い上質紙をケント紙、大蔵省印刷局認定和紙をまねた上質紙を模造紙等と称する。

・**コート紙 coated paper**：表面に塗料を塗布する等して、表面を平滑で意匠性を良くした紙。光沢があり、インクの乗りが良い。片面コート紙と両面コート紙がある。アート紙は上質紙のコート紙。光沢を強調する場合もある。

＜発 展＞

紙は、英語ではone paper, two papers等と数えず、one piece of paper, two pieces of paper等と数える。紙は大きさを自由に決められるので、1枚の紙を半分に切ることで2枚の紙に早変わりする。即ち、枚数という概念は日常的には大変役立つ単位ではあるが、定量的に紙の分量を計量する合理的な単位とはならない。すると、日常生活の範囲では不変の質量が、どうも良い計量単位なのではないかと思われてくる。

その寸法で仕上げた紙1,000枚(板紙の場合は100枚)を1連と称する。紙は通常、1連を単位に取引される。1連の重さを連量と称する。連量が大きい、即ち重いということは、密度が高いあるいは厚いということを示す。例えば、A4のコピー用紙は約4kg、葉書1連は約3.1kg、ロール紙1連は約34kg、工作用紙は約24kgである。また日本には、坪量という単位もある。寸法や紙質に依らぬ、昔は1尺2当たりの質量匁、今は m^2 当たりの質量gである。例えば、コピー用紙は $64g/m^2$ である。紙同士で品質を比較するのに得てして都合が良い。

通常流通している紙の寸法は、Ace版A0、A1、A2……あるいはBig版B0、B1、B2……等の長方形形状を採用している。二つ折りすると数が一つ増えるように、長辺と短辺の比が $\sqrt{2}$ ：1としている。この本はB5版で、257mm×182mmである。昔はB版が学校等で良く用いられてきたが、B版は日本、中国、台湾のみの方言規格であることもあり、国際化を求められている今ではA版が多用されてきている様である。なお、他にもISOで定められたC版や、アメリカやスウェーデン等の各国方言規格もある。画用紙や写真等で用いる四つ切、八つ切り等は、508mm×610m（20inch×24inch)の原紙を何等分するかという規格である。また、伸びとは、例えば製本等で包んで使う場合のために、長辺寸法が更に長くなっている寸法である。

紙はリサイクル性が高いので、厚紙で子供用の玩具や乗り物を製造する例も増えている。また安全性につき、ごつい金属の代わりに紙の試験片でいろいろな材質試験を低パワーで実施する教育機関もある。紙に求められる品質は、紙の用途により大きく異なる。例えば、手紙等では紙を折るので、折り曲げ戻しを繰り返すいわば疲労試験の様な評価試験により耐折れ強度を評価する。また、箱用であれば自重を支える紙のこし(こわさ)を、遊具等の構造材として用いるのであれば更に引張強度等を評価する。耐摩耗性、引裂強度等が必要な場合もある。また、燃え難い紙も役立つ場面がある。近年では、鉛筆、トナーあるいはインクの乗りやプリンターでの排紙性が重要な場合も多い。

紙の原料は、19世紀までは麻やマニラ麻、亜麻、砂糖黍、バナナ、ケナフ、楮(こうぞ)、三椏(みつまた)、カジノキ、ガンピ、マユミ、竹、藁(わら)、木綿等の非木材であって、19世紀後半になると木材チップとなった。近年ではリサイクルの一環で、古紙も使われる。また、澱粉やポリアミド等の強化剤、着色用の染料、インクの滲み防止にサイズ剤、繊維間の隙間を埋めるカオリンやタルク等の填料等も添加される。紙表面を仕上げる工程では、プレスや、顔料あるいは塗料の塗布等をする。

プラスチックス

<要 点>

プラスチックスの定義は曖昧だが、合成樹脂を指すことが多い。射出成形等の方法でいろいろな形に成形される。

<基 本>

ゴムの話が出たので、ゴムから少々外れてプラスチックス plastics の話をしたい。巷でプラスチックと呼んでいる材料は、1970 年頃までは正式名称がプラスチックスだった。この単語は英語文法上、形容詞「可塑的な plastic」に「s」が付いた集合名詞である。近年アメリカで plastic を名詞と考えるようになり s が取れ、日本でもこれに倣ったのだ。変わりゆく生きた言語の一例という訳である。形成外科を plastic surgery という通り、元来 plastic とは「形を作る」という意味を持つ。ちなみにセラミックス ceramics も同様に、形容詞「陶磁器の ceramic」+「s」である。セラミックスについては、セラミックス製のナイフ ceramic knife 等と形容詞で用いる。セラミックスはまだセラミックには変わらない。プラスチック容器という単語もあるが、本書はちょっと世間に逆らって本来の文法に従ってプラスチックスと呼んでみたい。

プラスチックスの定義は曖昧である。日本語ではさしずめ可塑性物質とでも訳すのだろう。合成樹脂と同義に用いる場合、合成樹脂をプラスチックスとエラストマーに分類する場合、合成樹脂を成形し硬化した完成品を指す場合等がある。例えば、先に述べたゴムや、松脂(松の樹液)を蒸留して作る滑り止めに良く用いられるロジン rosin、また石油由来で鉱物性のアスファルト asphalt 等の天然樹脂は、普通プラスチックスとはみなさない。本書ではプラスチックスを合成樹脂と定義して説明を進めたい。なお、合成樹脂で作った糸を紡いだ繊維を、合成繊維と称する。

プラスチックスの主な構成元素は **C**、**H** 及び **O** 等であり、多くが石油を原料とする。プラスチックスは人工高分子化合物であり、複雑な立体形状や薄膜形状に成形して用いることが多い。成形法は様々だが、最終形状を与える成形 forming と中間工程の加工 processing (押出加工 extrusion、艶出し calendering、シーティング sheeting、インフレーション film blowing)に大別する分類法が正道の様である。成形には、シート成形 sheet forming と金型成形 molding (射出成形 injection molding、圧縮成形 compression、ブロー成形 blow molding、粉末成形 powder molding、鋳型成形 cast molding)がある。いずれの成形も容易で、大量生産に向く。ゴムの節でエラストマーを 2 つに分類したように、プラスチックスも熱を加えても軟化しない熱硬化性プラスチックス thermosetting resin (plastics)と熱を加えると軟化する熱可塑性プラスチックス thermoplastic resin (plastics)に大別できる。前者の例はエポキシ樹脂(EP)やポリウレタン(PUR)であり、後者の例は汎用プラスチックスである。射出成形は、後者の典型的な製造法の一つである。

成分調整等により様々な特性を作り出せる。概して絶縁体であり、熱や紫外線に弱いが、水や薬品には強い。ただし近年では、導電性プラスチックス、難燃性プラスチックス、微生物で分解できる生分解性プラスチックス等が実用化されている。以前は再利用ができなかったが、近年では細かく粉砕して加熱すると原油に戻せる(油化)。汎用プラスチックスの例を、以下に列挙する。

図 9-3　ポロプロピレン樹脂製包装用キャップ
(日本ビジネスロジスティクス株式会社提供)

ポリエチレン(PE)	ポリ酢酸ビニル(PVAc)
ポリプロピレン(PP)	ABS 樹脂
ポリスチレン(PS)	ポリスチレンテレフタレート
ポリ塩化ビニル(PVC)	アクリル(PMMA)
ポリスチレン(PS)	

<発 展>

●アスファルト

アスファルト asphalt は、日本語で土瀝青と称する。原油が原料であり、マルテンに分子量 1,000 ～ 100,000 の層状構造を成す多環芳香族の結合体(アスファルテン asphaltene という)が混合した有機材料である。マルテンは、分子量 500 ～ 2,000 程度のパラフィン(石蝋)paraffin(**C** 数が 20 以上のアルカン)、ナフテン naphthene(環状構造の飽和炭化水素 saturated hydrocarbon C_nH_{2n+2})並びに芳香族系油成分、及び分子量 500 ～ 2,000 程度の多環芳香族系樹脂成分の混合液体である。

原油を常圧蒸留すると、オフガス off gas (メタンやエタン等)、液化石油ガス Liquefied petroleum gas, LPG (プロパンやブタン等)、ガソリン gasoline 原料のナフサ naphtha、灯油 kerosene、軽油 diesel 及び常圧残油(重油 heavy oil または燃料油 fuel oil)ができる。更に常圧残油を減圧蒸留すると、減圧軽油 vacuum gas oil, VGO 及び減圧残油(減圧残渣油)に分かれる。この減圧残油は沸点が 550℃程度以上の炭化水素であり、重油やアスファルトに分離したり、そのまま混合体としてアスファルト(ストレートアスファルト)として使う。アスファルトは、最も重質の原油由来有機材料である。

アスファルトは、ご存じの通り道路の舗装に用いる、極高粘性液体で、常温ではほとんど流動しない。コンクリート舗装【☞ 8.4 節】と比べ、舗装作業期間が圧倒的に短く、その弾力性につき振動や騒音の観点からも人に優しい。また、排水性を持たせられる。ただし、摩耗が激しく、5 年～ 10 年で補修する必要がある。2006 年には約 7,000 円 /m^2 だったが、原油高騰につき 2012 年には 9,000 円 /m^2 を突破した。

他にもアスファルトは、繊維質の材料と混ぜて防水複合材として用いることもある。縄文時代には、土器の割れ修正に使われていた形跡もある。

●重合の接頭語

<基本>に記す汎用プラスチックスの例の多くの名前が、ポリ poly から始まる。接頭語 poly- は「沢山の」という意味で、重合体(ポリマー) polymer であることを示す。重合とは、単体が網状または鎖状につながった物で、高分子状態の典型構造である。

重合した分子の単位分子を、単量体(モノマー) monomer と称する。単量体 2 つが重合した物を二量体(ダイマー) dimer、3 つが重合した物を三量体(トライマー or トリマー) trimer、4 つが重合した物を四量体(テトラマー) tetramer、5 つが重合した物を五量体(ペンタマー) pentamer 等と称する。

用途によっては、2種類以上の単量体を重合させた共重合体を用いる。家電や機器の内外装や人の手に触れる部品等に用いるABS樹脂は、アクリロニトリル acrylonitrile、ブタジエン butadiene、スチレン styrene の共重合体である。アクリロニトリルとスチレンの硬さとブタジエンの耐衝撃性を組み合わせた新材料である。

他方、共重合のように化学結合させず、異種のポリマーを混合したポリマーアロイ polymer alloy もある。耐衝撃性ポリスチレンは、硬いポリスチレン polystyrene の脆い弱点を、少量のゴムを混合して補った複合材料である。

●エンジニアリングプラスチックス

家電製品に用いられる、強度や靭性を持ったプラスチックスを、エンジニアリングプラスチックスと総称する。飲料容器製品ボディー、歯車や軸受等の部品等に多用されてきている。一例を以下に列挙する。

ポリアミド(PA)
ナイロン
ポリアセタール(POM)
ポリカーボネート(PC)
環状ポリオレフィン(COP)
ポリブチレンテレフタレート(PBT)
ポリエチレンテレフタレート(PET)
グラスファイバー強化ポリエチレンテレフタレート(GF-PET)
変性ポリフェニレンエーテル(m-PPE、変性PPE、PPO)

PETとは、ペットボトルのペットである。図9-4の様に包装容器として用いる他、フィルムや磁気テープの基材や衣料繊維にも用いる。熱可塑性プラスチックスの中では、融点が260℃等と熱に強い。リサイクルが普及している。

図9-4　ペット樹脂製HDD用包装容器(日本ビジネスロジスティクス株式会社提供)

更に特殊な目的に使うために、熱変形温度が高く、劣化し難いスーパーエンジニアリングプラスチックスも開発されている。一例を以下に列挙する。

ポリフェニレンスルファイド(PPS)
ポリテトラフロロエチレン(テフロン)(PTFE)
ポリスルホン(PSF)
ポリエーテルサルフォン(PES)
非晶ポリアリレート(PAR)
液晶ポリマー(LCP)
ポリエーテルエーテルケトン(PEEK)
熱可塑性ポリイミド(PI)
ポリアミドイミド(PAI)

●プラスチックスの複合材

プラスチックスは概してそれほど強度が無いので、その弱点を補う為に引張強度に優れる繊維 fiber と組み合わせ強化し reinforing、繊維強化プラスチックス fiber reinforced plastics, FRP とすることも多い。これは鉄筋コンクリートの様な複合材料であり、コンクリートに対応するのがプラスチックス、鉄筋に対応するのが繊維 fiber である。繊維としてはガラス繊維 glass fiber や炭素繊維 carbon fiber が用いられ、それぞれのFRPをガラス繊維強化プラスチックスGFRP及び炭素繊維強化プラスチックCFRPと称する。ガラス繊維より炭素繊維の方が強度に勝るが、高価である。

複合材料の製造方法には、例えば手で複合化するハンドレイアップ法、炉で熱間加圧するオートクレーブ法、繊維を樹脂に巻きつけていくフィラメントワインディング法等がある。ハンドレイアップ法は積層複合材の基本製造法であり、フィラメントワインディング法は管状材の製造に適する。オートクレーブ法では、通常半硬化状薄膜材を積層させる。

布

＜要 点＞

細長く、柔軟で、耐久性に優れる糸(繊維)を裁縫した布は、優れた糸の存在に支えられ古い歴史を持つ。糸は長手方向に強度が高い異方性を有する。

＜基 本＞

繊維 fiber を膜状に裁縫し、布 cloth と為す。使用する繊維の種類、織り方、編み方により多種多様な布ができる。布は衣類材料の他、装飾材料や税(調)にもなる貴重品だった。

繊維とは細長く、柔軟で、耐久性に優れる材料であり、概して長手方向に強度が高い異方性を有する。絹 silk や木綿 cotton や羊毛 wool 等の天然繊維、ナイロン nylon やポリエステル polyester 等の合成繊維、或いはレーヨンやアセテート等の再生繊維が用いられる。絹は、蚕の繭を材料とする動物性繊維で、吸湿性、通気性及び染色性に優れる一方で、水や光に弱く、虫に食われ易い。木綿は綿の種子を材料とする植物性繊維で、吸湿性、通気性及び染色性に優れ、洗濯に強く温かいが、乾き難く、皺になり易い。ナイロンは、アミド結合 **-CO-NH-** の重合したポリアミド系繊維の総称である。ナイロン 6、ナイロン 6,6 等様々な種類がある。安価で、強く伸縮性に富み、且つ劣化し難いが、熱に弱く、劣化し難いが故に生地を傷める事もしばしばある。ポリエステルは、多価カルボン酸(カルボキシル基 **-COOH** を複数有する有機化合物)とポリアルコール(ヒドロキシ基 **-OH** を複数有する有機化合物)との重合体である。テレフタル酸とエチレングリコールから成るポリエチレンテレフタレート(PET)は、耐熱性、染色性、強度に優れ、衣料用繊維(天然繊維を含む)全生産量の 50%近くに上る。

平織 plain weave、綾織 twill 及び本繻子織 satin は、三原組織と称される基本的な織り方である。平織は、縦糸(経糸と言う)と横糸(緯糸と言う)を交互に交叉させる、最も基本的な織り方である。また、本繻子織は縦糸か横糸のいずれかを 5 本以上まとめて交叉させる織り方で、引っかかりに弱いが糸の浮きが小さく薄手物に適する。縦糸が横糸の上に 2 本、下に 1 本等と平織と本繻子織の中間の織り方を、綾織と称する。他にも、リネン linen 等の薄手織り、ビロード veludo やデニム denim 等の厚手織り、縮緬(ちりめん) crêpe や西陣織等の和織り等がある。リネンは、亜麻繊維を織った薄地のさらっとした布の総称で、人類最初の布である。ビロードは天鵞絨とも言い、表面が毛羽やリネンで覆われた滑らかな感触の布である。デニムは、綿を綾織した厚地布で、縦糸のみを染色する。縮緬は撚りの小さい縦糸と撚りの大きい 2 種類の横糸で織った布で、高級な呉服や風呂敷等に使われる。西陣織は、京都で実施されている 12 種類の布の総称である。

尚、編み方は大きく手編みと機械編みに分類され、それぞれに用いる道具や技法により棒針編み、鈎針編み、アフガン編み、レース編み等がある。

<発 展>

●糸の強さ

布の歴史は古い。優れた繊維があったからこそ、繊維産業が発達してきたと言える。

糸に要求される材質は様々だが、裁縫用材料としての基本的な材質としては、引張強度と曲がり易さを挙げるべきである。繊維は概して太い程強く、裁縫し難い。縫い糸、釣り糸、ロープ等に共通の傾向である。糸は単位長さ当たりの重さに応じて号数表示(号数が大きい程重い、即ち太い)したり、引張強度(太さも含めた表示なので断面積で割らずに掛ける力で示す。)で表示する。例えばシャッペスパンミシン糸 90 番は 7.8N であり、タイヤー絹穴糸 16 号は 40.6N である。

天然糸の中で最も強い繊維の一つに、蜘蛛の糸が挙げられる。ナイロンが 1938 年に商品化された時、「石炭と水からできた、蜘蛛の糸より細く、絹よりも美しく、鋼鉄より強い糸」と PR された。蜘蛛の糸は 1μm 程度の太さで、蛋白質の複合構造でできている。引張強度はナイロンよりやや低いが、弾性力はナイロンの 2 倍で、歪 300% まで切れずに伸びる。骨や腱等より強く、鋼の半分の強さである。アメリカ軍は蜘蛛の糸を改良し鋼の 10 倍の引張強度を得、それをヘルメットや防弾チョッキ等に適用しつつある。

引張強度だけならば、ポリパラフェニレンベンゾビスオキザール PBO 繊維が世界一と言われている。鋼繊維の 10 倍の引張強度で、650℃まで熱分解しない。ベルト布や消防服生地の材料に適用されている。合成繊維の引張強度は年々上がっているが、これは欠陥寸法を小さくする技術が向上している事による。例えば炭素繊維は、1980 年には 4GPa、2005 年には 10GPa の品質を有する。

人間の材料

人間が何からできているかを知り、人間の素晴らしさを再認識すると共に、教育や食育の重要性を理解しよう。

Check Sheet

□ 1） 最小生命単位は何か、記しなさい。

□ 2） 組織とは何か、説明しなさい。

□ 3） 器官とは何か、説明しなさい。

□ 4） 六大栄養素とは何か記しなさい。

□ 5） 糖質、脂質、蛋白質、ビタミンの主成分となる元素を記しなさい。

□ 6） 人間が必要とする無機質の成分を列挙しなさい。

□ 7） 遺伝子、DNA、染色体及び核とは何か、説明しなさい。

□ 8） 血液の中にある細胞を３つ挙げなさい。

□ 9） 人間の体内水分含有量を記しなさい。また、人間の血液含有量を記しなさい。

□ 10） 人間の細胞外水質は、何と同成分か記しなさい。

□ 11） 人間の細胞膜の構成の名称を記しなさい。

□ 12） 人間の細胞浸透圧を制御する正負電位の元素または分子を記しなさい。

□ 13） 人間の細胞内のエネルギー代謝に使われる分子名を記し、代謝機構を説明しなさい。

□ 14） 癌の素材は何か記しなさい。

□ 15） 食生活で気を付けることは何か記しなさい。

□ 16） 人工臓器用材料として望まれる特性を記しなさい。

10.1節 生体のレベル感

<要 点>

生命の最小単位は細胞である。細胞が集まり組織と成し、組織を組み合わせて器官ができる。器官を有機的に連結して生物ができ上がる。DNA は細胞でなく、生物ではない。

<基 本>

え、ウィルス性の風邪だって？　養生して下さい。ところで、ウィルスは生物だろうか？

答えから言うと、生物ではない。生物の定義は、生物学おいては次の２点を満たす物である。

- (環境等に応じて)変化できる物
- (自らが風化して死滅する前に)増殖できる物

ロバート．フック Robert Hooke がコルク【☞9.2節】を顕微鏡観察して、細胞を発見した。単細胞生物もいることから解るように、細胞 cell は既に生物である。細胞の中には、ミトコンドリアという動力源と、核という制御装置があり、細胞膜で自分の空間を確保し、そして細胞膜を介して物質交換して生命活動を維持している。

生物は進化した。その結果、より複雑な生命活動ができるように細胞が分化し、多細胞生物ができた。細胞は集合し、全体としてある機能を果たすようになる。これを組織 tissue と称する。人体においては、組織は上皮組織 epithelium tissue、結合組織 connective tissue、筋組織 muscle tissue、神経組織 neural tissue の４種類ある。組織がいわば部品として組み立てられ、器官 organ を形成する。各器官は生命活動に必要な具体的な活動を分担し合う。そして器官が集合して互いに機能を連結し、人間ができる。

一方、細胞を細かくしてみよう。実は細胞を物理的に分解すると、細胞膜、ミトコンドリア、核等のバラバラな部品となり、生物学的には意味をなさなくなる。そこで、次に核の本体であるデオキシリボ核酸 deoxyribo nucleic acid, DNA を持ってくるのが普通である。DNA はデオキシリボース deoxyribose（五炭糖）、塩基、及び燐酸 phosphoric acid H_3PO_4 の化合物であり、蛋白質の種類や組み立て方法を指示する設計図である。細胞は DNA によって作られたと考えるのである。実はウィルスは DNA(またはリボ核酸 ribo nucleic acid, RNA)である。さて、DNA は生物だろうか？　DNA はそれだけでは蛋白質を作れない。外からあるエネルギーを得た時に、その DNA が未だ壊れていなければ蛋白質合成を始めるが、それも蛋白質の材料が周囲にあってできることである。つまり、生物の条件である増殖を自発的にできないので、DNA は生物ではない。したがって、ウィルスは生物ではない。最小生命単位は細胞である。

ウィルスは自分で増殖できないからこそ他の細胞の中に入り、その細胞のエネルギーをもらい増殖する。その際、核のDNAとウィルスのDNAが喧嘩するのだ。大方の場合、長い方が勝つ。DNAは情報である。自分であるという情報をより多く残したDNAが、自分の再生を図れるのである。即ち、ウィルスに体の一部を乗っ取られ、体内で戦闘状態となる。ある時は然るべき細胞の機能を果たせず、またある時は望まない物質をウィルスに合成される。体調制御が行き届かなくなり、毒素や細胞破壊等により炎症が起こる。ウィルスはタンパク質につき40℃前後で崩壊するので、体は体温を上げてウィルスの駆逐を試みる。するとエネルギーや水分消耗が起こり、だるくなる。これが風邪である。

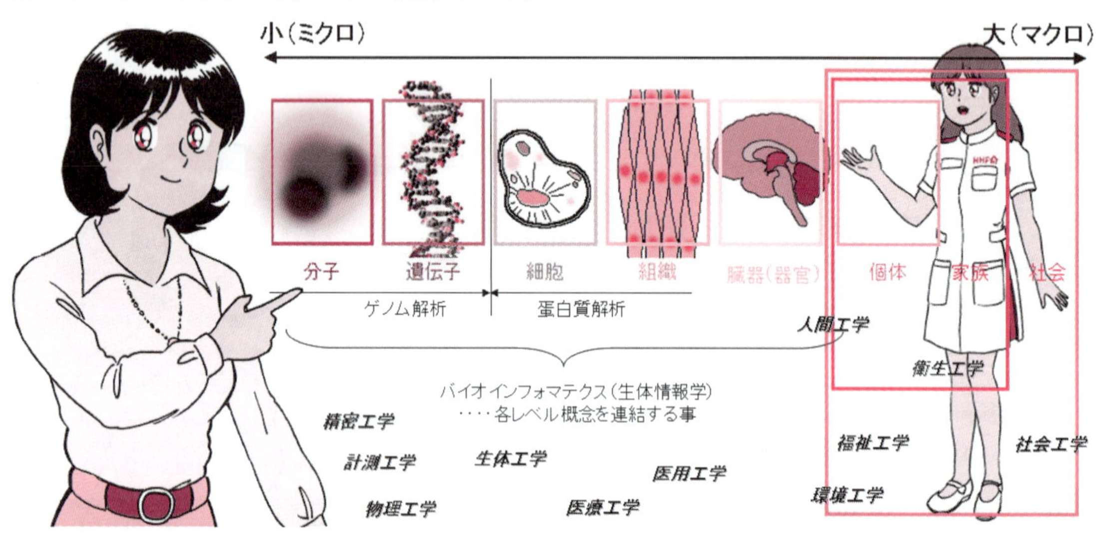

<発 展>

●ウィルスと細菌

さて、ウィルスが生物でないとすると、ビールス、バクテリア、細菌は生物だろうか？　答えを言うと、バクテリアと細菌は生物で、ビールスは生物ではないのだ。

賢明な諸君は既に気づいていたかも知れない。なぜこれらにアルファベットを付していないのか？実は、ウィルスvirusとビールスvirusは、全く同じ物を指す。ラテン語読みでウィルス、ドイツ語読みでヴィールスである(オーストリアの首都ウィーンWienのドイツ語読みはヴィエナである)。また、バクテリアは(真正)細菌bacteriaのことである。細菌は細胞であり、培養液に浸せば自己増殖する。他の細胞は要らない。まあここは材料の教科書なので、生物の世界は遠目に見るだけにしよう。

さて、風邪を引いて病院に行くと、大きく２種類の薬を処方されるだろう。１種類目は対処療法薬、即ち症状を緩和する薬である。消炎鎮痛剤、抗アレルギー剤、胃腸薬等であり、病気そのものを治す訳ではない。２種類目は病気そのものを治す薬であり、抗癌剤、抗生剤、場合によってはステロイド剤等がこれに当たる。風邪で抗生剤が処方される場合とされない場合がある。これは君の症状と、君が掛かった医師の性格に依る。抗生剤は様々な原理で蛋白質合成を阻害し増殖や生命活動を阻害する薬なので、生物にしか効かない。即ち、ウィルス性の風邪には抗生剤は直接効かない。処方されたとすると、風邪で免疫力が落ちて二次感染しないように備えたのである。二次感染は細菌感染がほとんどなので、抗生剤が効く。勿論、抗生剤は、君の体の中にいる善玉細菌まで殺してしまう。抗生剤を飲むと下痢をしやすくなるのは大腸中のビフィズス菌も減ってしまうからである。

10.2節 七大栄養素

<要 点>

人間は、水、13 種類の金属と、有機材料から成る。有機材料には、炭水化物、脂肪、蛋白質、食物繊維がある。食糧を摂取消化し得られたこれらの材料を、体内各所で必要な体の部品として再合成する。

<基 本>

光合成等と気の利いたことができない人間は、自分を作る材料を食糧から調達している。昔学校で教わった通り、人間は食糧と称して炭水化物 carbohydrates、脂肪 fat、蛋白質 protein（ここまでが三大栄養素）、無機質 mineral、ビタミン vitamin……本によっては栄養 nutrition（ここまでが五大栄養素）、食物繊維 dietary fiber（ここまでが六大栄養素）を過不足無く摂取することで健康でいられる。水 water まで含み、七大栄養素と称することもある。

人間が欲しい水以外の材料がそのままの形で食糧として存在していることは、まずない。したがって人間は欲しい材料を、食糧を基にして自ら作り出す必要がある。即ち、食糧に含まれる栄養素を一旦素材のレベルまで分解し（消化）、それを吸収し体内で再合成して所定の部品にするのである。吸収してから体内の所定の場所までは血液が輸送し、再合成の際にはビタミンや酵素が働く。分解作業は口から既に始まり、吸収は腸で行われる。水とアルコールは胃から、また水は最後の大腸からも吸収される。無機質は水溶イオン状態で吸収され、その他の有機材料系栄養素（糖質、脂質、蛋白質、ビタミン、植物繊維）は所定の部品レベルまで分解される。

炭水化物は、多糖類（一種の澱粉）及び少量の二糖類（蔗糖や乳糖）と単糖類（果糖、葡萄糖）から成り、唾液アミラーゼ（プチアリン ptyalin）により多糖類が二糖類及びオリゴ糖に分解され、膵臓アミラーゼ等の様々な消化酵素により全てが単糖類 $\mathbf{C_6H_{12}O_6}$（葡萄糖 glucose、ガラクトース galactose、果糖 fructose 等）に分解され、十二指腸以降の消化管より吸収される。

食糧中に含まれる脂肪の 90％以上は、安定した中性脂肪 neutral fat（トリグリセリド triacylglycerol）である。中性脂肪は唾液リパーゼと膵臓リパーゼにより脂肪酸 fatty acid とモノグリセリド monoacylglycerol に分解され、胆汁酸により親水性の微小分子ミセル micelle に取り込まれてから空腸（十二指腸の次の小腸の一部）以降の消化管より吸収される。中性脂肪以外の脂肪も同様の経過を辿る。水溶性のグリセロール glycerol はそのまま吸収される。

人体内の蛋白質は 20 種類のアミノ酸 amino acid から合成されており、内 9 種類は体内で合成することができないので食糧から摂取するしかない【☞発展】。食糧として摂取された蛋白質は、胃の消化酵素ペプシン及び小腸（十二指腸、空腸、回腸から成る）の消化酵素によりアミノ酸まで分解され、空腸以降の消化管より吸収される。

労働厚生省が示す食品の栄養表示基準では、人間が必要とする無機質の成分は 13 ある。即ち、亜鉛 **Zn**、カリウム **K**、カルシウム **Ca**、クロム **Cr**、セレン **Se**、鉄 **Fe**、銅 **Cu**、ナトリウム **Na**、マグネシウム **Mg**、マンガン **Mn**、モリブデン **Mo**、沃素 **I**、燐 **P**（50 音順）である。

どこかで聞いた名前の金属がほとんどではなかろうか？　前述の通り、過剰摂取は有害なので気をつける必要がある。

<発 展>

●必須アミノ酸

特殊な蛋白質以外は、20 種類のアミノ酸でできている。その 20 種類のアミノ酸を、以下に一覧(英名アルファベット順)する。人体内の蛋白質も、これら 20 種類のアミノ酸でできている。ほとんどのアミノ酸が **C**、**O**、**H** 及び **N** のみで構成されており、システイン及びメチオニンのみが他に **S** を含んでいる。

・アラニン alanine $CH_3CH(COOH)NH_2$
・アルギニン arginine $H_2NC(=NH)NHCH_2CH_2CH_2CH(COOH)NH_2$
・アスパラギン asparagine $NH_2COCH_2CH(COOH)NH_2$
・アスパラギン酸 aspartic acid $HOOCCH_2CH(COOH)NH_2$
・システイン cysteine $NH_2CCOOH\text{-}CH_3SH$
・グルタミン glutamine $(NH_2CO)C_2H_4C(HNH_2)COOH$
・グルタミン酸 glutamic acid, glutamate $HOOCC_2H_4C(HNH_2)COOH$ 興奮性の神経伝達物質
・グリシン glycine H_2NCH_2COOH
●ヒスチジン histidine $(NC_3H_2NH)\text{-}CH_2CH(NH_2)COOH$　(10mg/kg･day)
●イソロイシン isoleucine $H_3C\text{-}CH_2CH(CH_3)CH(NH_2)COOH$　(20mg/kg･day)
●ロイシン leucine $(H_3C)_2\text{-}CHCH_3CH(NH_2)COOH$　(39mg/kg･day)
●リジン lysine $(NH_2)\text{-}CH_2C_2H_4CHCH(NH_2)COOH$　(30mg/kg･day)
●メチオニン methionine $H_3C\text{-}S\text{-}C_2H_4CH(NH_2)COOH$　(15mg/kg･day)
●フェニルアラニン phenylalanine $(C_6H_5)\text{-}CH_2CH(NH_2)COOH$　(25mg/kg･day)
・プロリン proline $(C_4H_7NH)\text{-}COOH$
・セリン serine $OHC\text{-}CH(NH_2)COOH$
●トレオニン threonine $(H_3C)\text{-}CH(OH)\text{-}CH(NH_2)COOH$　(15mg/kg･day)
●トリプトファン tryptophan $(C_4H_4C_2NHCHC)\text{-}CH_2CH(NH_2)COOH$　(4mg/kg･day)
・チロシン tyrosine $(OHC_6H_4)\text{-}CHCH(NH_2)COOH$
●バリン valine $(H_3C)_2\text{-}CCH(NH_2)COOH$　(26mg/kg･day)

内、●を付した 9 種類のアミノ酸は、人体内で合成できない必須アミノ酸である。その必要単位体重当たりの必要摂取量は、成人で 184 mg/kg･day、新生児で 377.5mg/kg･day である。それぞれの必須アミノ酸の化学式の右に、体重当たり一日必要摂取量を記載した。　体重 60kg の日本人の場合、老化した蛋白質は210g/day の速度で入れ替わる。その際､140g 分は再利用し､70g 分は新たに食糧から消化吸収する。必要摂取蛋白質量は概ね体重 ×0.00115 である。蛋白質の新陳代謝には、ビタミン B6 等が欠かせない。

●炭水化物

炭水化物(糖質)は、1 つまたは複数の単糖(単純糖)から成る有機化合物である。単糖とは、それ以上加水分解できないいわば糖類の素粒子の様な物である。単糖は概して **C**、**O**、**H** から成るが、**N**、**P**、**S** を含む物もある。ブドウ糖は代表的な単糖であり、環状構造をしている。

炭水化物の多くは分子式が $C_mH_{2n}O_n = C_m(H_2O)_n$ で表せるので、炭素に水が結合した物質に見えるということでその名になった。勿論、他の分子式で表せる糖もある。

●ビタミン

三大栄養素以外の有機栄養素をビタミンと総称する。生物によって栄養素が異なり、ビタミンと呼ばれるべき物質も異なる。人間にとってのビタミンは、現時点で13種類見つかっている。水溶性ビタミンと脂溶性ビタミンに大別でき、水溶性ビタミンには8種類のビタミンBとビタミンCが、脂溶性ビタミンにはビタミンA、D、E及びKがある。脂溶性ビタミンの過剰摂取は危険である。

ビタミンBは元々炭水化物をエネルギーに変換する一つの物質と認識されていたが、複数種類あることが判った。いずれも補酵素 coenzyme（酵素反応を促進する低分子有機化合物）である。番号は必ずしも発見順ではなく、またビタミンB4等一時ビタミンBと誤解されていた物質もある。

- **ビタミンB1**：チアミン thiamin $C_{12}H_{17}N_4OS$。糖質と分岐脂肪酸の代謝を助ける。不足すると脚気や神経炎等の症状が出る。
- **ビタミンB2(ビタミンG)**：リボフラビン riboflavin $C_{17}H_20N_4O_6$。三大栄養素の代謝、呼吸器、視覚感覚器、血液に関わる調整機能を担う。不足すると口内炎、舌炎、皮膚炎、癲癇等の症状が出る。
- **ビタミンB3（ビタミンPP)**：ナイアシン niacin $C_5H_4N\text{-}COOH$。熱に強く、三大栄養素の代謝、循環系、消火系、神経系の調節機能を担う。不足すると、口内炎、神経炎、下痢等の症状が出る。
- **ビタミンB5**：パントテン酸 pantothenic acid $HO\text{-}C_8H_{15}NO_2\text{-}COOH$。糖や脂肪酸の代謝をする。普通の食生活で不足することはまずない。不足すると、成長停止や副腎障害等の症状が出る。
- **ビタミンB6**：アルコール型のピリドキシン pyridoxine $(HO)_2\text{-}C_8H_8N\text{-}OH$、アルデヒド型のピリドキサール pyridoxal $(HO)_2\text{-}C_8H_7N{=}O$、アミン型のピリドキサミン pyridoxiamine $(HO)_2\text{-}C_8H_8N\text{-}NH_2$ の3種類ある。アミノ酸の代謝や神経伝達作用を担う。腸内細菌が合成するので、不足することは無いと考えられている。不足すると痙攣、癲癇、貧血等の症状が出る。
- **ビタミンB7(ビタミンBW、ビタミンH)**：ビオチン biotin $C_9H_{15}N_2OS\text{-}COOH$。酵素として働く。腸内細菌が合成するので、不足することは無いと考えられている。不足すると白髪、疲労、神経障害等の症状が出る。
- **ビタミンB9(ビタミンBC、ビタミンM)**：葉酸 folate $H_2N\text{-}C_{18}H_{17}N_6O_4\text{-}COOH$。酵素として働く。不足すると貧血、免疫機能減衰等の症状が出る他、心臓病、大腸がん、子宮がんのリスクが増すとの報告もある。
- **ビタミンB12**：シアノコバラミン cyanocobalamin $C_{63}H_{88}CoN_{14}O_{14}P$ と、ヒドロキソコバラミン hydroxocobalamin $C_{64}H_{93}CoN_{13}O_{17}P$。酵素になる。不足すると悪性貧血、脊髄変性症等の症状が出る。

ビタミンCは、L体アスコルビン酸 ascorbic acid $O{=}C_6H_4O\text{-}(OH)_4$。人体内で合成できないので食事等から摂取すべきだが、人間ならびに一部の猿目やモルモット以外の殆ど全ての生物は体内合成できるので摂取する必要はない。高温で **O** と反応し分解するので、オレンジジュース等の加熱工程を経て作られる食料にはビタミンCは本質的には含まれないが、澱粉がビタミンCを覆うジャガイモ等は加熱してもビタミンCが残存できる。食品添加物の酸化防止剤としても使われる。コラーゲン合成、活性酸素の除去、ビタミンEの再生、異物代謝の活性化、鉄吸収の助長等、多くの働きをする。過剰摂取しても排尿される。不足すると免疫抵抗力低下、壊血病、老化促進等の症状が出る。

人間にとってのビタミンAは、アルコール型のレチノール retinol $C_20H_{29}OH$ であり、アルデヒド型のレチナール retinal $C_{19}H_{27}COH$ やカルボン酸型のレチノイン酸 retinoic acid $C_{19}H_{27}\text{-}COOH$ 等もビタミンAである。網膜細胞の保護や遺伝子情報の制御をし、欠乏すると夜盲症等の症状が出る。ビタミンDは植物性のビタミンD2エルゴカルシフェロール egocalciferol $C_{28}H_{44}O$ と、動物性のビタミンD3コレカルシフェロール cholecalciferol $C_{27}H_{44}O$ に分けられる。人体内ではビタミンD3が腸、腎臓、骨等の臓器間の **Ca** 移動や、免疫への関与を担う。欠乏するとくる病、骨粗鬆症、骨軟化症等の症状が出る。

ビタミンEはトコフェロール tocopherol **$C_{29}H_{50}O_2$** であり、人体で重要なのはD-α-トコフェロールである。抗酸化作用を担い、食品添加物としても用いられる。欠乏すると溶血性貧血等の症状が出る。ビタミンKは、天然の植物性ビタミンK1 フィロキノン **$C_{31}H_{46}O_2$** と微生物性ビタミンK2 メナキノン、及び人工のビタミンK4 メナジオール二燐酸ナトリウムがある。Kは凝固を意味するKoagulations[独]に因む。血液凝固作用や骨への **Ca** 定着作用を促し、欠乏すると血液凝固不能や骨粗鬆症等の症状が出る。

●無機質

日本人の食事摂取基準において、以前は必須ミネラルを12種類謳っていたが、平成16年10月25日にまとめられた平成17年度から平成21年度の5年間使用する「日本人の食事摂取基準(2005年版)」から13種類になった。13種類の無機質について、少々補足する。

Zn：**Fe** の次に多い必須微量元素。細胞分裂や100種類以上の酵素の活性に関与し、酵素構造形成と維持等に必要。不足すると免疫不全、創傷治癒不全、精子不足、味覚不全、胎発生不全、小児の成長不全等を引き起こす危険性がある。

K：体重の約0.2%と人体で8～9番目に多く含まれる元素。神経伝達、細胞レベルの様々な物質交換を調整する。後述の表10-2に細胞の外の **K** 濃度を示す。

Ca：人体中に成人男性で約1 kgを占め、細胞内液にはほとんど無く、主に骨や歯としてヒドロキシアパタイト **$Ca_5(PO_4)_3(OH)$** の形で存在する。筋肉細胞では、収縮に関わる蛋白質(トロポニン)に結合する。細胞内外への **Ca^{2+}** の移動で、体内機能や体内成分を調整する。

Cr：50～200 μg/day 必要。インスリンが体内でレセプターと結合するのを助ける、耐糖因子の構成材料。不足すると、Oh 糖代謝異常(糖尿病)になる危険性がある。

Se：微量必須、抗酸化酵素の合成に必要。

Fe：生物に非常に重要。ヘモグロビン1分子に4つの鉄(Ⅱ)イオンが存在(ヘム錯体)し、酸素交換をする【☞第5章】。レバー、ほうれん草等に多く含まれる。不足すると鉄欠乏性貧血が起き、反対に過剰に摂取するとDNA、蛋白質または脂質が分解される。1日摂取許容量は大人で45 mg、14歳以下の子供は40 mg。20 mg / 体重1 kgを超えると鉄中毒症状を呈し、致死量は60 mg / 体重1 kgである。

Cu：100mg～150mgが主に骨や肝臓に存在する。ヘモグロビン合成に必要。

Na：細胞内外の **Na^+** 濃度差で、神経細胞や心筋細胞等が電気的に興奮する。細胞外液の陽イオンの大半を占め濃度145 mmol/ℓ程度に保持される。**Na^+** の過剰摂取は水分貯留を促進し高血圧となる。

Mg：リボソーム構造、蛋白質合成、エネルギー代謝を維持する。不足すると、虚血性心疾患等を引き起こす危険性がある。光合成色素クロロフィルに含まれ、受光する役割を担う。

Mn：骨形成、代謝維持、インシュリン合成、消化助長、活性酸素対策を担う。不足すると成長異常、平衡異常、疲労、糖尿病、骨脆化、代謝力低下、生殖能力低下等の症状が出る危険性がある。

Mo：痛風の原因物質であり、内因性抗酸化物質である尿素を作る酵素を作ったり、酔い症状の原因物質アセトアルデヒドを分解する酵素の成分となる。**Cu** 摂取量とバランスを採るべきである。

I：甲状腺ホルモン合成に必要する。

P：DNAやRNAのポリリン酸エステル鎖、ATP、細胞膜の主要構成要素リン脂質、脊椎動物の骨を構成するリン酸カルシウム等に必要である。全生物に共通した必須元素。

血液中の赤血球に含まれるヘモグロビン【☞5.4節】が酸素交換をしているが、一酸化炭素 **CO** は酸素 **O** よりヘモグロビンとの親和性が高く、また離脱し難い。空気中に0.3%以上含有されるとヘモグロビンの80%以上が酸素交換機能を失う。20%のヘモグロビンが酸素交換機能を失うと、急性中毒症状が見られるようになり、65%に至ると死の危険性が生じる。また、バナジウム **V**、コバルト **Co**、ニッケル **Ni**、ゲルマニウム **Ge**、リチウム **Li**、硼素 **B**、臭素 **Br** は摂取すると効果的であると考えられている。

10.3節 ゲノムの世界

＜要 点＞

遺伝子は、生物を作るための設計図である。遺伝子は DNA に載っていて、DNA を畳み込んだ物が染色体であり、染色体の集合した物が核である。

＜基 本＞

ゲノム、遺伝子、染色体、DNA、核の違いを説明できるかな？

DNA は前述の通り、蛋白質の種類や構造を示した設計図であるが、より厳密に言いたい。この設計図には、要らない部分と要る部分とがある。つまり DNA の長い鎖の中で、設計図として働いているのは極一部分である。この働いている部分を遺伝子 gene と称する。いわば、遺伝子とは生体発生に必要な蛋白質合成のための設計図であり、DNA とは遺伝子等の情報を乗せた螺旋状構造体である。遺伝子には大きく、どのような蛋白質を作るかを指示する構造遺伝子と、蛋白質をいつどの程度作るかを指示する調節部位の 2 種類ある。人間の場合、遺伝子は DNA の約 5%～ 10%程度を占めるに過ぎない。一説によると、使わない設計図は人間が歩んで来た進化の試行錯誤の過程を示唆する可能性もある。

さて、DNA は猛烈に長い。DNA は幅 2nm で長さが 1.8m 程度である。これを核に納めなければならないので、とにかくひたすら毛糸鞠(まり)のように畳み込んでいくしかない。こうして畳まれた DNA は染色体 chromosome となる。染色体とは DNA の集合体であり、人間の場合には 23 対 46 本ある。図 10-1 のような分裂時以外は染色体を見ることはできない。染色体を集合させた物が核 cell nucleus である。

ゲノム Genom[独] とは、これらの概念の総称である。10.2. 節で人間が必要とする材料を説明し、10.3. 節ではその設計図について説明したという訳である。10.4. 節では、材料からできた人間の中のあちこちを見てみたい。

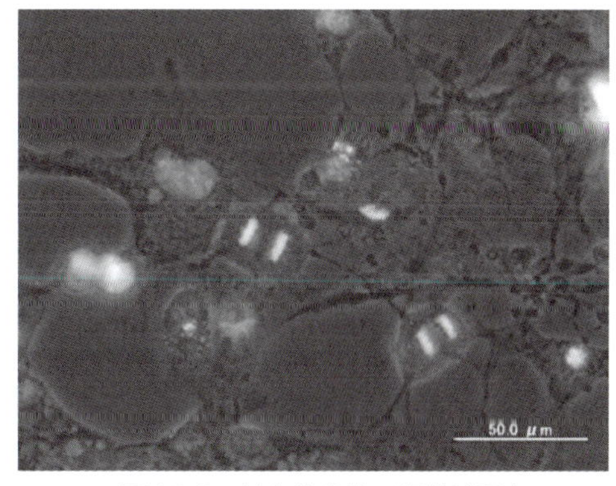

図 10-1　核と染色体の顕微鏡写真

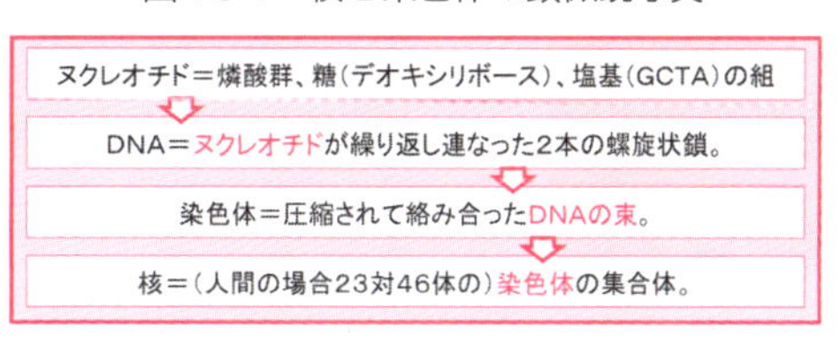

図 10-2　ゲノム概念の構造図

＜発 展＞

● Y 染色体

人間の染色体に載っている遺伝子の数を、表 10-1 にまとめる。概して1,000前後あり、1番染色体や19番染色体はかなり多い。反対に、20番染色体と22番染色体は700程度とやや少なく、13番染色体と18番染色体は500程度とかなり少ない。いや、もっと少ない染色体があった。23番Y染色体である。たったの78しかない。因みにたった26,512（男は25,492)の遺伝子で人間ができているのは不思議な気もするが、それだけ効率的な設計図になっていると言う事と、人間は生まれよりも成長過程が重要であると言う事である。

染色体は、なぜ2個一組になっているだろうか。人間の周りには電磁波、温度、化学物質等、人間を蝕む要因が沢山ある。最近は、ストレスも要因に加えるべきだろう。染色体上の遺伝子も例外無く、これらの要因に蝕まれる。後述の通り、遺伝子破壊は時として命の危険をもたらす。したがって、壊れた遺伝子を修復する必要がある。例えば同じ染色体を2つ持っていたら、その片方のある部分が壊れてももう片方を参照して修復できる。2つの染色体の同じ個所が壊れる確率はかなり低いという目論見である。ところで男性の第23番染色体はX染色体とY染色体がそれぞれ1個ずつしかないので、男性はX染色体もY染色体も修復のしようがない。そもそも男性は過酷な環境で競争するように仕組まれているので、染色体が破壊される確率はそれだけ上がる。あまり高齢で子供を作らないに越したことは無い理由の一つはここにある。余談だが数年前に、500年後にはY染色体は絶滅している可能性があると言う説が発表された。

Y染色体は、X染色体の奇形であると言われている。前述のウィルスのように、長いDNAの方が強いので、当然Y染色体はX染色体に比べると劣っている。人間は、有性生殖機能を得る代償として、遺伝子情報の少ない劣った男性を作ったのである。道理で、男性は好戦的で単細胞であるが、これは自分の呪われた運命を本能的に知って自暴自棄になっているのかも知れない。女性の皆さん、そんな哀れな男性を苛めずに、上手に誘導してあげて下さい。

ちなみに、Y染色体に載っている遺伝子情報は、主として4つだけと言われている。それは、精巣決定遺伝子(男性であること)、体格決定遺伝子、精子成形形成第三遺伝子、歯寸法決定遺伝子である。どれも生命に直接関係ない、大して重要でない遺伝子である。もしY染色体が無くなったら、生まれてくるのは皆女性である。もう人間はここまで進化したのだから、単性生殖に戻るのも悪くないかも知れない。

表10-1　人間の染色体に載っている遺伝子の数と構成する塩基対の数

染色体番号	1	2	3	4	5	6
遺伝子数[個]	2,610	1,748	1,381	1,024	1,190	1,394
塩基対数[bp]	2億7,900万	2億5,100万	2億2,100万	1億9,700万	1億9,800万	1億7,600万

染色体番号	7	8	9	10	11	12
遺伝子数[個]	1,378	927	1,076	983	1,692	1,268
塩基対数[bp]	1億6,300万	1億48,00万	1億4,000万	1億4,300万	1億4,800万	1億4,200万

染色体番号	13	14	15	16	17	18
遺伝子数[個]	496	1,173	906	1,032	1,394	400
塩基対数[bp]	1億1,800万	1億0,700万	1億0,000万	1億0,400万	8,800万	8,600万

染色体番号	19	20	21	22	23（X)	23（Y)
遺伝子数[個]	1,592	710	337	701	1,098	78
塩基対数[bp]	7,200万	6,600万	4,500万	4,800万	1億6,300万	5,100万

●癌

本来あるべき状態と比べ体積が増す状態を肥大 swelling と称する。また、本来あるべき遺伝子以外の細胞を新生物 neopkasm と称する。新生物起因でない肥大、例えば炎症腫やタコ等を、過形成 hyperplasia と称する。また、新生物起因の肥大を腫瘍 tumer と称する。腫瘍とは塊を作る新生物であるともいえる。大抵の場合、過形成はそれ自体には問題が無く、過形成により生体の他の部位に何らかのストレスが発生する際に問題となる。

腫瘍は、宿主に悪影響を及ぼさない良性腫瘍、場合によっては悪性腫瘍と化す潜在悪性腫瘍、無秩序に増殖し周囲組織への侵入、破壊あるいは転移をする悪性腫瘍に分類できる。悪性腫瘍は更に、上皮組織由来の癌腫と、それ以外の肉腫に分類できる。癌腫より肉腫の方が性質が悪い。

さて、新生物は体の外からやってくる場合は先ず稀で、本質的には遺伝子のミスコピーにより自分とは違った蛋白質合成が為されて生じる。悪性腫瘍とは、その内生命力が強い物といえる。そもそも遺伝子は少しずつ変わろうとするので、何事も無くても 1/1,000 万の確率でミスコピーが発生する。更に前述の通り、破壊された遺伝子からもミスコピーが起こる。細胞数は 60 兆個なので、健全者の体内には、概して少なくとも 600 万個の新生物が存在していることになる。この中のいくつかは、きっと悪性である。通常人間はその悪性新生物を免疫力で駆逐している。生物は不思議な物で、少数の時には大人しいが、集団になると途端に主張し始める。免疫力が弱って悪性新生物がのさばった時、悪性腫瘍ができるのである。放射線や熱等により遺伝子が破壊された場合、そもそもコピー全体がミスコピーなので、悪性新生物ができる確率は一気に跳ね上がる。ミスコピーは細胞分裂する際にのみ起るので、成長盛りの子供や、怪我や病気をした時等に実は悪性新生物が沢山できていることになる。

暑い夏にハワイの海岸で 1 日甲羅干して、こんがり肌を焼いてすっかり上機嫌で帰ってきた。澄んだ空、深い海、強い日差し、きっと紫外線を沢山浴びたことだろう【☞発展】。気分とは裏腹に、皮膚癌の確率が跳ね上がっていたのである。酒を飲み過ぎると胃壁がただれる。胃癌の素である。煙草は同様に肺癌の素である。ピアス、刺青等、わざわざ癌発生確率を上げる行為は沢山ある。

折角今ある体だもの、大切にして、不必要に壊さないよう生きるのはいかが？

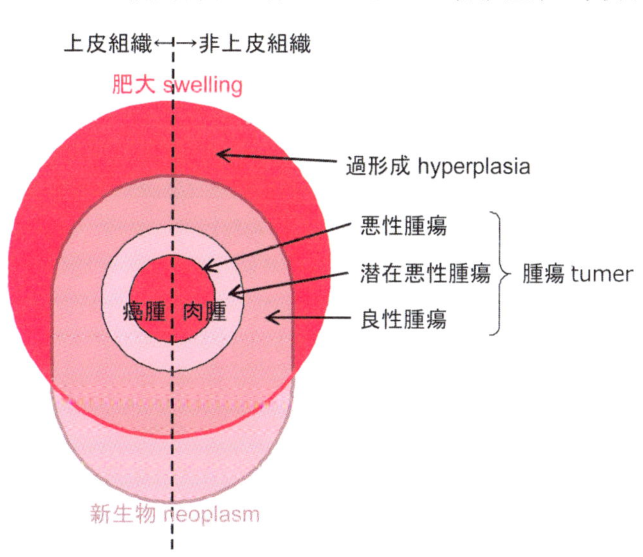

図 10-3　癌腫あるいは肉腫の定義イメージ図

人間の構成材料～水分

＜要 点＞

人体には体重の 60 ～ 70%の水分が含まれ、体重の約 5%は血液である。人間の細胞外水質は薄い海成分であり、血液はそれを作っている。

＜基 本＞

さて、人間を構成する七代栄養素の内、最も多いのは水 H_2O である。なぜならば、多くの生体機能は水を媒体として成立しているからである。水を媒体とした化学反応は、静かでロスが小さい。したがって、生物が生活できる環境は、体内の水分が液体でいられる環境に限られる。余り暑い場所や寒い場所では体内の水分は液体ではいられず、生物は死ぬ。一時、土星の衛星タイタン Titan (**Ti** と同じ名前である！)には大気があるので、そこで液体となっているメタン CH_4 を媒体とした生命活動があり得るかどうか、つまり生物が生存しているかどうかが話題となった。この場合 CH_4 が液体でいられる温度領域、即ち融点の -182.5℃以上、沸点の -161.6℃以下が生物の生活できる環境である。結果は、やはり水を媒体とした化学反応が勝っていた様で、太陽系には地球以外に生命がいる形跡は無かった。地球を大切にしよう！

さて、その水分は体のどの部分にあるのか？　先ず細胞の中にある。そして細胞間にもある。陸上生物には血液 blood が循環しているので、血液にも含まれる。

生まれたての人間は、水分が体重の 70%以上含まれるいわばピチピチ状態である。加齢 aging と共に水分含有量が低下していき、最後は 60%程度になる。高齢者から見ると若者の肌は羨ましい限りであるが、これは人間は時間には敵(かな)わないと悟るべき問題である。更に、水分含有量だけでなく、加齢と共に細胞の中の水が漏れ濁ってくる。丁度例えるなら、エンジンオイルが徐々に酸化してどす黒くなっていく状態に似ている。自分の細胞が今どうなっているか見えたら、誰もがもっと健康に気をつけるに違いない。ちなみに、ミイラは人間の干物である。60%を占める水分が無くなっているのだから、相当軽い。鰹節と同じである。外科医の知り合いが言っていた。ミイラなど、生きた人間を切ることに比べたら全然気持ち悪くないと。

血液は、人間の体重の約 5%である。ここには、水分だけでなく赤血球、白血球、血小板なる細胞が混雑の中混ざっている。つまり、ほとんどの水は細胞の中にある。そもそもなぜ血液があるのか？　これは、海水中で海水と物質交換をしていた祖先が陸に上がりそれができなくなったため、海を自分の体の中に作らなければならなくなったからである。人間の細胞外水質は海であり、血液はそれを作っている。尤も、全身が空気で覆われた陸上で生活するには、蒸発する水分を補うためにより多くの水分を体内にためる必要があり、その分海よりは無機質の濃度は低い。

表 10-2　海水と体液の無機質濃度

元素		$_{11}Na^{+}$	$_{12}Mg^{2+}$	$_{17}Cl^{-}$	$_{19}K^{+}$	$_{20}Ca^{2+}$	$P_2O_3^{4+}$	HPO_4^{2-}	HCO_3^{-}	Prtn.
原子量	[g/mol]	22.990	24.305	35.453	39.098	40.048	109.946	95.979	61.017	–
細胞内濃度	[mmol/l]	12	0.8	4	140	0.0002	98	35	2	66
	[mol%]	3.4	0.2	1.1	39.3	0.0	27.5	9.8	0.6	18.5
	[g/l]	0.276	0.019	0.142	5.474	0.000	10.775	3.359	0.122	–
	[wt%]	2.0	0.1	1.0	39.3	0.0	77.3	24.1	0.9	–
細胞外濃度	[mmol/l]	145	1.5	116	4	1.8	2	1	27.5	16.3
	[mol%]	44.5	0.5	35.6	1.2	0.6	0.6	0.3	8.4	5.0
	[g/l]	3.334	0.036	4.113	0.156	0.072	0.220	0.096	1.678	–
	[wt%]	44.5	0.5	54.9	2.1	1.0	2.9	1.3	22.4	–
海水中濃度	[mmol/l]	489	51.4	566	10.2	10.1	0.0001	0.0001	2.4	–
	[mol%]	137.4	14.4	159.1	2.9	2.8	0.0	0.0	0.7	–
	[g/l]	11.242	1.249	20.066	0.399	0.404	0.000	0.000	0.146	–
	[wt%]	150.1	16.7	267.9	5.3	5.4	0.0	0.0	2.0	–

＜発 展＞

●水と塩分

人間の細胞外水質は（薄まった）海であり、**Na** がある。細胞膜を挟んで細胞内にある **K** と、細胞外にある **Na** の濃度が同じバランスとなるように調整している（**NaK** ポンプ）。したがって、その（薄まった）海は薄まっても濃くなってもいけない。

例えば汗を大量にかいて喉が渇いた時には、水分と同時に無機質が不足状態になっている。そこに真水を過剰に摂取すると、体内の **Na** 濃度が低下、即ち海が薄まる。この結果細胞内も薄まり、これが酷くなると細胞不全状態になる（水中毒 water intoxication）。血液が薄まると、赤血球の中にも水分が流入する。これが度を越すと、赤血球が破裂する（溶血）。したがって、真水ではなく、体液成分と同じ電解質水分を摂取するのが良い。下痢や嘔吐で脱水状態になった時、病院では電解質水分を点滴する。

一方、塩分の取り過ぎは高血圧になると言われている。これは塩分の中にある **Na** や **Cl** が過剰摂取され血液中濃度が上がると、細胞内から水分が血液に流れ込み薄めようとするからである。結果的に血液量が増え、血管に内圧が掛かる。

ところで、生命活動の一つに不要物質の対外排泄があり、汗や尿はその具体例である。水分を外に出すのであれば、当然その分を補う必要がある。水を全く補給できない状態では、人間は 3 日生きられるかどうか危うい。成人男性は、普通の生命活動に対しては 2 ℓ/day、最低限の生命活動のみに対しても 1 ℓ/day の水分を必要とする。

海水は体液成分より濃いので、海水を飲むという行為は本質的には無機質を過剰摂取する行為である。ただし漂流している時等飲み水がない状態で、体内の水分が不足して体液が濃くなってしまうと、やがて水分不足で死ぬ。この様な場合には、500 mℓ/day を上限値として海水を飲んで凌いでみるのがサバイバル時の緊急手段なのだそうだ。

10.5節 人間の構成材料～水以外

＜要 点＞

バランス良くいろいろな食糧を食べる必要がある。特に人工的な味に味覚を麻痺させられて、知らない内に食事が偏ってしまうことは避けたい。

＜基 本＞

人間の体で水でない部分はどこか？　細胞を基に考えると良くわかる。

先ず細胞膜 cell membrane。これは図 10-4 に示す **P**、**H**、**C** 及び **O** から成る燐脂質 phospholipid 分子の配列である。**P** が中心に構成される頭部は親水性であり、脂質は疎水性である。したがって、燐脂質分子を水に浮かべると、自然と図 10-5 に示すように脂質同士が内側に収まり二重に並ぶ(脂質二重層)。この二重配列に端部があるとそこで脂質が水と接してしまうので、球面体になるのが最も安定する。燐脂質は水中で自然に球体膜を作り、この中に核やミトコンドリアが入り込んだのが、原始細胞と言われている。図 10-4 において、黒原子は **H** を、桃色原子は **C** を、赤色原子は **O** を、白色原子は **P** を示す。不飽和脂肪酸は、若干中央付近で若干曲がっている。

その核には、DNA が収納されている。これは **H**、**C**、**N**、**O** 及び **P** 等の金属でできている。

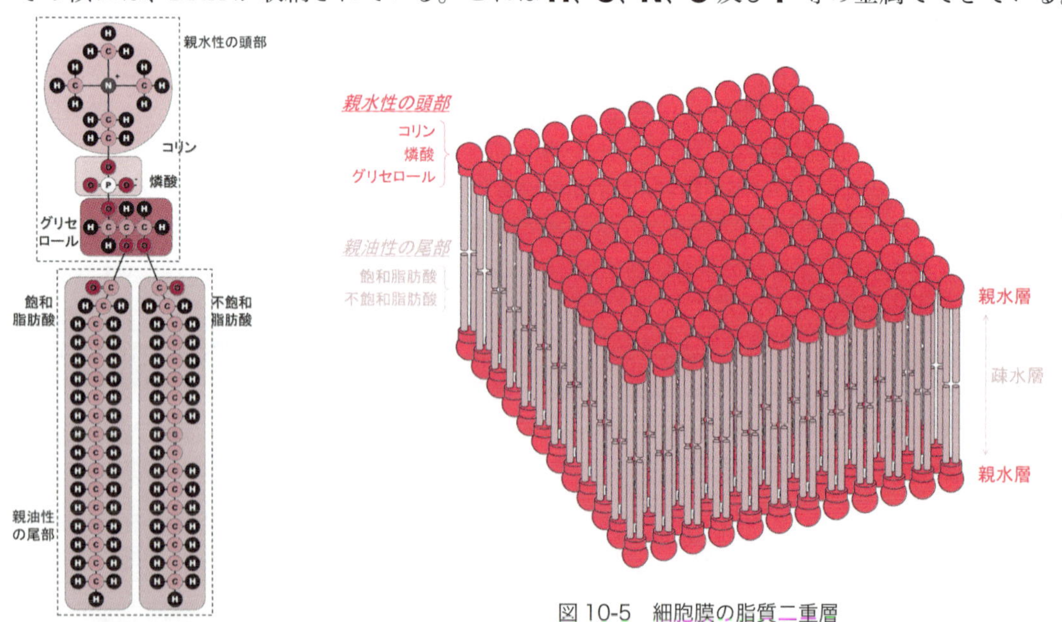

図 10-4　細胞膜を形成する燐脂質

図 10-5　細胞膜の脂質二重層

また、ミトコンドリア等の蛋白質及び燐酸でできた小器官がある。細胞内には**K**、**Na**、**Cl**、**Ca**等の電解質がバランスの下に在る。細胞の内外で物質交換をしているが、この物質交換は浸透圧の原理に基づく。この細胞浸透圧は、正電位が前述のように**Na**と**K**、負電位が無水亜燐酸P_2O_3と蛋白質と**Cl**の、量のバランスに依り制御される。

他にも各器官を一つ一つ挙げるときりがないので、例えば組織分類に沿っていくつか見ていこう。上皮組織に付きものの毛は、ケラチン keratin という蛋白質等から構成される重合体 polymer である。結合組織といえば支持性結合組織の骨、溶性結合組織の血液やリンパ、一般結合組織の線維等がある。骨は、その 2/3 が燐酸カルシウム calcium phosphate $Ca_3(PO_4)_2$、1/3 が膠原線維(コラーゲン線維) collagen fibril で丁度鉄筋コンクリートのように弱点を補い合っている。$Ca_3(PO_4)_2(OH)$は体内で通常水酸化カルシウム$Ca(OH)_2$と相互作用し純鉄より硬く水酸燐灰石(ヒドロキシアパタイト) hydroxylapatite $Ca_5(PO_4)_3(OH)$の結晶を作る。余談だが、水酸燐灰石はモース硬度5の基準鉱石で、ナイフで何とか傷付けられる。一方、膠原繊維は、トロポコラーゲンが沢山集積し太い繊維となったものである。トロポコラーゲンとは、グリシンを含む3種類のアミノ酸が順番に連結する構造を採る蛋白質コラーゲンが、3本ロープのように螺旋状に巻き付いて太くなったものである。吊り橋のロープがそうであるように、膠原線維は引張力に強い。膠原線維は骨だけでなく様々な結合組織の成分であり、特に腱 tendon は成分のほとんどが膠原線維から成り猛烈に強い。赤血球にはヘモグロビン【☞ 10.2 節発展】がある。また白血球も細胞であり、非自己細胞を殺すために核が猛烈に大きい。筋肉は、蛋白質アクチン actin やミオシン myosin 等から成る。皮下脂肪もある。

人間の生命活動には、エネルギーが必要である。人間の体内では炭素を燃やす火力発電をしている訳ではなく、ミトコンドリアにおいてアデノシン三燐酸 adenosine triphosphate, ATP $C_{10}H_{16}N_5O_{13}P_3$が、アデノシン二燐酸 adenosine diphosphate, ADP $C_{10}H_{15}N_5O_{10}P_2$と燐酸H_3PO_4に加水分解する際に発生する 10 kcal/mol を用いている。食糧により得られたエネルギーは、ADP を ATP に変換して各所に貯めて置く他、脂肪の形で脂肪細胞内に所蔵する。

＜発 展＞

●食糧摂取に潜む危険

基本の続きだが、生物の体は脂肪を貯めやすい。これは、そもそも生物界では捕食が容易では無く、飢餓しないように体内にエネルギーを貯蔵する機能を持つ遺伝子が残ったことによる。反面、今の人間は飽食であり、肥満 obesity は社会問題の一つといえる。世界的には男性の 24%、女性の 27%が肥満と言われており、また日本人の 3%、アメリカ人の 30%以上が肥満とアジアより欧米の方が強い肥満傾向を示す。ただし最近では、日本でも小児肥満が増加しており、男児の 10%、女児の 9%が肥満である。食生活や睡眠不足が影響しているという説も多い。

空腹で朦朧(もうろう)としてくることがある。これは、血糖値が下がり脳が飢餓状態になっているのである。脳と筋肉は、エネルギーを沢山使う。著者は、会社勤めの時代に遅くまで食事のできない出張を何度もしていたので、鞄にはチョコレートを忍ばせていた。チョコレートは糖分の塊であり、空腹時に血糖値を上げる即効薬として使っていたのだ。ただ迂闊(うかつ)なことに、ある時家に備蓄していたチョコレートが急激に減っているのに気付いた。他方、子供が鼻血を出している。さては食べたな、ということになった。チョコレートの原料であるカカオには、テオブロミン theobromine $(OC)_2(NH)(NCH_3)\text{-}C_2\text{-}(NCH_3)CHN$やチラミン tyramine $HO\text{-}(C_6H_4)\text{-}C_2H_4NH_2$が含まれる。テオブロミンは血管拡張剤等の薬剤材料で過剰摂取すると吐き気、興奮、頭痛等の症状が出ることが既に報告されている。またチラミンは血管収縮剤であるが、効果が切れる時に反動で急激な血管拡張を引き起こし、毛細血管等は炎症出血することもある。即ち、チョコレートを食べ過ぎると鼻血や頭痛が起きやすくなるのである。そもそもチョコレートは高カロリー、高脂肪であり、肥満の原因になり得るので過剰摂取は良い筈が無い。

血糖値でも何でも、体内状態は複雑なバランスの上に成り立っている。血糖値は高過ぎても低過ぎても良くないので、上がると膵臓（すいぞう）からインスリンが分泌され血糖値を下げ、下がるとアドレナリン adrenaline **2OH-(C_6H_3)-CH(OH)CH_2NHCH_3** が副腎髄質から分泌され血糖値を上げるようにできている。アドレナリンはホルモンであり、ストレス反応の中心的神経伝達物質でもある。アドレナリンの分泌で人体は交感神経優位の戦闘(逃避)状態となり、心拍数や血圧を上げ瞳孔を開き、多少怪我をしても痛みを感じない。アドレナリンは強心剤や気管支拡張剤として用いる覚醒剤であり、カフェイン caffeine と併用すると大きな作用をもたらし、場合によっては突然死を招く。さて、血糖値を急に上げる糖分過剰な食品の中には、反動で次に血糖値を下げてしまう物も多い。(チョコレートは幸いにしてそうではない。)ジャンクフード、缶コーヒー、炭酸飲料等が危険と言われる。それらを頻繁に過剰摂取すると血糖値は常に大きく振れる状態となり、アドレナリンも頻繁に放出される。切れやすくなり、脾臓や神経が疲弊する。朝食を抜くと唯でさえ血糖値が低くなるので、朝食を缶コーヒー一杯をで済ませてしまうと、アドレナリンの大量放出が待っている。

合成着色料の発癌性やアレルギー性については、戦前から広く問われていた。日本では昭和 32 年以降、合成着色料の危険性が広く認識され始めた。英国食品基準庁 FSA は 2008 年 4 月、注意欠陥や多動性障害 ADHD と関連が疑われる 6 種類の合成着色料の規制勧告をし、この規制勧告はヨーロッパに広まった。

インスタント食品には、この合成着色料がかつては入っていたようである。今は一応日本国内の審査基準を満たしてはいるものの、食品添加物と健康との関係は完全には解りきっていないので、危険はまだ放置されていると考え食べ過ぎを控えるべきである。加えてインスタント食品は栄養が偏っており、塩分過剰であり、血糖値を急激に上げるカロリー食でもある。更に、グルタミン酸ナトリウム monosodium glutamate, MSG **HOOC(CH_2)$_2$CH(NH_2)COONa** 過剰摂取による味覚障害等も引き起こしかねない。塩分過剰摂取は **Na** と **K** のバランスを崩し、様々な悪影響を及ぼす。高血圧等の成人病はその一例に過ぎない。

塩分の多い菓子類は、言うに及ばず塩分摂取過剰が心配である。塩味の利いた菓子は美味しい。若者には、落ち着いた薄味の美味しさよりは、パンチの利いた積極的な味が売れるのだろう。どうも資本主義というのは買い手の健康状態等お構いなく、物が売れるかどうかだけを判断基準とするところがある。ついでにアミノ酸系調味料と称して、いろいろな添加物が入っていることが多い。これらの過剰摂取を続けると味覚が麻痺してしまい、過剰摂取に気付かない事もある。

合成保存料の中には、**Zn** の吸収を阻害する物がある。油の多いスナック菓子やインスタント食品等に合成保存料は沢山入っていると思われ、これらを食べ過ぎると **Zn** 不足による味覚障害も発生する危険性がある。とにかく、美味しいので味覚は合成保存料の摂取に気付かない。スナック菓子はそう高品質でない油を使って高温で揚げている可能性もあり、脂肪の取り過ぎはもとより、酸化油の摂取が動脈硬化の促進に繋がる危険性も危惧される。

書き出すときりが無いのが実情である。そもそも味覚と嗅覚は、毒かどうかを確認する重要な感覚である。例えば腐っている物は先ず悪臭がする。仮に匂いで判らなくても、一口口にして酸味が顕著等と味に違和感があれば吐き出す訳である。近年匂いや味に敏感な若者が増えていると聞くが、大学で学生の生活を見渡してみると食生活に気を付けている形跡は余りない。気が付くと味覚も嗅覚も麻痺していた、では洒落にならない。先ずは人工的な味とそうでない味を区別する味覚を身に付けたい。人工的な味は本質的には健康的である筈がないので、過剰摂取には充分気をつける必要があるだろう。売れる味は、ある種の麻薬と考えても考え過ぎではない。とにかく、健康は作るも壊れるも速度が遅い。今の健康は 10 年前の健康努力の賜物であり、10 年後に健康でいられるかどうかは今の健康努力に掛かっている。気が付いたら重大な疾病にかかっていた、では手遅れである。

10.6節 人間を作る・人間から作る

<要 点>

人工臓器はコンタクトレンズ、歯のインレイ等から義手、人工心臓まで多種多様である。人工臓器は、人体に馴染みかつ寿命が長い材料を用いなければならない。

人間に倣った工学物体や仕組みも沢山ある。生物は優れたシステムなので、自分を省みることは重要なことである。

<基 本>

食べ物の話が深刻な方向に至ったので、この章の最後に口直しではないが人間工学の話を少々したい。

日本語では、「●●工学」という名称が一般的になっている。例えば、航空工学、船舶工学、建築工学、原子力工学等は、研究開発の対象を前に置いた名称である。英語で説明するならばと、engineering for something である。また金属工学、有機材料工学、破壊工学等は、研究開発の基盤や素材を前に置いた名称である。英語でいうと、engineering on something である。特殊な例では、高温工学や精密工学等の、研究開発の取り扱う意味合い、あるいは特性を前に置いた名称もある。engineering with someshing となるのだろう。では人間工学とは、この内のいずれであろうか？

人間工学とは、かつては安全衛生工学の様な分野 ergonomics と、人間と機械の接点を扱う感性系工学 human factors が主だった。しかし人間工学を、人間の幸せのための工学 engineering for human、人間を作る工学 engineering to human、人間に倣う工学 engineering after human、人間が扱う世界に関する工学 engineering with human 等と様々に解釈することが許されるのであれば、昨今の医薬工連携分野は間違いなく人間工学であり、音楽療法、アロマセラピー、人工知能、体育はもとより、環境を作るリサイクル工学や原子力工学までもが人間工学関連分野とも言える。

この本は材料の本なので、人間工学の中で材料と関係ある、人間を作るという意味での人工臓器と、人間から作る、即ち人間に倣う工学について若干の説明をしてみたい。

なお、著者の研究室は、人間工学研究室という名称である。人間の心地良さ comfort を研究し、心地良さを機械や材料に加味することで、安全性、精度、効率等を高めることを目的としている。心地良さとは、別の観点からはストレス stress の掛からない状況作りともいえる。勿論、材料(ひいては人間)の痛み方の評価ならびに予測や、機械の設計ならびに加工に関しても、心地よさを実現する手段として研究対象としている。

<発 展>

●人工臓器

機械が壊れると補修する。人間が壊れると、小さい破損の場合には自己修復機能で回復するのだが、大きい破損の場合には投薬や手術が必要となり、場合に依っては人工材料を付与する必要も出てくる。人体に接触させて機能させる人工物を、人工臓器 artificial organs と称する。

人工臓器というと何か特殊な物を連想しがちだが、卑近な例では歯のインレイ、眼鏡、コンタクトレンズ、補聴器等お馴染みの物から、義手、義足、人工心臓等まで多種多様である。付け睫毛、鬘（かつら）等の日常品を人工臓器に含めて良いかどうかは別として、人工臓器は案外身近な存在ではなかろうか。

人工臓器を使用する際には、いくつか確実に問題となることがある。

第一に人工臓器と患者臓器との連結安定性である。2012 年 6 月 12 日、脳死した子供の臓器移植が国内で実施された。臓器移植は、人工臓器の場合もあれば天然臓器の場合もある。生体は異物を攻撃する性質があり、移植した臓器をもし異物と見なしたら連結性が崩壊する（拒絶反応 rejection）。拒絶反応が起きないように人工臓器の材料は、少なくとも人体と馴染みやすい必要がある。前述の通り、**Ti** 合金等が比較的馴染みが良い。今後も、機能に適合しつつ人体に馴染む材料の開発が望まれる。

第二に、特に生体内で用いる場合には深刻な問題だが、人工臓器の寿命である。人工臓器が故障した場合、人工臓器を一旦生体から外して修理または交換し、再び生体に連結しなければならず、人体に負担が掛かる。例えば、40 歳の患者の体内に埋め込んだ人工臓器が 25 年もつか、50 年もつかは重大問題である。25 年しか持たなければ、65 歳に再手術を受けなければならない。一方 90 歳まで生きている確率は高くはない。もし前者の人工臓器が 100 万円、後者が 500 万円なら、きっと患者は後者を選ぶだろう。人体内は前述の通り薄い海なので、材料が腐食しやすい環境といえる。材料は一般的には費用対効果 cost paformance（価格と性能がバランスしているか）が問われるが、人工臓器用材料に関しては、少々値が張っても耐食性、耐摩耗性、あるいは強度等の性能が高い材料が望まれる。

ところで、生体機能と人工臓器機能の原理は必ずしも一致しない。例えば人工心臓等は心臓とは似ても似つかない単純なポンプであり、心臓より小さい。機械が生物に勝ることもある数少ない面白い例である。つまり、軸周りの回転という機械には当たり前の動作が生体にはできないので、心臓は伸縮動作をやむを得ず採用したのだ。一方で、人工腎臓はかなり大掛かりな人工透析装置である。簡単に言うと、血液ポンプ、透析濾過管 dialyzer、透析液循環装置 console、空気遮断弁 air trap から成る。縦 11cm、横 5.5cm 程度の大きさの腎臓内部の精密さは、人工的にはまだ再現できない。人工肺もかなり大掛かりな人工心肺装置である。体温調整装置、血液循環装置、血液ガス交換装置から成る。魚は鰓（えら）で海水中から $\mathbf{O_2}$ を取り出しており、水は通さないが $\mathbf{O_2}$ と $\mathbf{CO_2}$ を通す（気体透過性が良い）シリコンゴム silicone rubber が鰓の代わりとして血液ガス交換装置に使われている。ところで、人間の肺の表面は広げると 80m^2 ～ 100m^2 と広く、血液ガス交換装置にも少なくともその面積が必要だが安静にしていればその 1 ／ 100 の広さで生きられ、その為のマッチ箱程度の人工肺は既に開発されている。シリコンゴムの性能や製造方法を改善し、少しでも肺胞に近い材料を作ることが今後の課題だろう。

生体は長い年月の結果自然の中で進化してその機能を分子レベルで体得してきたので、それを人工的に再現するのはやはり困難が伴う。加えて、人工臓器は機能さえ果たせばそれで良い訳ではなく、患者の予後生活の質 quality of life, QOL がそれなりに確保されなければ治療の意味が無いこともしばしばである。そこで、見える人工臓器を中心に様々な人工臓器が人間に近づくように研究開発されている。義手、義足あるいは人工乳房等は、機能もさることながら見かけも重要である。

なお昨今、胚性幹細胞 embryonic stem cells（ES 細胞）を培養して細胞や臓器の欠落部分を作りそれを移植したり、あるいは細胞シート cell sheet を弱った臓器に貼りその再生能力を上げたりと、様々な医療手段が研究されている。医学と工学の連携で推進されている、人類最先端の研究の一つである。いずれも自分自身の細胞で自分を治すので、人工物を利用するよりは自然な治療法と言えよう。

●人間に倣うこと

図 10-6 は、イギリスはバーミンガム Birmingham の西 40km ほどの町テルフォード Telford にある、鉄橋 Ironbridge である。産業革命時期の 1779 年に作られた世界最古の鉄橋で、世界遺産である。図 10-7 は、東京は皇居の二重橋である。尤も本当の二重橋はこの橋の奥にあり、今は鉄橋になっている。この 2 つの橋には共通点がある。両端の渡り始めは支えがたくさんあり強く真ん中は細く両端程強くはない。これは材料力学を知っている者にとっては常識だが、数値解析も力学体系も完備されていない昔からこの形状が用いられていたのは驚きである。実は、動物の骨格はこれと本質的に同じ形をしている。人間も動物、それでは四つん這いになってみよう。首から上はまあ置いておいて、脊椎が通っている範囲を見る。上腕と胸部分は肋骨や肩甲骨そして筋肉が集中していて強そうである。また骨盤はかなり分厚く、尻も頑丈そうだ。貧弱なのは腰である。4 本足歩行をしている内はこれで良かったのだ。橋と同じで、中央には余分な重量は要らない。この骨格は最適化形状なのである。ところが人間の悲劇は、2 本足歩行を始めた時に始まった。いざ直立してみると、この腰の唯一の構造物である脊椎は、余りに弱過ぎる。これらの橋も 90°回転させてみると、真ん中からポキッと折れそうである。腰痛は人間の宿命病なのである。

また、骨は中空構造をしている。周囲に向かって伸びる骨の特性から必然的に中空構造になった部分もあろうが、自然淘汰の中で構造材としての骨が軽くて強い【☞ 5.2 節発展】中空構造を採るようになっ

図 10-6　テルフォード鉄橋（Wikipedia より）

図 10-7　皇居二重橋（Wikipedia より）

たとも考えられよう。骨の細胞の配列は、力の伝達する線に等しく、細胞が掛かる力に対抗して成長していることを物語っている。細胞に様々な外力を掛けると、いろいろな細胞を培養できる。

また、人間の脈管系は案外最適化されている。例えば、心臓から出る経路はほぼ必ず二股分岐であり、心臓に戻る経路はなるべく沢山の合流になっている。図 10-8 に示す心臓周りを見ると一目瞭然である。先ず上大静脈と下大静脈の 2 本が右心房に入り、右心室から 1 本の肺動脈が出て、T 字に分岐して更に肺葉に向けて二股分岐を繰り返す。肺静脈は 4 本一気に左心房に入り、左心室から大動脈は 1 本、しかもぐるりと回って下に向かう（大動脈弓）。大動脈からは 1 本ずつ、腕動脈（後で右頸動脈と右腕窩動脈に分岐する）、左頸動脈、左腕窩動脈と分岐する。沢山の分岐に流体を送るとバランスを採り難いので、この二股分岐の繰り返しは納得感がある。

他にも、なぜ目や耳はいずれも 2 つなのか【☞第 11 章】という問題もある。これに対して医学分野では、3 つ以上あっても情報処理が追い付かないのではないかという説が濃厚になっている。脊髄を挟み本質

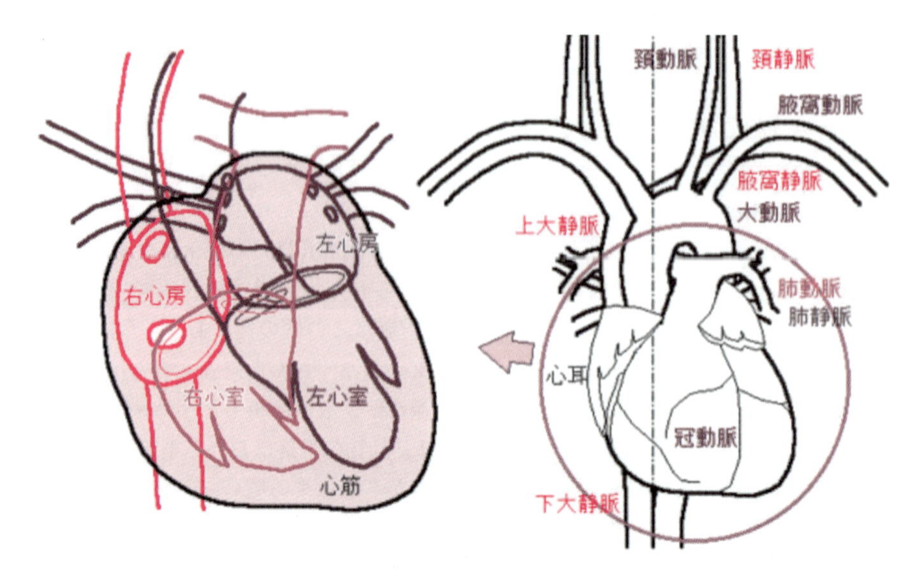

図 10-8　心臓周りの循環経路イメージ図

的に左右対称の人間にとって、奇数個の感覚器は進化の過程では生まれにくかったとも言える。いずれにしても、目や耳も最適値を採っている訳である。目を倣った機械といえば艦船の測距儀等がある。

電算機は元々人間の脳に倣った物だが、近年出現した人工知能 artificial intelligence, AI は更に脳に近づいた。AI には例えばニューラルネットワーク neural network, NW や遺伝子アルゴリズム genetic algorithm, GA 等があり、音声や画像の認識や最適化計算などができる。この結果、機械と人間の役割分担が変わりつつあり、機械が人間の代わりをする場面も増えてきている。そのような機械を設計する過程で、人間の材料や機能をまた改めて再確認する事も多い。人体は優れた材料を用いて、優れた仕組みを使っている。迷ったら己を振り返れば、何か見えてくるかもしれない。

視聴覚の材料

視聴覚の原理の本質を知り、人が視聴覚で何を材料に何を知るのかを考えよう。

Check Sheet

□ 1） 視覚情報の本質は何か、また視覚は絶対的な感覚かどうかを論じなさい。

□ 2） 光の三原色を記しなさい。また、それはなぜか？

□ 3） 絵具の三原色を記しなさい。

□ 4） 三次元的な形状認識について、先天的な能力かどうかを論じなさい。

□ 5） 輪郭線は存在するかを論じなさい。

□ 6） 視界中央の投影原理の名称を記しなさい。

□ 7） 視界周辺の投影原理の名称を記しなさい。

□ 8） 美しい視覚情報とは何か論じなさい。

□ 9） 危険な視覚情報とは何か論じなさい。

□ 10） 聴覚情報の本質は何か、また聴覚は絶対的な感覚かどうかを論じなさい。

□ 11） 人の内耳では、聴覚情報をどう処理しているか述べなさい。

□ 12） 可聴周波数を記しなさい。

□ 13） 騒音と感じる音量を記しなさい。

□ 14） 音に対する音感（印象）について、先天的かどうかを論じなさい。

□ 15） 音楽とは何か、説明しなさい。

□ 16） 音の印象に関わる物理現象を列挙しなさい。

□ 17） 美しい聴覚情報とは何か論じなさい。

□ 18） 危険な聴覚情報とは何かを論じなさい。

光

<要 点>

光は、可視電磁波である。電磁波は、波長が長くエネルギーの小さいものから、電波、赤外線、可視光線(光)、紫外線、X 線等に分類されている。

<基 本>

電磁波 electroagnetic radiation は素粒子光子 photon の移動として捉えられ、粒子性と波動性の両面を持つ。電磁波には速さ speed、エネルギー energy 及び量 quantity の概念がある。真空 vacuum 中の速度 は 299,792,458 m/sec であり、物質中では遅くなる。エネルギーは波長 wavelengths（光学は周波数ではなく波長で議論する）と対応し、波長の違いを人は色の違いとして認識する。また量は光子の数に対応し、明度や照度等の指標値と関係する。

表 11-1 に示す通り、電磁波は長波長 long wavelength（低周波 low frequency）側から順に分類される。最も長波長の電波 radio wave, RW は通信用として有効であり、赤外線 infrared ray, IR は熱を伝える。赤外線は赤色に近い近赤外線 near infrared ray, NIR、少し離れた中赤外線 medium wavelength infrared ray, MWIR、かなり離れた遠赤外線 long wavelength infrared ray or far Infrared ray, LWIR or FIR に分類される。一方紫外線 ultraviolet, UV は近紫外線 near ultraviolet, NUV と遠紫外線 vacuum ultraviolet, VUV に分類され、近紫外線は作用によって更に 3 種類に分類される。遠紫外線は地表には届かない。紫外線より短波長の電磁波は、電子軌道の遷移により発生する X 線 X-ray と、原子核エネルギー準位の遷移により発生する γ 線 gamma-ray に分類される。それぞれの境界波長は曖昧である。

様々な物体から発せられる電磁波は様々な波長であり、単一波長の場合もあれば、複数または連続波長の場合もある。太陽光は広範囲にわたる連続波長電磁波であり、可視光線の波長領域を完全に網羅する(白色光 white light)。水平線レベルにおいて 1kW/m^2 の熱量を与えるが、内訳は紫外線 32W/m^2、可視光線 445W/m^2、赤外線 527W/m^2 である。短波長の光程屈折せず、吸収されやすい。したがって、澄んだ大気は短波長の光をより散乱させる scatters ので、白色太陽光が大気を横切る距離が短い昼は青く、長い夕方は赤く見える。太陽光をプリズム prism で分光する disperse と、可視領域に全般に亘るスペクトル spectrum が見られる。

<発 展>

●可視光線

可視光線 visible spectrum、即ちいわゆる光 light とは、人の目 human eye で見える電磁波である。光の波長範囲 rage of wavelengths は概して 390nm ～ 750nm（周波数範囲 band of frequency は概して 400THz ～ 790THz）である。波長と周波数の換算については<発展>に記載する。人間の目が最大感度 maximum sensitivity を示す波長は概して 555nm（周波数は 540THz）である。

人は波長に対応して異なる色を認知する。可視光線は人間の都合により定義された物理概念であり、個人依存性もある。昆虫等他の動物に見えている光の一部は人間には見えないし、別の者が赤と言った光を自分も赤に感じるとも限らない。植物は受粉を助けてもらうために紫外光を反射し、蜂等の昆虫はそれを見て花蜜に寄ってくる。鳥は雌雄で異なる紫外の色合いの羽毛を持ち、雌雄を判別するために300～400nmの紫外光を認識できる。猫は赤外線光を感知し、夜間活動できる。人間の見た目の色彩とはまた異なる風景を他の生物は見ているのである。人間は視覚に頼っているが、視界が全てではない。

表 11-1　電磁波の分類

名称	略称	波長	地表到達率[%]	特徴等
電　波	RW	1mm ～ 10Mm		電波法で定義される。
極極極超長波	ELF	10Mm ～ 100Mm	0	潜水艦の通信用。
極極超長波	SLF	1Mm ～ 10Mm	0	潜水艦の通信用。
極超長波	ULF	100km ～ 1Mm	0	潜水艦の通信用。　鉱山の通信用。
超長波	VLF	10km ～ 100km	0	潜水艦の通信用。
長波	LF	1km ～ 10km	0	AM放送用。　電波時計や電波航行の通信用。
中波	MF	100m ～ 1km	0	AM放送用。
短波	HF	10m ～ 100m	0	短波放送用。　アマチュア無線及び業務通信用。　核磁気共鳴分光法利用波長。
超短波	VHF	1m ～ 10m	0	FM放送、VHFテレビ放送用。　業務通信用。　核磁気共鳴分光法利用波長。
極超短波	UHF	100mm ～ 1m	0	地上デジタル放送、UHFテレビ放送、無線LAN、GPS、携帯電話用。　核磁気共鳴分法利用波長。電子レンジ用。
センチメートル波	SHF	10mm ～ 100mm	0	ETC、無線LAN及び最新レーダー用　電子スピン共鳴波長。
ミリ波	EHF	1mm ～ 10mm	0	電波天文学及び高速中継放送用。　電子スピン共鳴波長。
赤　外　線	IR	800nm ～ 1mm		可視光線と電波の中間電磁波。
遠赤外線（サブミリ波）	FIR	4μm ～ 1mm	20 89～0)	熱線 黒体放射線)。
中赤外線	MWIR	2.5μm ～ 4μm	45 93～0)	化学同定利用波長。
近赤外線	NIR	800nm ～ 2.5μm	70 93～0)	赤外線カメラ、赤外線通信、家電用リモコン用。
可視光線	VL	350nm ～ 800nm	75 81～20)	JIS Z8120で定義される。
紫　外　線	UV	10nm ～ 350nm		
近紫外線	NUV	200nm ～ 10nm		
A紫外線	UV-A	315nm ～ 200nm	5.6	真皮層の蛋白質を変性させ、メラニンを酸化褐色化させる。細胞機能を活性化させる。
B紫外線	UV-B	280nm ～ 315nm	0.5	色素細胞がメラニンを生成する（日焼け）。ビタミンD生成を助長する。
C紫外線	UV-C	200nm ～ 280nm	0	オゾン層で遮断される。強い殺菌作用がある。
遠紫外線	VUV	10nm ～ 200nm	0	O_2やN_2に吸収される。真空中のみ進行可能。
X線（極端紫外線）	XR	10pm ～ 10nm	0	軌道電子の遷移起源。医療画像利用波長。
γ線	GR	～ 10pm	0	原子核エネルギー準位の遷移起源。高透過力 鉛10cmで遮蔽可能)、低電離作用。

<発 展>

●光の波動性

質量massの振動現象を意味する波動は、式(11-1)及び(11-2)の如くニュートン力学で記述できる。ρ、$\Delta\rho$、$\Delta\rho_{\max}$、f、t、θ、Eはそれぞれ単位体積当たりの振動媒体の密度density、その変化量、振幅amplitude、周波数frequency、時刻time、位相ずれ、振動エネルギーenergyを示す。

$$\Delta\rho = \Delta\rho_{\max}\sin(2\pi ft + \theta) \quad \cdots\cdots\cdots\cdots\cdots \quad (11\text{-}1) \qquad E = 2\pi^2\rho f^2\Delta\rho_{\max}^2 \quad \cdots\cdots\cdots\cdots\cdots\cdots \quad (11\text{-}2)$$

一方、光の波動性は電磁波の伝播現象に付随する性質なので、アインシュタインのいわゆる、式(11-3)の如く光子のエネルギーを振動数と関係付けることにより光電効果を説明できるという事実に基づく。即ち、エネルギーは質量と周波数の積の形を採らず、振幅の概念は無い。E_c、v_c、m_c、f_c、n_cはそれぞれ、光子1個のエネルギー、光速、光子質量、対応する周波数、対応する波長である。またhはプランク定数Planck's constantで、値は$6.6260689633\times10^{-34}$J･secである。光の波動式(11-3)と振動の式(11-2)は、本質的に異なるのである。

$$E_c = m_c v_c^{\ 2} = hf_c = h\frac{v_c}{\lambda_c} \quad \cdots\cdots\cdots\cdots\cdots\cdots\cdots\cdots\cdots\cdots\cdots\cdots\cdots\cdots \quad (11\text{-}3)$$

単色光の電磁場の振動は式(11-4)で表記できる。A_e、$A_{e,\max}$、A_m、$A_{m,\max}$はそれぞれ、電場electric fieldの振動、磁場magnetic fieldの振動、電場振幅、磁場振幅である。電場と磁場は、同じ方向に進み、振動方向が90°異なる横波である。式(11-4)と式(11-1)は同形だが、意味することは違う場と質量と異なる。

$$A_e = A_{e,\max}\sin(2\pi ft)\text{、}\ A_m = A_{m,\max}\sin(2\pi ft) \quad \cdots\cdots\cdots\cdots \quad (11\text{-}4) \qquad \lambda = \frac{v}{f} \quad \cdots\cdots\cdots\cdots\cdots\cdots \quad (11\text{-}5)$$

周波数fは1秒当たりの振動数なので、1振動数当たりの波長wavelength λを乗じると、波動の伝播transmission速度vとなる。即ち、式(11-5)が成立し、式(11-3)の右辺への変換が導かれる。

11.2節 光と視覚感知

＜要 点＞

人間は電磁波を網膜で感受し、それを脳で光として認識する。網膜では、波長を色、強度(光子の量)を明度に対応させ、その分布を捉える。この能力を視覚感知と称し、これはディジタル的かつ先天的能力である。

＜基 本＞

網膜には視神経が配列されており、光、即ち可視電磁波が目の網膜に当たると視神経がそれを色と明度の分布として感知する。これが視覚感知であり、その材料は電磁場の波長と量と言うことになる。

色を感じる視神経と明度を感じる視神経は別にある。前者は錐体(細胞) cone cell と呼ばれる三角錐形状の視神経で、後者は棹体(細胞) rod cell と呼ばれる円柱形状の視神経である。錐体は、場所により大きさと密度が異なる。中心窩 forea centralis (俗称黄斑 macura lutea：網膜中央の最も良く見える部分)周囲では直径約 1.5μm と小さい錐体が、約 2μm の細かい間隔で配列されている。一方周辺では直径約 6 ～ 7μm と大きい錐体が、約 32μm の粗い間隔で配列されいてる。したがって、周囲のみで集中的に解像度が良いが、周辺では解像度が悪い代わりに感度は高い。また、棹体は位置に関わらず直径約 2μm の大きさで、黄斑には存在せず、黄斑外縁で約 2μm、周囲で約 8μm の間隔で配列されている。黄斑外縁より周囲での解像度はやや小さい。

錐体は反応する波長が異なる 3 種類があり、それぞれを赤錐体 red corn or long sensitive cone、緑錐体 green corn or middle sensitive cone、青錐体 blue corn or short sensitive cone と呼ぶ。この結果、光の三原色という概念が発生する【☞発展】。

網膜上に離散的に分布した視神経で、ある下限値以上上限値以下の光量を感知する訳だから、この反応はディジタル的である。そして、光彩、水晶体、硝子体、視神経等に不全が無い限り、間違いなく感知は成功する。即ち感知という能力は先天的である。ただし、錐体や棹体の大きさ、感度、配列密度等は個人差がある。加えて、3 種類の錐体がどういう色のイメージに繋がり、どの様な波長にどの程度反応するかは、やはり個人差がある。言ってみれば、その人なりの色と明度の分布を感知する。同じ情報から得られる視覚の材料は、個人によって異なるのである。その意味、色や明度の分布を感知する能力は、止に個人に与えられた能力である。

＜発 展＞

●光の三原色

3 種類の錐体は、受光した光子の波長(周波数)に応じた吸収度合い、即ち分光感度 spectral absorption curves (感度の周波数依存性)を有する。図 11-1 に、人間の 4 種類の視細胞の分光感度を示す。横軸は波長であり、縦軸はその視細胞の最大感度を100とした時の相対的な感度を示す。赤錐体L-Cornと緑錐体M-Cornは、可視領域のほぼ全域にわたり感度を持つ。棹体Rodは長波長域の一部に感度を持たず、青錐体S-Cornは長中波長域にわたり感度を持たない。各錐体の感度ピークは、赤錐体が概して黄緑色yellow greenに対応する波長、緑錐体が概して緑色greenに対応する波長、青錐体が概して青紫blue violetに対応する波長である。赤錐体と緑錐体の分光感度は似ており、長波長域及び短波長域では赤錐体、中波長域では緑錐体の感度が高い。なお、赤錐体は個人差が大きく、人に依って同じ赤色光でも異なる赤色として視覚認識することになる。またその結果として副次的に、黄色の視覚認識についても人それぞれの違いが発生する。人間の脳は、赤錐体(細胞)の反応と緑錐体(細胞)の反応の差に基づき、黄色を認知しているらしい事が判って来た。

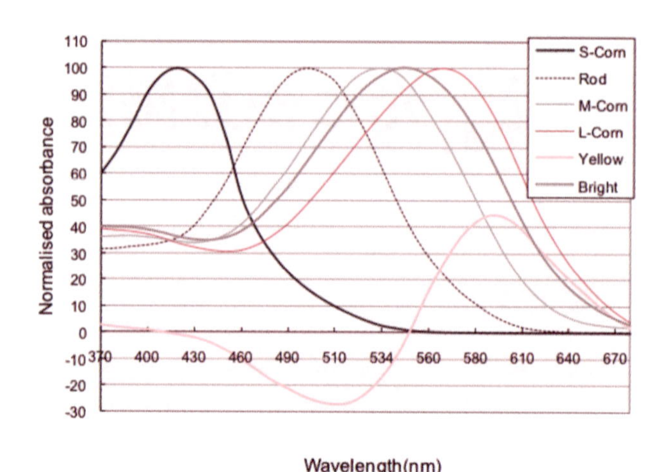

図11-1　視細胞の感度

各錐体が他の錐体より顕著にその波長の光を感じた時に認知する色こそが、光の三原色、即ち赤red（緑錐体の感度がほぼ0に落ちる650nm前後の色より長波長の光)、緑green（赤錐体より緑錐体の感度が高くなる520nm前後の波長の光)、青blue（青錐体の感度が最高になる420nm前後の波長の光)である。概して赤と緑を同時に感じると黄yellow、緑と青を同時に感じると水cyan、青と赤を同時に感じると紅紫(桃) magentaを認知する。また、3原色を同時に感じると白whiteを認知する。数学的には、図11-2に示す赤、緑、青三軸のベクトル空間をイメージすると解り易いかも知れない。

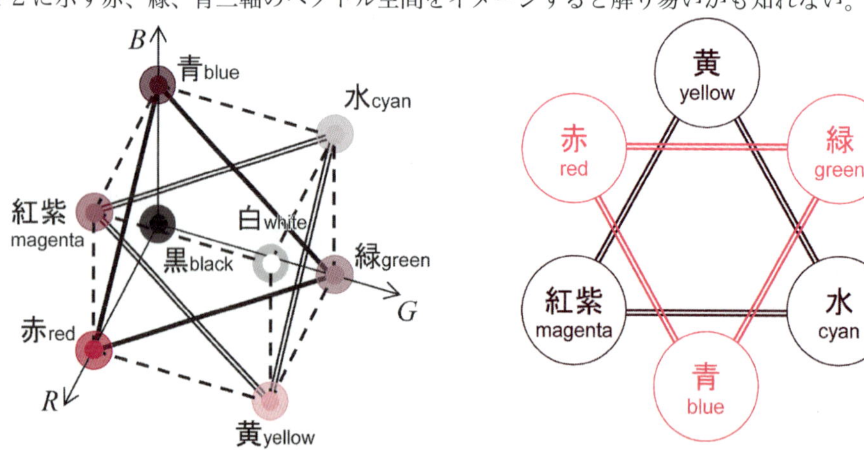

図11-2　光の三原色ベクトル空間イメージ　　図11-3　光の三原色と色の三原色の関係

図11-1及び11-2を見るとわかる通り、紅紫(桃)系色は元々波長と対応していない(存在しない)。色が生物の脳の幻想illusioin【☞11.7節発展】である証拠の一つである。

●絵具の三原色

絵具の三原色を赤、黄、青と教わったかもしれない。三原色ならば、その3色さえあればどんな色でも作れる筈である。ところが試してみると、作れない色がある。紅紫(桃)系色である。一般的には赤に白を混ぜると紅紫(桃)系色と勘違いされているが、実は薄赤になったに過ぎず、紅紫(桃)はそれとは色相が異なる。近い色なら青と赤と白を混ぜると得られるが、どうも鮮やかな紅紫(桃)にはならない。

それもその筈、絵具の三原色は紅紫(桃)、黄、水だったのだ。これは、光の三原色の青＋赤、赤＋緑、緑＋青の色である。図 11-2 のベクトル空間においては、原点から軸上にない頂点へのベクトルがこれら色の三原色に対応する。

絵具と光では、混色の方法が全く逆方向である。つまり、光を足していくということは、新たな光が加わり、どんどん明るくなっていく。一方、絵具では塗った場所ではその色しか反射しない訳だから、混色とは混ぜた色のいずれも反射する色のみが見え、混色するほど暗くなっていく。紅紫(桃)＝赤＋緑であり、黄＝赤＋緑なので、絵の具で紅紫(桃)と黄を混ぜるとその共通項である赤だけが反射される。つまり、紅紫(桃) × 黄＝赤なのである。光の混色は加算であり、絵具の混色は共通集合の抽出、即ち減算(和集合という意味では積算)になる。

図 11-2 のベクトル空間を、黒と白の位置を結んだ直線の白側から見ると、図 11-3 のように見える。光の三原色と絵具の三原色は、丁度それぞれがそれぞれの中間である関係と言える。

●色

周波数の異なる光の混合 mix of multiple wavelengths 状態に対して、脳は様々な色を感じるのである。通常日本人は虹を七色で捉えるが、本来白色太陽色のスペクトルは連続的 continuous であり、国民性、文化、個人による色の定義の違いにより虹の色数も変わってくる。例えば日本には、色の形容詞は赤い、青い、白い、黒い、黄色い、茶色いの 6 種類ある。色を付けた黄色と茶色の 2 色は、そもそも物の色合いを参照した形容詞であり、古来は赤色の一種とみなされていた。すると日本には、4 種類の色彩形容詞しかないことになる。また、「赤い」は「明るい」、「黒い」は「暗い」が原語であり、いずれも明度を示すものである。一方「白い」は「著し」、「青い」は「淡し」が原語であり、いずれも鮮明度(濃淡)を示すものである。このように色名の語がなかったが故に、様々な色を物の色合いから参照してきたので、却って色彩に対しては繊細だったとも言える。その後、彩りのある色は赤と青に概念的に大別されてきた。使用範囲も広い。

乗物の信号色は、国際規格で赤、黄、青、緑、白の 5 色のみ、かつそれぞれの色範囲も指定されている。現在の日本では、「進んでも良い」を示す色は青緑である。ある種の色覚異常者は緑と赤もしくは青と赤がいずれも茶系色に見えるので、緑と青を混ぜることで信号色の差を認識しやすくしている意味がある。警視庁は戦前「緑」と告示等で色名を表記してきたが、巷では語呂のせいか青と呼ばれ、それがそのまま慣習となり戦後 1947 年の法令で青と明記されるようになった。青葉、青物、青菜等、緑色物を青と称することは多い。また、青雲、青馬(＝白い馬)、月が青い、顔が青い等、英語の pale (青白い)に相当する色にも青を用いる。青 blue、緑 green、青白い pale 等、広範囲の色を青で表わす。古くは、黒っぽい色や灰色も含んでいた。一方、緑の本来の意味は、新芽、若枝等、若々しいという意味である。赤ん坊を「みどりご」と言うこともある。なお赤は熟した、青は未熟と言う発想は、色とはまた別のものである。

美術学で色の勉強をすると、黄色という色が幅を利かせる。世界的に、黄色は重要な色として認められているが、一方で視細胞は黄色を直接は感じない。不思議なことである。近年 4 色光源式 TV が世界で初めて商品化された。従来の 3 色光源式では表現し難かった金色、黄色、エメラルドグリーンを鮮明に表現できたとのこと。これは、原色理論上は何の意味もないが、工業的には、黄色方面の数値解像度が上がるのでより色を細かく表現できるということと推察できる。一方で、プリンターでは既にシアンとマゼンダの薄い色を導入しており、当たり前の技術がやっと TV に適用されたに過ぎない。なお、この TV では 4 原色と謳って商品 PR しているが、生理学的には黄が原色と言うのは誤りである。

視覚認知

<要 点>

網膜で感知した色や明度の分布に基づき、遠近(三次元分布)、形または表面状態等を認識する。ここで初めて視覚に意味が発生し、周囲の状況を把握することになる。この能力は視覚認知と呼ばれ、アナログ的かつ後天的である。

<基 本>

五感の中で視覚に頼る率は70%程度と専門家は言う。なるほど、目を覆って行動するといかに不自由するかを体験すれば納得いく。人間は視覚で周囲の物理的状況を理解している。

ところで、生まれて間もない赤ん坊は、見えていても周囲の物理的状況を理解していないと言われる。赤ん坊にさいころの絵を見せてボールを触らせると、角という概念が生まれず、その後赤ん坊は角を見ても角と感じず角に当たっては痛い思いをして泣くだろう。恐ろしい人体実験なので実証できないが、専門家はそう推測している。赤ん坊はよく物に触り、そして舐める。これは、それがどんな物かを全身を以って理解しようとしている行為だという。確かに赤ん坊は物によくぶつかる。見えているのに、それが障害物であると解らないのである。

網膜では色と明度の分布を感知するが、障害物があるとか、そこが行き止まりである等とは分布自体は直接語らない。その分布から奥行き、形状、もしくは表面状態を解釈した時に初めて、感知した視覚情報により周囲の物理的状況を視覚認識できる。図11-4は、黒色の一部が欠けた円を描いた図だが、この欠けた部分が連携して、まるで円の手前に白色の正方形がある様に見えて来る。体験上あり得るのでそう見える……錯覚の一種である。現実は三次元にも関わらず、網膜像は奥行き方向を犠牲にした二次元画像である。焦点、両眼の寄り方、濃淡、光線の具合、あるいは動きによる前後関係等をいろいろ判断して、二次元網膜像に基づき三次元空間を大脳が再構築しているのである。これには体験あるいは訓練が必要である。だから赤ん坊は触り、舐めるのである。こう見えている場合にはこんな物理的状況になっているという対応関係を、多くの体験を通して文字通り体得していくのである。この体得は、数式では表せないアナログ的な行為である。二次元網膜像を感知するという先天的能力の後に、それを分析し周囲の物理的状況を理解するという後天的能力があって初めて視覚が成立する。この後天的能力を認知と称する。

後天的なので、訓練不足は認識不能に繋がる。ある資料によると、TVゲームをやり込めている少年が野球チームに所属していたが、どうも打球処理ができず、怪我も頻繁にすると言うのである。不自然な画像を見過ぎたことで、遠直に関する認知障害が起きているのではないだろうか。

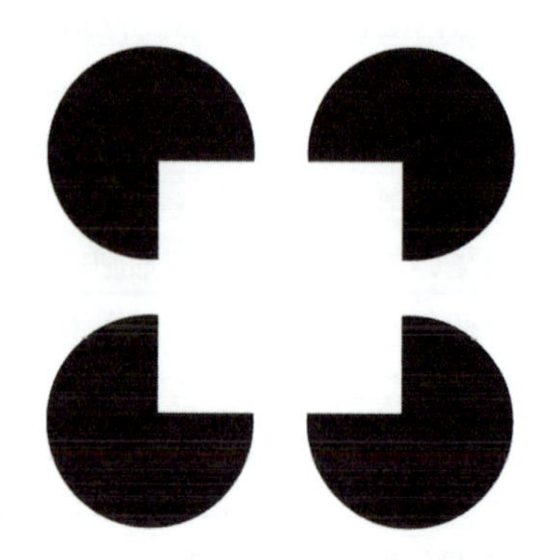

図11-4　黒色円の手前に白色正方形が見える錯覚図

＜発 展＞

●網膜像の正体

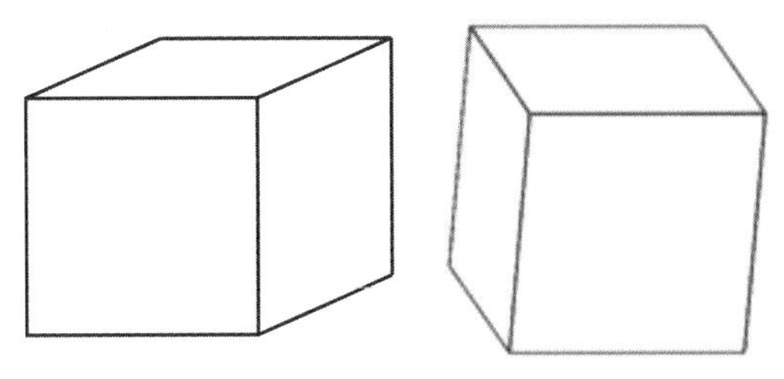

図 11-5　サイコロの見え方
(左＝斜軸測投影図、右＝直軸測投影図)

この文字を見ながら 10 行下の文字は読めない。視界には確かに映っているが、ボケていてどうしようもない。周辺は生理学的に解像度が低いのである【☞前節】。

実際にどんな網膜像になっているかは、数学的に予想できる。視界中央の像は、投影線と投影面(網膜)が垂直なので、直軸測投影図になる。一方周辺の像は、投影線と投影面が垂直ではないので、斜軸測投影法図になる。図 11-5 に両図を比較する。(技術家庭の授業や図学の講義を思い出して下さい。)ところがちゃんと見えているのは視野中央の直軸測投影図だけなので、結果的に直軸測投影図が自然な図に見えてしまう。一方、視野周辺の斜軸測投影図は良く見えないので、いざ視界の中央で見ると不自然に見えてしまう。解像度が低いので良く見えないが、周辺の風景を頑張って見てみると、カラーではなく、モノトーンであることに気付くだろう。錐体は周辺にはほとんどないので、色の認識ができないのだ。

辺りをだんだん暗くしてみよう。何色が消えただろうか？青、緑、赤の順に消えただろう。錐体の明るさに対する感度(明感度)は、赤が最も良いのである。なのでトンネルや工事現場の常夜灯には、橙光ナトリウムランプを使う。もっと暗くなると、ついに視界の中央は見えなくなるが、もしかすると周辺がむしろぼーっと見えていることに気づいたかな？　視界中央には棹体は少ないが、周辺には在る。棹体は錐体より明感度が良いので、むしろ周辺の方が見えるのである。

網膜像とは、このような面白い性質を持っている。これが視覚の材料である。ちなみに、網膜像には輪郭線がある。実は視覚認知過程には面白い特徴があり、色でも明度でも分布に急変個所があるとそこが強調される。これは一種の画像処理であり、視覚認知も過程においてそれを行っている訳である。現実に無い輪郭線は視覚認識の重要な材料なのである！

●自然と不自然

TV ゲームは危険であると前述したが、危険な視覚情報はいくつも氾濫している。異常に眩しい光はグレアと呼ばれ、不快感や精神的な苦痛を引き起こす。また、不自然に動く CG や遠近感を強調し過ぎた 3D 画像は、眼精疲労や気分の悪さ、酷くなると視覚異常までも引き起こす。また、不自然な視覚情報は判断を誤らせるので危険である。例えば、CAD 等で描いた誇張した透視図や投影線を投影面の垂直方向から大きくずらした斜軸測投影図は、確かに網膜の周縁部ではそう見えているのだろうが、方向性を認識できない。色の危険性や不自然さも、避けるべきだろう。青系色はエネルギーが高いので、目を傷めやすい。一方､赤系色は精神的な負担が大きいと言われている。原色のコントラストはどぎつくて疲れる。危険な視覚情報とは、自然科学的に不自然な色、明度、形、奥行き感(含む動き)等と考えるべきだろう。

反対に、美しい視覚情報とは、自然科学的に必然または自然な色、明度、形、奥行き感(含む動き)と考えれば良いだろう。自然にはいろいろな観点で優れた物が残っている。富士山やスイスのマッターホルンは美しい。飛行機や新幹線も、綺麗な流線形をしている。動物や植物も美しく感じるのは、遺伝子学的に淘汰されずに残った優れた形だからであろう。新旧の東京タワー、横浜ベイブリッジ、イギリスのロンドン橋等、優れた建造物もまた、然るべき形をしているので説得力がある。辺りを見回して、あ、美しいと思ったら、それは優れた物である可能性が高い。そしてそれに気づいた君の感性もまた素晴らしい。感性には認知も含まれるので、美しい物を認識し始めると、美しさに気づく感性を体得できる。世の中の素晴らしさに、是非とも感動して下さい。

11.4節 音

<要 点>

音は、音媒体の可聴振動と一部の可聴体振動である。振動は、周波数が低くエネルギーの小さいものから、低周波振動、低周波音、中周波音、高周波音、超音波等に分類されている。

<基 本>

物が平常状態の時には、原子、分子またはイオン等は互いの距離バランスがとられた位置で配列されている。この時、ある原子、分子またはイオンを振動させると、距離バランスが崩れそれを復元しようとするので、次々に振動が伝わっていく。振動は伝播するのである。この時に、振動は拡散していき、前にも横にも、場合に依っては後ろにも伝播する。

最も単純な振動は､単振動である。円運動を真横から見るとそう見える。単振動を示す式は、前述の式(11-1)及び式(11-2)である。

$$\Delta\rho(t) = \Delta\rho_{max}\sin(2\pi ft) \quad \cdots \quad (11\text{-}1')$$

音の伝播速度(音速)は室温空気中において約340m/secである。音波は光波と異なり大きな回折が可能であり、障壁体を迂回して容易に伝播する。式(11-1)の振幅$\Delta\rho_{max}$を2、周波数f(音学は波長ではなく周波数で議論する)を5、(位相θは0)とした場合のグラフ(波形)を、図11-6に示す。単振動の波形は正弦波であり、それが鼓膜に入り聞こえる音を純音pure toneと称する。音叉やフルートを極めて弱く発音させて得る音が、純音に近い。振幅$\Delta\rho_{max}$及び周波数fはそれぞれ、音感における音量loudness及び音程pitchに対応する、物理的性質である。即ち音感の属性は音量、音程及びその他の属性に分類され、その他の属性を総じて音色等と称する。音色に関しては、心理物理的関係が整理されていない。

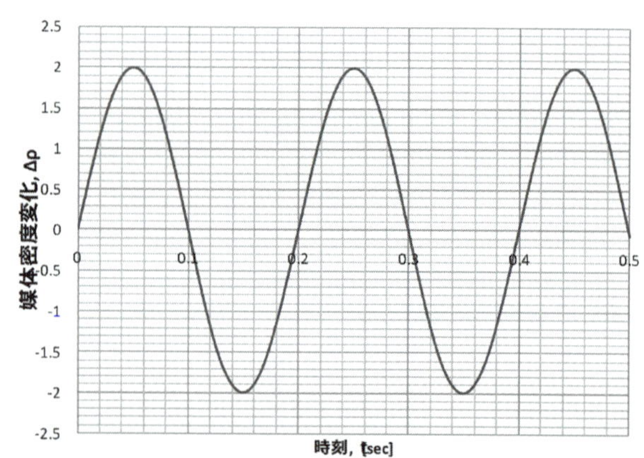

図11-6　純音の連続波形

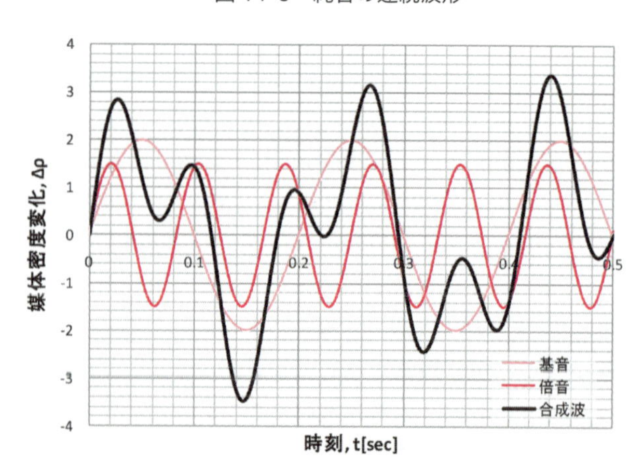

図11-7　2つの純音の合成音波形例

巷の音は概して純音ではない。それは、音源物体の振動は概して単純ではなく、異なる周波数や振幅の振動が同時多発的に発生しているからである。したがって、巷の音の波形は、一般的には式(11-6)に示す如く純音波形の線形合成として表すことになる。図11-7は、2つの純音の合成波形の例である。ここで、各周波数の音成分を部分音と称し、最も低周波の部分音を基音、他の部分音を上音と称する。周波数が基音の周波数の整数倍の上音を倍音と称し、倍音以外の上音を雑音と称する。倍音より雑音を多く含むほど音色は汚れると感じられる。

$$\Delta\rho(t) = \sum_i \Delta\rho_{\max,i} \sin(2\pi f_i t + \theta_i) \quad \cdots\cdots (11\text{-}6)$$

式(11-6)における各上音の振幅$\Delta\rho_{\max,j}$比をスペクトル(周波数分布特性)と称する。スペクトルは音色と密接に関係し、楽器や奏法毎に異なる。実際の音のスペクトルは、時間の関数である場合がほとんどである。

<発 展>

●周波数に関する分類

20Hz以下の聞こえない振動を、低周波振動あるいは超低周波音等と称する。人間には聞こえないが、体振動を触覚として感知する場合もある。窓が共振して音を立てる周波数は低周波振動である。大抵の場合余り心地良い振動ではなく、原因不明の頭の重さ、イライラ感、疲労感、不眠症状等の、漠然とした体調不全(不定愁訴)を引き起こす原因になるとも言われている。

100Hz以下の音を、低周波音と称する。超低周波音を含む場合もある。冷凍機やボイラー等のモーター音や、高速道路等の高架橋ジョイント部、新幹線等の鉄道トンネルの出口で発生する音等が低周波音である。普通の音楽では用いることはまずない。

母親の声の周波数域は、概して220Hzから2,000Hz程度である。父親の声の周波数域は1オクターブ低い110Hzから1,000Hz程度である。そこで100Hzから2,000Hzまでの音を中周波音と称することもある。人間がよく聴く周波数であり、感度も高い。なお参考まで、音の強さとは振幅[dB]であり、大きさloudnessとは聞こえ方[phon]である。同じ強さの振動でも音程が異なると、人間の耳には違う大きさに聞こえる。[phon]とは、正常聴力者が、ある音と同じ大きさに聞こえると判断した1,000Hz純音の強さで表す。

中周波数音より音程の高い可聴音を高周波音と称する。音程が高過ぎ、振動の履歴によっては耳触りである。なお、人間の最大可聴周波数は個人差や年齢差が大きく、例えば赤ん坊や子供の中には、30,000Hzまで聞こえる者もいると報告がある。一方成人になると、20,000Hzまで聞こえることは滅多になく、最大可聴周波数は概して16,000Hzから18,000Hzと記される。

可聴周波数より周波数が大きい音を超音波ultrasound or ultrasonicと称する。上限周波数の定義はないが、現在ではGHzオーダーまでの超音波を発生させられる。一方、最大可聴周波数が上記の如く一つの値に定められないので、下限周波数の定義は曖昧である。例えば、「20,000Hz以上で人間の耳には聞こえない音波」とも、「正常な聴力を持つ人に聴感覚を生じないほど周波数(振動数)が高い音波(弾性波)」とも定義される。高周波のため直進性に優れるので、工学的には探傷手段として、医学的には体内情報を得る手段として用いる(超音波検査ultrasonography, US echo)。

11.5節 音と聴覚感知

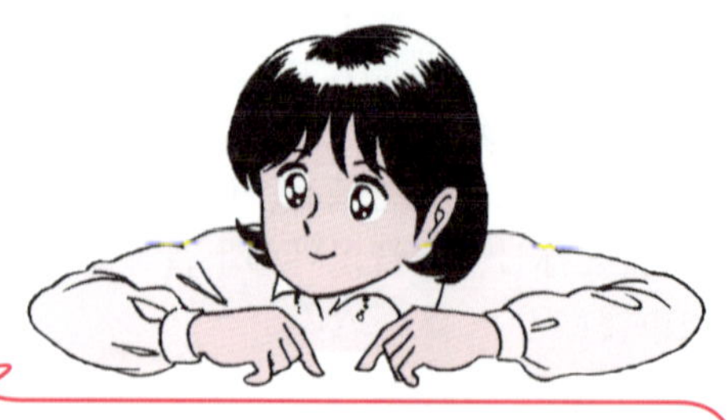

＜要 点＞

人間は音媒体の振動と一部の体振動を基底膜で受感し、それを脳で音として認識する。基底膜ではこれらの振動をFFT分解し、周波数を音程、振幅を音量に対応させ、その時(空)間履歴を捉える。この能力を聴覚感知と称し、これはディジタル的かつ先天的能力である。

＜基 本＞

蝸牛(渦巻管)の中の基底膜が、音、即ち音媒体の振動と一部の体振動に対して共振し、その際周波数に応じて異なる基底膜の部位が振動することにより、振動の音程と音量の時間履歴として感知する。これが聴覚感知であり、その材料は音程と音量の時間履歴ということになる。

振動が耳介(耳たぶ)に触れると外耳道内に誘導され、鼓膜に達する。振動を受けた鼓膜は同様に振動し、鼓膜の振動は鼓膜に接する3つの耳小骨を経由して内耳にある蝸牛中の液体を振動させる。またこれとは別経路で、体の振動(体振動)も蝸牛中の液体を振動させる。

蝸牛中の液体が振動すると、その液体に接している基底膜も振動し、聴覚神経がそれを察知する。ここで、基底膜は断面形状が徐変し、位置ごとに異なる固有振動数を持つ。詳細には、蝸牛奥が約20Hz、中耳(鼓膜)側が約20,000Hzの固有振動数で【☞発展】、入力した振動の部分音の周波数f_iに対応した基底膜位置で振幅$(A_i = \Delta\rho_{\mathrm{max},j})$に応じた共振が起る。蝸牛の中で、振動を高速フーリエ変換fast Fourier transform, FFTするのである。図11-8に、例として2つの異なる部分音から成る音を入力した場合の、基底膜の共振状況を示す。

耳は音媒体の振動のスペクトルの時間履歴を感知する。これは波形を周波数に関して離散的に感知するので、ディジタル処理である。そして外耳道、鼓膜、耳小骨、蝸牛に異常が無い限り、間違いなく感知は成功する。即ち感知という能力は先天的である。基底膜の断面の固有振動数範囲である20Hz～20,000Hzが可聴周波数領域である。図11-9に可聴周波数域の音程をピアノの鍵盤に対応させたイメージ図を示す。白色鍵盤は概して大人が聞き取れる周波数領域を示し、大譜表の音符がピアノで鳴らせる88音程である。赤い鍵盤は色が濃い程多くの人が聞き取れなくなるであろうと予測される音程を示し、最も濃い赤色鍵盤の音はほとんどの人が聞こえない音程に対応する。ピアノは、可聴周波数域の8割以上にわたり発音できることが判かる。

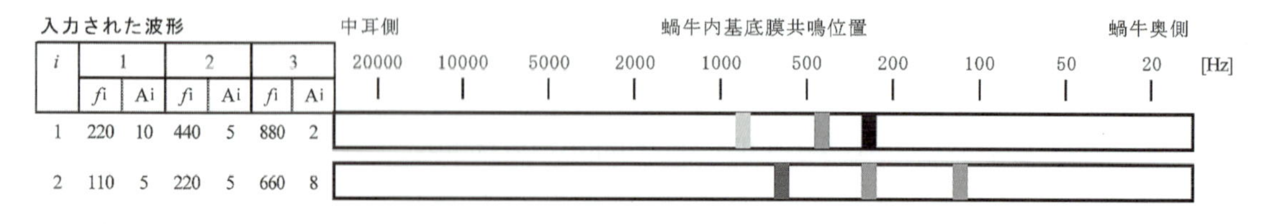

i	1		2		3	
	fi	Ai	fi	Ai	fi	Ai
1	220	10	440	5	880	2
2	110	5	220	5	660	8

図11-8 2つの入力音に対する基底膜共振状況

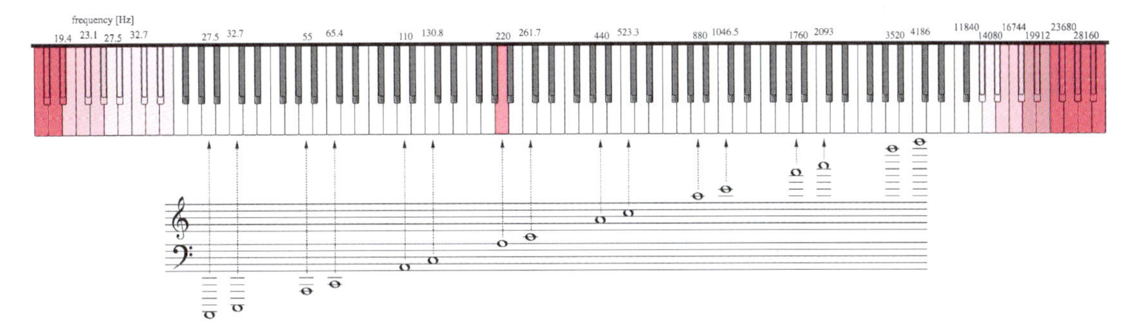

図 11-9　可聴周波数域の音程とピアノ鍵盤との対応イメージ図

可聴周波数領域は個人差がある。また加齢と共に高周波から聞こえなくなっていく【☞発展】ので、年齢依存性もある。また音媒体の振動が外耳道や体を通過する際に、外耳道や体の固有振動特性の影響を受けスペクトルが微妙に変化する。聴覚もその人なりの音程と音量の時間履歴を感知する。同じ情報から得られる聴覚の材料は、個人によって異なるのである。その意味、音程や音量の時間履歴を感知する能力は、正に個人に与えられた能力である。

なお、耳は２つあるので、音源の位置変化を若干ではあるが捉えることが可能である。この位置変化は左右の概念しかない非常に単純な変化なので、認知ではなく感知と考えて良い。音程と音量の時(空)間履歴が聴覚の材料であり、音媒体の可聴振動と一部の可聴体振動はその材料を与える媒体であると言える。

<発 展>

●固有振動数

ピタゴラス Pythagoras により発見され、メルセンス Marin Mersenne[仏]により証明された音程原理が、古くから楽器における音程創造(振動数制御)原理として用いられている。主なところは下記の通りである。

1)　板状発音源の場合：振動数 f は、板厚 t に比例し、面積 A に反比例する。
2)　弦状発音源の場合：振動数 f は、張力 F_t の平方根に比例し、長さ L、断面直径 D に反比例する。
3)　いずれの場合にも、密度(比重) ρ の平方根に反比例する。

弦状発音源に関しては、式(11-7)に示すテーラー Frederick Winslow Taylor[米]則が存在する。ただしこの式の前提は理想弦、即ち弦自体に弾力がなく、完全に曲がりやすい、張力のみの作用により振動が持続する、L に比して充分細い D であることである。

$$f = \frac{1}{2L}\sqrt{\frac{gF_t}{A\rho}} \quad \cdots\cdots \quad (11\text{-}7)$$

ここで、g は重力加速度 9.80665[m/sec^2]、A は断面積である。D が太くなり過ぎると実際の材料においては弾力のため部分振動が発生し、却って振動数は高くなる。

一方、板状発音源の場合には、式(11-8)が成立する。

$$f \propto \frac{t}{wL}\sqrt{\frac{1}{\rho}} \quad \cdots\cdots \quad (11\text{-}8)$$

基底膜の断面形状が長尺方向で変化するということは、この式(11-8)に基づき、対応する周波数、即ち固有振動数が長尺方向の位置によって変わるということである。基底膜は、中耳側端の断面が最も厚く幅狭く高周波に対応し、蝸牛奥側端の断面が最も薄く幅広く低周波に対応する。

●耳年齢

そんな訳で、高周波を感知する蝸牛の中耳側は、常に振動エネルギーを受ける。耳は塞げないし体振動もあるので、振動は24時間365日蝸牛にやって来る。エネルギーは中耳側端から蝸牛奥側端へと伝わるが、当然奥程エネルギーは減衰する。加齢と共に高周波側の基底膜ないし有毛細胞がより激しく脆化して振動に対応できなくなってくる(と著者は考えている)ので、年齢と共に可聴周波数領域の上限値が下がってくる。

図11-10は、20歳代から80歳代までの聴力レベルの周波数依存性を示すグラフである。実線は、いくつかの公開されているデータの代表値をつないだ線であり、破線はいくつかの定性的な情報を基にした予想線である。公開されているデータは大体の傾向は一致しているが、詳細の数値についてはばらつきがある。例えば-30dB以下の聴力レベルにおいて音が聞こえ難いと定義すると、10歳は20 200Hz程度、20歳は17,800Hz程度、30歳は16,200Hz程度、40歳は14 400Hz程度、50歳は12 500Hz程度、60歳は6,000Hz程度、70歳は2,000Hz程度までが可聴領域といえる。一方で、8,000Hz以下の音程は年齢に関わらず聞こえると言われることも多い。

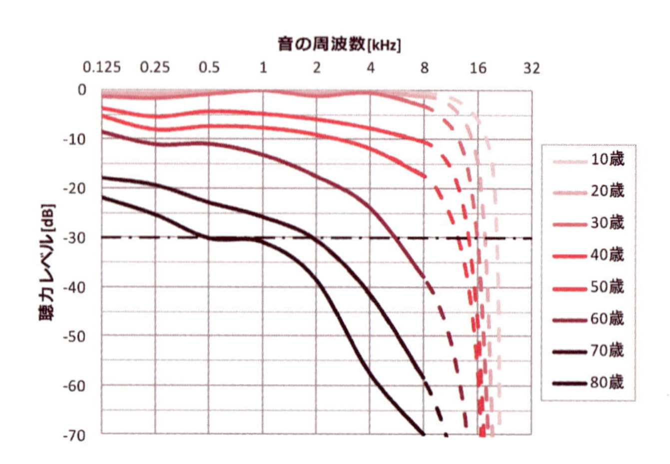

図11-10　各年齢における聴力レベルの周波数依存性

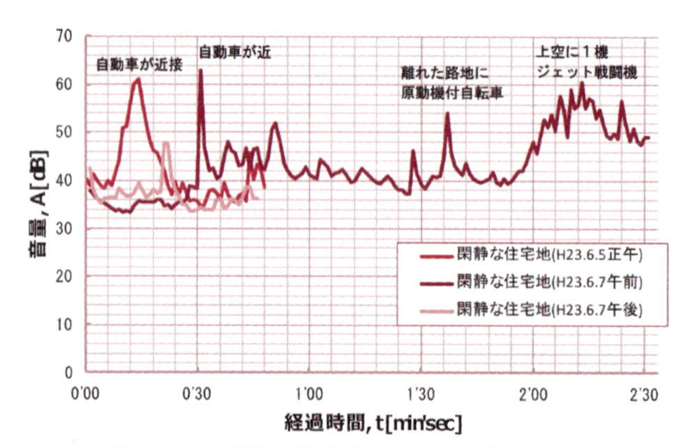

図11-11　閑静な住宅地における環境騒音レベル

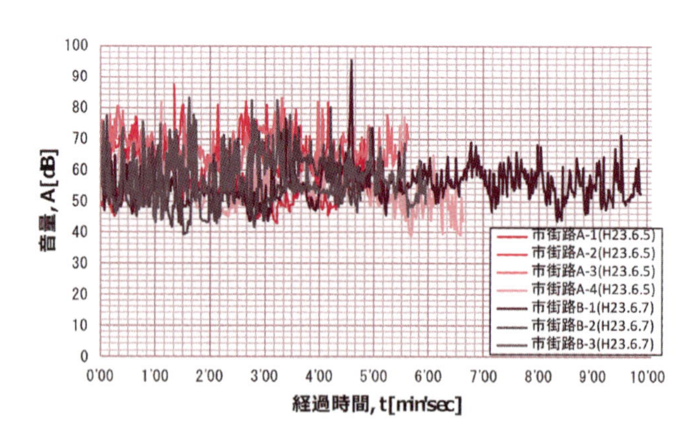

図11-12　地方都市の市街地における環境騒音レベル

大音量の音や高周波の音を長時間聴くことで、聴力レベルが下がる可能性がある。イヤフォンでは高周波が強調されることが多く、その使用に注意が必要といえる。また、パチンコ屋や工事現場等の大音量に晒される環境に長時間いるのも好ましくない。音の種類や状況で異なるが、100dB以上は聴覚障害の危険性が顕著に増し、120dB以上は生理的な苦痛が発生する。

図11-11及び11-12に、騒音測定結果を示す。住宅地では40dB程度、街中では60sB程度である。飛行機や騒々しいバイク等が通過すると、一気に20dB程度上がる。

11.6節 聴覚認知

<要 点>

基底膜で感知した音程や音量の時(空)間履歴に基づき、音感やリズム感等を認識する。ここで初めて聴覚に意味が発生し、周囲の状況を把握することになる。この能力を聴覚認知と呼ばれ、アナログ的である。先天的か後天的かは難しい問題である。

<基 本>

音を聞いた時に人間はある音感(印象の一種)を受ける。これは聴覚器官ではなく脳の作用なので、認知である。そして、音感は定量化できないのでアナログ的といえる。大きく低音程の音に、大抵の者は恐怖感を覚えるだろうし、いろいろな楽器の音を演奏すると好き嫌いが生じるるだろう。即ち、先天的な音感もあれば、後天的な音感もある。音感には音量、音程、音色(スペクトル)、残響、音質(音の出方と消え方)、表情(演奏に依る鳴り続ける音の強弱履歴)等が複雑に関わるだろう。また、その音源が何かを知っているかどうかにも依るだろう。もし先天的な印象と後天的な印象が明確に区分けされ、それぞれのメカニズムが明確化されれば、音をもっと工学的、医学的に適用できるものと期待している。

音が時間的に配列されると、連続音になる。川のせせらぎや、海の波の音等がそれである。連続音を聴くとより大きな音感が発生し、リズム感(音感の一種)を発生する。リズム感も大脳作用であるので認知であると同時に、やはりアナログ的である。人間は体内に、呼吸や血液循環等のリズムを持っている。リズムの乱れは心や体の乱れを意味し、リズムの速度は心や体の覚醒度を意味する等、リズムは生命活動の一部である。そう考えるとリズム感は何となく先天的な認知であるようにも思えるが、全てのリズムが先天的ともいえず難しいところである。

一時期 1/f 揺らぎという言葉が流行ったが、これは、自然界から発せられる連続音は周波数が適度にブレており、そのブレ量は周波数と反比例する傾向にあるという現象で、心地良い音の条件と言われた。連続音の内、心地良いものを音楽 music と呼ぶと良いと思う。科学的な裏付けは未だだが、例えばモーツァルトの音楽は 1/f 揺らぎと言われて、乳牛に聴かせたところ美味しい牛乳が絞れた等の記録がある。音楽をどう感じるかは大脳作用であれば認知であるが、1/f 揺らぎはより原始的かも知れない。音楽認知は個人差が大きいので、恐らく後天的ではないかと考えている。表 11-2 に、参考まで平成 22 年度に癒し音楽として売られた CD に収録されたクラシック音楽(黒人霊歌だけはジャズ)の収録数を示す。著者はベートーヴェンやバッハの曲も良いと思うが、相当好みに依るところだろう。

ピーポーピーポーという音量が大きくなってきて、そして音程を下げて音量も小さくなっていった。ドップラー効果である。救急車があっちからこっちに移動したんだなと解る。音を聴くと、印象とは別に、何が鳴っているかを通して何が起っているかを推定できる。これは体験に基づく能力なので、明らかに後天的な認知である。音は物を回折し回り込んで来るので、遠くの情報も得られることがある。その情報に対して音感やリズム感を持つこともある。

表 11-2　平成 22 年度に癒し音楽として CD に収録されたクラシック音楽の収録数

曲名	作曲者	回数
アヴェ・マリア	シューベルト	50
アメイジング・グレイス	黒人霊歌	23
フルートとハープのための協奏曲　ハ長調	モーツァルト	23
クラリネット協奏曲　イ長調	モーツァルト	22
ピアノ協奏曲第21番ハ長調	モーツァルト	16
アイネ・クライネ・ナハトムジーク　ト長調	モーツァルト	14
ディヴェルティメント第17番ニ長調　メヌエット	モーツァルト	13
G線上のアリア	バッハ	12
2台のピアノのためのソナタ　ニ長調	モーツァルト	12
ヴァイオリン協奏曲「四季」	ヴィヴァルディ	12
主よ、人の望みの喜びよ	バッハ	11
ピアノ・ソナタ第11番イ長調	モーツァルト	11
ホルン協奏曲第3番 変ホ長調	モーツァルト	11
交響曲第41番ハ長調「ジュピター」	モーツァルト	11
前奏曲 第15番 変ニ長調「雨だれ」 Op. 28-15	ショパン	10
ヴァイオリン協奏曲第5番イ長調「トルコ風」	モーツァルト	10
カノン	パッヘルベル	10
バレエ音楽「白鳥の湖」作品20	チャイコフスキー	9
セレナーデ第13番	モーツァルト	9
セレナーデ第4番	モーツァルト	9
ピアノ協奏曲23番イ長調	モーツァルト	9
ピアノ協奏曲第20番ニ短調　第2楽章ロマンス	モーツァルト	9
ピアノ協奏曲第26番ニ長調	モーツァルト	9
ファゴット協奏曲変ロ長調	モーツァルト	9
交響曲第40番ト短調	モーツァルト	9
アダージョ	モーツァルト	9
子守歌　変ニ長調 Op-57	ショパン	8
「フィガロの結婚」	モーツァルト	8
ヴァイオリン協奏曲 第3番　ト長調	モーツァルト	8
クラリネット五重奏曲 イ長調	モーツァルト	8
フルート協奏曲第2番 ニ長調	モーツァルト	8
タイスの瞑想曲	マスネ	7
バレエ音楽「くるみ割り人形」作品71	チャイコフスキー	7
アヴェ・ヴェルム・コルプス	モーツァルト	7
ディヴェルティメント ニ長調	モーツァルト	7
ピアノ・ソナタ第15番ハ長調	モーツァルト	7
弦楽四重奏曲第17番変ロ長調	モーツァルト	7
月の光	ドビュッシー	6
ポロネーズ 第6番 変イ長調 Op. 53《英雄》	ショパン	6
前奏曲 第 7 番 イ長調 Op. 28-7	ショパン	6
フランス組曲第 2 番ハ短調	バッハ	6
リュート組曲ホ長調	バッハ	6
. 交響曲第1番	ベートーヴェン	6
交響曲第36番ハ長調	モーツァルト	6
亜麻色の髪の乙女	ドビュッシー	5
練習曲 ホ長調 Op. 10-3《別れの曲》	ショパン	5
練習曲 変ト長調 Op. 10-5《黒鍵》	ショパン	5
ヴォカリーズ	ラフマニノフ	5
2つのヴァイオリンのための協奏曲ニ短調	バッハ	5
イタリア協奏曲ヘ長調	バッハ	5
トッカータとフーガ　ニ短調	バッハ	5
マタイ受難曲	バッハ	5
平均律クラヴィーア曲集第 1 巻	バッハ	5
無伴奏フルートのためのパルティータ　イ短調	バッハ	5
オーボエ協奏曲 ハ長調	モーツァルト	5
セレナード第10番　変ロ長調　「グラン・パルティータ」	モーツァルト	5
トルコ行進曲(ピアノ・ソナタ第11番イ長調	モーツァルト	5
フルート協奏曲第 1 番ト長調	モーツァルト	5
交響曲第29番 イ長調	モーツァルト	5

<発 展>

●自然と不自然

視覚同様に、聴覚情報の自然と不自然を考えてみよう。

不自然な聴覚情報とは、電話、TV、イヤフォン等のスピーカーから出る音である。スピーカーを探すと、駅、商店街、自動車、家の中等、至る所にある。スピーカーから出る音は不自然ではあるが、例えば音楽や声優の声等、中には心地良く聞こえる音もある。ここが聴覚の面白いところであり、複雑怪奇なところでもある。

観点を変え危険な聴覚情報を考えると、危険とは何かを考える必要が出てくる。一つは聴覚を脅かす情報である。これは前述の通り、高周波音と大音量音である。もう一つは、その音を聴いて持つ印象が不快な場合がある。例えば黒板を爪で引っ掻かく音や金属を鋸で切削している時の甲高い音は、聴くに堪えない。この二つの危険性は、前者は生理学的、後者は心理学的なもので、全く異なる内容の話になる。前者はむしろある程度結論が出ているので、今後は後者の研究が必要になる。

では、自然な聴覚情報はどうだろうか。要するに生で聴く音は全て自然な音なので、小川のせせらぎが自然音であれば、人の喋る声も自然音であり、落雷の音や台風の轟音、または崖崩れや噴火の音も自然音である。自然な聴覚情報の全てが心地良い訳ではない。

以上をまとめると、その聴覚情報が自然か不自然かが問題と言うよりは、危険な聴覚情報かどうかが重要であると言える。危険な聴覚情報が不自然な音という訳ではない。自然の音でも例えば工事現場の機械音、パチンコ屋の音、花火の音あるいは楽器ですら、大音量を長時間聴いていたら難聴になる。イヤフォンの危険性については、今後精査が必要である。また、危険な聴覚情報を無意識に聴くことも危険である。無意識に聴いていても音は入って来るので、聴覚器官はしっかり傷んでいる。

一方、美しい聴覚情報が何かは非常に難しい。自然の音を美しいと感じることが先天的な印象なのか後天的な印象なのかは解らない。川のせせらぎなど聴いたことがない赤ん坊がこれを聴いて心地良く感じるかどうか、非常に興味がある。我々が聴覚情報を得る時に、その音源が何かを意識する時もあれば、そうでない時もある。音源が関係すればそれは後天的であり、聴覚情報そのものではなく、聴覚情報が持った音源の情報に意味がある筈である。なお、視覚同様、本当にあるべき自然から出ている音は、恐らくそれなりに心地良いのではないかと考えている。

11.7節 視聴覚と五感

＜要 点＞

視覚と聴覚は、この世で特殊な伝達現象を担う電磁波と振動の伝播を、それぞれ光と音として認識する感性である。光の直進性に基づき視覚は空間的な、音の拡散性に基づき聴覚は時間的な能力となっている。視聴覚は互いを補い合っている。

＜基 本＞

視覚感知に分布、聴覚感知に時(空)間変化、と異なる単語を用いたのには、実は深い訳がある。分布とは空間的な概念である。視覚は三次元空間を感知する感覚であり、聴覚は時間変化を感知する感覚である。視聴覚はそもそも全く異なる感覚だと考えられる。

視覚の時間解像度は、どんなに頑張っても1/30秒より粗い(長い)。1/30秒とは30Hzである。聴覚の時間解像度は少なくとも20,000Hz程度まであるので、視覚と比べて圧倒的に優れる。これは感知原理から明らかである。一方、聴覚の空間解像度は、たかだか2つの耳を駆使して、左右のどの辺りに音源があるかを知るのが関の山であり、前後や上下は本質的にはわからない。視覚の三次元的な空間解像度に比べると、次元が2つ落ちる。

視覚は電磁波を見る。電磁波とは場(エネルギー)の伝播であり、測定や制御に利用する。電磁波の速度は測定や制御の最大速度であり、これを超えて知ることはできない。視覚とは電磁波を用いた現状把握である。一方で聴覚は振動を聴く。振動とは物の動きの伝播であり、機構として利用する。音の速度は機構の動作伝達の最大速度であり、これを超えて動きは伝わらない。聴覚とは振動を用いた物の動きの把握である。因みに、電磁波は振動と比較すると直進するので、視覚による現状把握は位置精度が高いと言える。一方振動は電磁波と比較すると拡散するので、聴覚による物の動きの把握は全周囲を網羅する。

実は、聴覚で用いた「音感」即ち印象を意味する単語を視覚では用いなかった。勿論、ピカソやルノアールの絵画を見て素晴らしいと思うのは印象であり、視覚感性にも印象は含まれる。しかし視覚の場合には、その印象はどちらかというと理屈的であり、具体的でもある。どこがどうだから素晴らしいのか、説明が比較的しやすい。一方聴覚の印象は、どうにも説明に窮することが多い。感情的で抽象的なのだ。また、聴覚の印象は強烈な場合がある。ある映画監督は、映画の中で映像と音楽が聴衆に感動を与えられる比重を4：6と考えているそうだ。

以上をまとめて、表11-3を得る。視聴覚は、お互いに補い合っている面もある。

表11-3 視聴覚の特徴の比較

	媒体	時間解像度	空間解像度	感知する物	発生する印象	危険性
視覚	電磁波	30Hz	三次元	状況	小・具体的・理論的	ほとんど生理学的
聴覚	振動	20 000Hz	1次元	変化	大・抽象的・感情的	生理学的・心理学的

人間は自然から発生して自然の中で育ってきた。視聴覚共、自然の中で後天的な認知能力が成長し、自然の情報またはその再現を最も心地良く感じると考えられる。これはそして、全ての五感に当てはまるのだろう。

<発 展>

●幻想

以下、認知についても同じことがいえるので、代表して感知についてを説明する。

ある刺激 I_1 を受けて感知 O_{1+2} をし、別の刺激 I_2 を受けて感知 O_2 をする時、刺激 I_1 及び I_2 を受けて感知 O_{1+2} をしたとする。この時、$O_{1+2} - (O_1 + O_2)$ を幻想 illusion と称する。幻想が 0 の場合もあるが、極めて大きいこともある。

暗闇を見てお化けや妖怪を連想するのは幻想である。音楽を聴いている内に昔を思い出すのも幻想である。幻想は刺激をより総合評価している結果の反応であり、幻想が大きい程総合的に大脳が活動している事になる。複雑な情報処理をする程幻想も大きくなると言える。幻想は、得られた材料以上の材料を得たのと同様な状況に自らを仕向ける事であり、人間らしい生活の原動力でもある。科学の進歩は夢や想像から始まる。危険予知やイメージトレーニング等は前向きな幻想である。一方、被害妄想やトラウマ等の後ろ向きな幻想もある。酷い症状に対しては、カウンセリングや投薬治療も必要である。

赤ん坊が五感を鍛える時、即ち、見えている物を口にして舐めながら触覚と視覚を鍛える時、最初はそれぞれの認知しかないが、それを進める内に幻想が発生する。こうして五感の認知能力を獲得する訳である。感性は一つずつ高めていくのも良いが、複数の感性を一斉に高めていくのが最も良い。洒落た高級レストランでは、注文した料理を調理する音と匂いが食欲を掻き立て、そして配膳された料理は視覚、嗅覚、場合によっては聴覚に訴える。食べると触覚、味覚、嗅覚で味わう事になる。食は五感全体を用いる行為であり、食を楽しむ事は五感を育成し幻想を増すと共に、脳全体を活性化する事にも繋がる。

幻想を得る力は間違いなく後天的であり、訓練で延ばす事ができる。いろいろな材料を広く浅く学ぶ目的でこの本を執筆したので、話があちこち飛んでしまう事もあったろうが、逆にいろいろな材料をマルチ観点から勉強して幻想を得てくれたら、嬉しい限りである。

●増補資料●

A1. ワイブル分布

ワイブル分布の概要を簡単に記す。

疲労破壊のデータを整理する際に多用される。詳細は統計学の本[48, 49]等を参照されたい。

A1.1. 最弱リンク説

部品の集合体である機械或いは仕組は、構成する部品のどれか一つでも破損すると全体の機能に支障を来(きた)す。これは、同じ m 個の環（部品に対応）から成る鎖（機械或いは仕組に対応）を作った時、一つの環が切れる確率 p が判っている場合の鎖が切れない確率 P_m（機械或いは仕組が健全である確率に対応）に例えられる。P_m は式 (A1-1) の如く、減衰関数として表せる。

$$P_m = (1-p)^m = (e^{-p})^m = \exp(-p^m)\text{、}(\because (a^{-b})^c = \{(1/a)^b\}^c = (1/a)^{b^c}) \quad \text{(A1-1)}$$

A1.2. 経時劣化の考慮

一般的には、部品の破損確率は時間と共に大きくなる。確率 p が時間経過につれ係数 $1/\eta$ で比例するならば、健全確率 P_m は式 (A1-2a) の如く表せる。$F(0)=1$、$F(\infty)=0$ であり、時間と共に健全確率は低下する。母数は η と m である。また、$1-P_m$ は故障確率を示す。

$$P(t:m,\eta) = \exp\left\{-\left(\frac{t}{\eta}\right)^m\right\} \quad \text{(A1-2a)}$$

A1.3. ワイブル分布の定義

式 (A1-2a) を時間 t に関して微分した式 (A1-2b) を、ワイブル分布の確率密度関数[48, 49]と定義する。即ち、式 (A1-2a) はワイブル分布の累積分布関数[48, 49]となる。m をワイブル係数、η を尺度パラメータと称する。

$$\frac{d}{dt}\exp\left\{-\left(\frac{t}{\eta}\right)^m\right\} = \frac{d}{d\left\{\left(\frac{t}{\eta}\right)^m\right\}}\exp\left\{-\left(\frac{t}{\eta}\right)^m\right\}\cdot\frac{d\left\{\left(\frac{t}{\eta}\right)^m\right\}}{d\left(\frac{t}{\eta}\right)}\cdot\frac{d\left(\frac{t}{\eta}\right)}{dt}.$$

$$f(t:m,\eta) = \frac{m}{\eta}\left(\frac{t}{\eta}\right)^{m-1}\exp\left\{-\left(\frac{t}{\eta}\right)^m\right\} \equiv \lambda(t)\cdot R(t) \quad \text{(A1-2b)}$$

非指数部分 $\lambda(x)$ 及び指数部分 $R(x)$、それぞれ故障係数及びS字減衰関数と呼ぶ事にしたい。

m が1の場合には式 (A1-2a) は部品1つの健全確率と一致し、式 (A1-2b) における故障係数 $\lambda(x)$ は定数となる。即ち、経過時間により故障の頻度は乱れない事を意味し、偶発的な故障を表し得る。これを基に考えると、$m<1$とすると時間と共に故障係数が小さくなり、導入不良等の初期故障を表し得る。また、$m>1$とすると時間と共に故障係数が大きくなり、摩耗不良等の経年劣化を表し得る。

即ち、ワイブル分布は、様々な機械や仕組の健全性を明快に表現する可能性を持っている。ワイブル係数mと尺度パラメータηは、曲線当嵌により求められる。

A 2. 材料強度の考え方

材料強度評価の本質は、材料強度と負荷状況（正確には抵抗状況）の大小関係より、材料が負ける（破壊する）か負けないかを論ずる。材料強度は材料特性値であり、根源的な値（ヤング率や降伏強度等）は実験からのみ求められる。また、設計の際の選択項目であり、材料研究の際には研究対象となる。一方、負荷状況は制御・管理因子であり、計測や数値解析で確認できる。

A2.1. 引張圧縮強度

単軸引張荷重に対しては、引張試験で得られた降伏強度σ_{YS}や引張強度σ_{TS}が材料強度である。一方、圧縮試験を正確にする事は困難なので、単軸圧縮荷重に対しては降伏強度を$-\sigma_{YS}$、引張強度を$-\sigma_{TS}$とする事も少なくない。但し、実際にはそうではない事が多い。

多軸引張荷重に対しては、発生している三軸テンソル成分を総合的に解釈するのは面倒なので、一般的には式 (A2-1) に定義するミーゼス（の）相当応力 von Mises(') equivalent stress を現状の代表値とする。即ち、相当応力が降伏強度や引張強度を越えた場合に、材料は降伏或いは破断すると考える。σ_iは主応力である。

$$\bar{\sigma}_{Mises}=\sqrt{\frac{(\sigma_1-\sigma_2)^2+(\sigma_2-\sigma_3)^2+(\sigma_3-\sigma_1)^2}{2}} \quad \cdots\cdots \text{(A2-1)}$$

ミーゼスの相当応力は、単位体積当たりの剪断歪エネルギー（破壊に寄与するエネルギー）に比例する。延性材料の破壊や塑性変形を説明する際によく現実を説明する代表値である。

A2.2. オイラー座屈式

棒材のオイラー座屈限界値$F_{buckling}$は、式 (A2-2) となる事が弾性理論により導かれている。Eはヤング率（材質）、Iは断面二次モーメント（形状特性）、Lは長さ（形状特性）、nは座屈モードである。

$$F_{buckling}=EI\left(\frac{n\pi}{L}\right)^2 \quad \cdots\cdots \text{(A2-2)}$$

A2.3. 内圧破裂式

気体や液体を輸送する管材が内面降伏を開始する内圧の大きさは、理論的に式 (A2-3)[51)] で計算できる。σ_{YS}は管材の降伏強度、Dは管直径、tは管肉厚である。

ここで、破裂試験では軸力が掛かる為に、計測される破裂圧力は式 (A2-3) から若干の乖離を示す。

$$\sigma_{in-pl}=2\sigma_{YS}\left(\frac{t}{D}\right) \quad \cdots\cdots \text{(A2-3)}$$

A３．破壊力学の考え方

A3.1. 材料強度学と破壊力学

破壊とは物体が分離する現象である。破壊を微視的に論じながら材料の稼働時の安全性を検討する学問が**材料強度学**であり、破壊を巨視的に論じながら破壊機構の解明或いは定式化に重点を置く学問が**破壊力学**である。いずれも、負荷状況下において材料がどの程度痛んでいるか（＝発生する応力σの大きさ）と、その材料がどの程度までなら傷みに耐えられるか（＝降伏応力σ_{YS}ないし破断応力σ_{TS}）を比較し、前者が勝れば破壊すると予測する。

破壊の機構は複雑であるが、梁変形を扱う**材料力学**や三次元弾性変形を扱う**弾性力学**等では考慮しなかった材料内部の**欠陥**が多くの場合破壊の起点となっていると考えられている。欠陥近傍では応力が集中する。特に亀裂先端では微視的には応力＝∞となるので、巨視的な指標として応力を用いて亀裂先端の破壊を議論すると不適切な結論を導いてしまう。そこで、応力の代わりに応力拡大係数 stress intensity factor Kを、降伏破断応力の代わりに破壊靱性値 fracture toughness K_Cを用いる。この考え方を、線型破壊力学 linear elastic fracture mechanics と称する。亀裂先端近傍の塑性域が充分に小さい小規模降伏状態である事が前提となる。即ち、線型破壊力学では、亀裂を含む材料の応力解析と破壊靱性試験が大きな柱となる。亀裂がゆっくり進展する疲労破壊は、線型破壊力学で解釈し易い。

A3.2. 応力拡大係数

長さ$2R$の小規模降伏状態の中央亀裂先端近傍（長さRの側亀裂先端近傍も然り）の応力分布は、式(A3-1)で示される事が判っている。σ_{y0}は亀裂による応力集中を考えない場合の応力＝亀裂先端から充分遠い位置での応力である。（モード：Ⅰはy方向引張、Ⅱはx方向前後剪断、Ⅲはz方向左右剪断）

$$\sigma = \frac{K}{\sqrt{2\pi r}} f(\theta) \text{、モードⅠ、} \theta = 0 \text{ の場合；} K_I = \sigma_{y0}\sqrt{\pi R} \text{、} \sigma_y(x) = \sigma_{y0}\sqrt{\frac{R}{2x'}} \quad \cdots\cdots \text{(A3-1)}$$

応力拡大係数は、亀裂近傍の弾性応力場の強さ（応力の大きさ程度）を示すパラメータである。

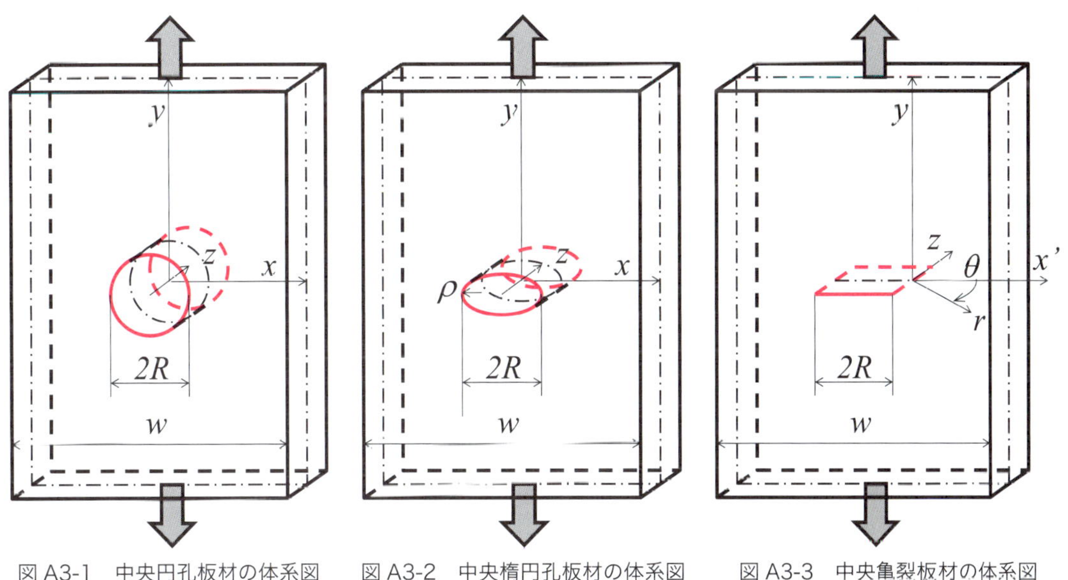

図 A3-1　中央円孔板材の体系図　　図 A3-2　中央楕円孔板材の体系図　　図 A3-3　中央亀裂板材の体系図

A3.3. エネルギー解放率

外力の仕事Wに対して、材料内部に変形エネルギー（歪エネルギー strain energy）Uが蓄積される。一方、亀裂が進展すると亀裂表面積が増えエネルギーを消耗する（表面エネルギー surface energy Eが増える）。蓄積された歪エネルギーUは解放されると亀裂進展に寄与する(表面エネルギーEに転換する)。亀裂進展に従って材料が弱まると、それだけでも歪エネルギーUは解放される。

外力の仕事の増分ΔWと歪エネルギーの増加ΔUの差は、表面エネルギーの増分ΔEであり、式(A3-2)が成立する。亀裂進展量を表面積Aで代表させた場合、単位亀裂表面積増分当たりの表面エネルギーの増分をエネルギー解放率 energy release rate $\wp$として定義する。

$$\wp \equiv \frac{dE}{dA} = \frac{dW - dU}{dA} \quad \cdots\cdots (A3\text{-}2)$$

亀裂進展した際に増した表面エネルギーΔEより解放された歪エネルギーΔUが大きい場合、亀裂は爆発的に進展を継続し脆性破壊 brittle fracture に至る。

エネルギー解放率$\wp$は応力拡大係数Kの二乗に比例する。応力拡大係数Kと同様に、エネルギー解放率$\wp$は小規模降伏が前提の、簡明な亀裂先端の特性パラメータである。

A3.4. J積分の定義

小規模降伏状態でない場合には、応力拡大係数Kやエネルギー解放率$\wp$の概念は使えない。そこで、代わりにJ積分 J-integral や亀裂（先端）開口変位 crack (tip) opening displacement, C(T)OD を用いる。これらは発生経緯や用いられ方は異なるが、いずれも靭性の高い材料の評価を目指す指標である。

$$J \equiv -\frac{\partial \Pi}{\partial A}\text{、全歪非線型硬化材料に物体力が作用しない場合：}J = \int_{\Gamma}\left(W dy - \vec{T}\frac{d\vec{u}}{dx}ds\right)$$

$$\text{但し、}W \equiv \int(\sigma_x d\varepsilon_x + \sigma_y d\varepsilon_y + \sigma_z d\varepsilon_z + 2\tau_{xy}d\gamma_{xy} + 2\tau_{yz}d\gamma_{yz} + 2\tau_{zx}d\gamma_{zx}) \cdots\cdots (A3\text{-}3)$$

J積分の概念的な定義は、亀裂表面積Aの進展量∂A当たりに解放されたポテンシャルエネルギー量Πであり、式(A3-3)の様に記せる。J積分は、弾性材料においてはエネルギー解放率と等しくなる。大規模降伏や全面降伏をした材料内部では、応力歪関係が非線形に変化している。この非弾性変形の過程はまだ完全に理論化されていないのでJ積分の厳密な計算は不可能だが、全歪理論（粘性項が無く$\varepsilon = \varepsilon_E + \varepsilon_P$が成立する）と、降伏前にはHooke則（弾性則）に、降伏後には非線形硬化則に従う弾塑性材料が物体力や慣性力の作用を受けていないと言う前提で、亀裂先端の周回積分として定義し直せる。

Γは亀裂の片側から材料内部を通り他方側に至る積分経路、Wは材料が変形して内部に蓄積された歪エネルギー、$\vec{T}$は経路に沿う表面力、$\vec{u}$は経路上の変位、sは経路に沿った線要素である。J積分は外部から為された仕事を歪エネルギーから差し引いた値で、経路に依存しない状態指標となる。

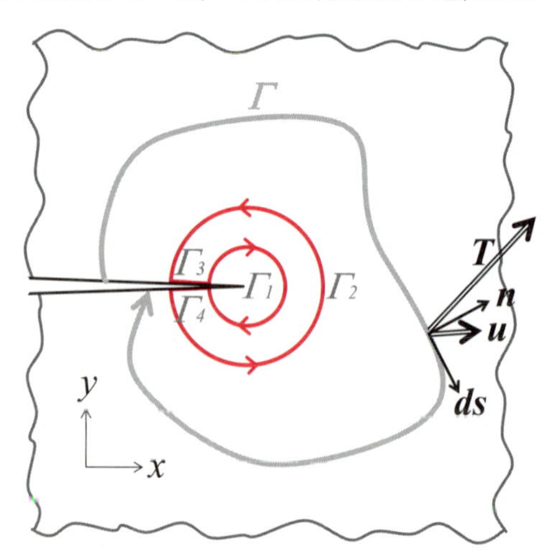

図A3-4　亀裂先端のJ積分経路設定模式図

A3.5. 応力集中係数と応力拡大係数

従来の研究により、中央に半径 R の貫通円孔が在る充分大きい長方形板材を長さ方向（y 方向）に引っ張った場合（図 A3-1：孔の位置は $x=y=0$）、円孔の在る断面（$y=0$ の断面）内に掛かる応力 $\sigma_y(x)$ は、応力が集中しないと考えた場合の応力 σ_{y0} よりも式 (A3-4) に示す通り大きくなる事が判っている。円孔端縁位置（$x=R$）では、3 倍になっている。

$$\sigma_y(x)=\frac{\sigma_{y0}}{2}\left\{2+\left(\frac{R}{x}\right)^2+3\left(\frac{R}{x}\right)^4\right\}、\quad \sigma_y(R)=\frac{\sigma_{y0}}{2}\{2+1+3\}=3\sigma_{y0} \quad \text{(A3-4)}$$

この円孔を長さ方向（y 方向）に潰して楕円孔にした場合を考える。ある程度潰れて楕円孔の左右端の曲率半径 ρ が楕円の長径 R より充分小さくなると（図 A3-2）、円孔の在る断面（$y=0$ の断面）内に掛かる応力 $\sigma_y(x)$ は、σ_{y0} よりも式 (A3-5) に示す通り大きくなる事が判っている。

$$\sigma_y(x)=\sigma_{y0}\left\{\sqrt{\frac{R}{2(x-R)+\rho}}\left(1+\frac{\rho}{2(x-R)+\rho}\right)+\frac{\rho}{2(x-R)+\rho}\right\}、$$

$$\sigma_y(R)=\sigma_{y0}\left\{2\sqrt{\frac{R}{\rho}}+1\right\} \quad \text{(A3-5)}$$

式 (A3-5) は式 (A3-4) の一般式である。但し、式 (A3-5) は $R>>\rho$ が前提なので、式 (A3-5) において $R=\rho$ としても式 (A3-4) には帰着しない。ここまでは、応力集中係数 α で議論可能である。

更に潰すと、最終的には $\rho\to 0$ で亀裂になる。この時式 (A3-5) は式 (A3-6) の通り近似できる。

$$\sigma_y(x)=\sigma_{y0}\left\{\sqrt{\frac{R}{2(x-R)+\rho}}\left(1+\frac{1}{2\dfrac{(x-R)}{\rho}+1}\right)+\frac{1}{2\dfrac{(x-R)}{\rho}+1}\right\}\to\sigma_{y0}\sqrt{\frac{R}{2(x-R)}} \quad \text{(A3-6)}$$

亀裂先端からの距離 x' で式 (A3-6) を書き直し（図 A3-3）、応力拡大係数 K_I を定義し式（A3-6'）を得る。

$$\sigma_y(x')=\sigma_{y0}\sqrt{\frac{R}{2x'}}=\frac{K_I}{\sqrt{2\pi x'}}\ (\because K_I\equiv\sigma_{y0}\sqrt{\pi R}) \quad \text{(A3-6')}$$

改めて、亀裂先端を原点として極座標を設定する。従来の研究より、亀裂に対して亀裂先端に充分近い距離 r（即ち $r<<R$）の範囲においては、亀裂の在る断面（$y=0$ の断面）内に掛かる応力 $\sigma(r,\theta)$ は応力拡大係数 K_I を用いて以下の通り求められる事が判っている。

$$\sigma_x(r,\theta)=\frac{K_I}{\sqrt{2\pi r}}\cos\frac{\theta}{2}\left(1-\sin\frac{\theta}{2}\sin\frac{3\theta}{2}\right)$$

$$\sigma_y(r,\theta)=\frac{K_I}{\sqrt{2\pi r}}\cos\frac{\theta}{2}\left(1+\sin\frac{\theta}{2}\sin\frac{3\theta}{2}\right) \quad \text{(A3-7)}$$

$$\tau_{xy}(r,\theta)=\frac{K_I}{\sqrt{2\pi r}}\cos\frac{\theta}{2}\sin\frac{\theta}{2}\cos\frac{3\theta}{2}$$

モードⅡとⅢについても、式 (3-8) の通り応力拡大係数が定義される。

$$K_{II} \equiv \tau_{xy0}\sqrt{\pi R}\text{、}K_{III} \equiv \tau_{yz0}\sqrt{\pi R} \quad \text{(A3-8)}$$

A3.6. J 積分の経路独立性

歪エネルギーの定義を式 (A3-9) に示す。

$$W = \int_0^{\varepsilon} \sigma_{ij} d\varepsilon_{ij} \quad \text{(A3-9)}$$

式 (A3-3) の J 積分の定義式は、Gauss の積分定理により式 (A3-10) に変形できる。この { } 内の第一項と第二項は計算すると全く同じになるので、これを周回積分すると 0 となる。

$$\int_{\Gamma_1+\Gamma_2+\Gamma_3+\Gamma_4}\left(Wdy - \vec{T}\frac{d\vec{u}}{dx}ds\right) = \int_{\Gamma_1+\Gamma_2+\Gamma_3+\Gamma_4}\left\{\frac{W}{dx} - \frac{\partial}{\partial x_j}\left(\sigma_{ij}\frac{du_i}{dx}\right)\right\}dxdy = 0 \quad \text{(A3-10)}$$

また、亀裂に沿った経路 Γ_3 及び Γ_4 は x 軸方向なので T 及び dy= 0 となり、それぞれに対応する積分部分も＝ 0 である。即ち、経路 Γ_1 及び Γ_2 の積分部分の和＝ 0 につき、経路依存性が無い事が数学的に示される。

A3.7. J 積分の発展形

J 積分の発想は本質的には破壊に寄与したエネルギーを算出する事であり、適応対象に応じて様々な修正が加えられている。例えば、熱エネルギーを考慮して温度場のある体系で使用できる式 (A3-11) や式 (A3-12) に示す熱破壊力学パラメータ $\hat{J}$、式 (A3-12) をより一般表示した式 (A3-13) に示す熱破壊力学パラメータ $\hat{J}$、塑性変形、物体力、慣性力等の影響を考慮した式 (A3-14) に示す動的弾塑性破壊力学パラメータ（エネルギー解放率と称する論文もあり）$\hat{J}$、動的伝播中の亀裂を含めてエネルギー解放率と等価な式 (A3-15) に示す J' 積分、この J' 積分を拡大した式 (A3-16) に示す非線形弾塑性動的破壊力学に有効な T^* 積分、電流を考慮した式 (A3-17) 等、様々な式が提案されている。

$$\hat{J} = \iint_A \sigma_{ij}\frac{d\varepsilon_{ij}}{dX}dA - \int_\Gamma \vec{T}\frac{d\vec{u}}{dX}ds \quad \text{(A3-11)}$$

$$\hat{J} = \iint_A \sigma_{ij}\frac{d\varepsilon^{therm}{}_{ij}}{dX}dA - \int_\Gamma\left(W^{elast}n_X ds - \sigma_{ij}\frac{d\vec{u}}{dX}dV\right) \quad \text{(A3-12)}$$

$$\hat{J} = \iint_A \sigma_{ij}\frac{d(\varepsilon^{plast}{}_{ij} + \varepsilon^{therm}{}_{ij})}{dX}dA - \int_\Gamma\left(W^{elast}n_X ds - \sigma_{ij}\frac{d\vec{u}}{dX}dV\right) \quad \text{(A3-13)}$$

$$\hat{J} = \iint_A\left(\sigma_{ij}\frac{d\varepsilon_{ij}}{dX} + \rho\frac{d^2\vec{u}}{dt^2}\vec{u}_X\right)dA - \int_\Gamma \vec{T}\frac{d\vec{u}}{dX}ds \quad \text{(A3-14)}$$

$$J' = \iint_A\left(\sigma_{ij}\frac{d\varepsilon_{ij}}{dX} + \rho\frac{d^2\vec{u}_i}{dt^2}\vec{u}_X\right)dA + \int_\Gamma\left\{(W+K)n_X - \bar{T}\frac{d\vec{u}}{dX}\right\}ds \quad \text{(A3-15)}$$

$$T^* = \iint_A \left\{ \sigma_{ij} \frac{d\varepsilon_{ij}}{dX} + \rho \frac{d^2\vec{u}_i}{dt^2} \vec{u}_X - \frac{dW}{dX} - \rho \left(\frac{d\vec{u}_i}{dt} \right)^2 \right\} dA + \int_\Gamma \left\{ (W+K) n_X - \bar{T} \frac{d\vec{u}}{dX} \right\} ds \quad \cdots\cdots\cdots\cdots (A3\text{-}16)$$

$$J_e = -\int_\Gamma \left\{ \int_0^J E_i dJ_i dX_2 + \phi n_{ij} \frac{\partial J_i}{\partial X_1} d\Gamma \right\} \cdots\cdots\cdots\cdots (A3\text{-}17)$$

A４．材料の傷み方と材料開発の方向性（45 ～ 47 頁の補足）

A4.1. 剛性材料

材料を用いて製造する人工物は、バネやスピーカー等の振動や伸縮を機能として要求される物以外は、使用環境でできるだけ変形しないに越した事はない。その意味では、材料は剛性（外力を掛けても変形しない：SS 曲線が応力軸上に乗る様な）材料であるべきというのが、理想的な結論である。

A4.2. 弾性材料

勿論、剛性材料は存在しないので、弾性（除荷すると変形が消失する：SS 曲線が除荷により原点に戻る様な）材料でそれに替える事が多い。この場合、変形を許さない仕様である程、応力対歪比（以下に記す線形弾性においてはヤング率）が大きい材料を用いる。

弾性は、線型（原点から直線の SS 曲線を描く）弾性と非線形（原点から曲線の SS 曲線を描く）弾性にミシイに分類できる。弾性の基本モデルは原子や分子同士のバネ結合力なので線型弾性は現実的であり、ヒステリシスを描く非線型弾性も摩擦モデル等説明し得るが、ヒステリシスを描かない非線形弾性はモデル化できない。実際、ヒステリシスを描かない非線型弾性材料は無い。

線形弾性は数学的に完成した変形様式であり、線型弾性材料については弾性構成方程式（教科書 49 頁の式 (4-9a)、(4-9b) 及び (4-10)）に従って応力歪場を計算して完璧な解を得る事ができる。炭素鋼は巨視的に線形弾性を示す、殆ど唯一の材料である。

A4.3. 塑性材料

前項Ａ３．に記した通り、材料には欠陥があり、欠陥近傍では必ず塑性変形（復元できない配列の破壊）が発生する。従って厳密に言えば、炭素鋼でも除荷しても SS 曲線は原点には戻らず小さいが、塑性歪が発生する。この塑性歪が極めて小さいので通常問題にならないだけであるが、繰返し負荷除荷を受けると疲労破壊に向かって塑性歪が大きくなっていく。

即ち、材料強度学や破壊力学では、材料は全て塑性挙動を示す。現在新材料（新元素や新化合物等）の研究が盛んであるのは悪くはないが、既存の材料を作り込み、より欠陥が少ない或いは小さい、又は欠陥があっても成長し難い様な組織や組成を造り込んでいく研究も重要と思われる。

腐食等の環境要因で欠陥が拡大する（断面欠損と言う）と抵抗状態がより過酷になり、一方で材質が脆化すると材料特性値である限界応力が下がる。従ってこれらの場合には、巨視的には弾性範囲の静的負荷応力条件下でも破壊は発生する。次項以降、延性と脆性を比較しながら、静的疲労破壊と呼ばれる遅れ破壊と、疲労破壊（対して動的疲労破壊と区別する）について、説明する。

A 5. 延性破壊と脆性破壊

A5.1. 脆性破壊 brittle fracture

脆性 brittleness とは靱性が低く脆い性質であり、弾性範囲内或いは極めて弾性に近い塑性状態で破壊する。破壊に至るまでに大きなエネルギーを必要としない。

ガラス等のセラミックスは代表的な脆性材料 brittle material で、構成粒子（原子）が移動し難い結晶をしており、粒子（原子）間結合力を超える力が加わると容易に破壊する。延性材料でも低温では粒子（原子）が動き難くなり、低温脆性を示す。また、水素原子等が結晶内に侵入すると粒子（原子）が動き難くなり、水素脆性を示す。切欠の存在により応力が集中すると、切欠脆性を示す。低 550℃付近で長時間保つことにより様々な冶金的な変化が生じ、焼戻脆性を示す。合金鋼を使用している内に転位が集積していく事があるが、そのような場合等には粒子（原子）が動き難くなり、経年脆性を示す。脆性材料の SS 特性は塑性域が殆ど無く、引張強度と降伏強度の差が小さくヤング率が大きい。

脆性破壊は、外から与えられるエネルギーが連続的に亀裂進展に消費される場合に発生する。脆性材料は、容易に脆性破壊する。

図 A5-1　方解石（左）と蛍石（右）の劈開

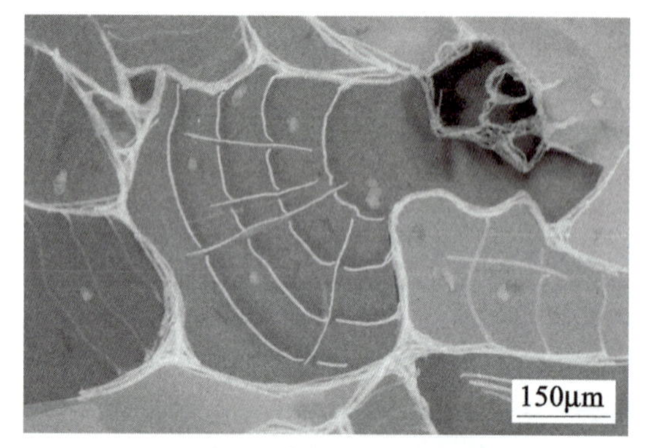

図 A5-2　劈開面内の川状模様

図 A5-3　ロックキャンディ

A5.2. 脆性破壊の破面

脆性破面は、両破面の対応する部位同士が凸凹の関係にあり、合わせるとぴたりと重なり全体的にも概ね元の形状に戻る。脆性破壊は、一般的には破面形態から、粒内破壊である劈開破壊 cleavage fracture と擬劈開破壊 quasi- cleavage fracture、及び粒界破壊であるロックキャンディに分類される。

劈開 cleavage とは、原子の結合力の最も弱い結晶粒界（結晶表面）＝劈開面に沿って塑性変形せずに破壊する形態で、結晶や岩石が特定方向に容易に割れる劈開破壊において観察される。最高硬度のダイヤモンドでも、正八面体の面に対して平行に劈開する。

比較的大きな結晶粒の多結晶材料の劈開面は、複数の劈開面が連なって成る。異なる方向の劈開面が連なる為に、多少のエネルギーが消費される。一つの結晶における劈開面（劈開ファセット cleavage facet）は、平行な幾つかの劈開面が連なって成る。これが、劈開段 cleavage step 或いは川状模様 river pattern として観察される。

比較的小さな結晶粒の多結晶材料の劈開面は、上記劈開破壊と同じ形態を示すも、劈開面を確認し難い。これを擬劈開破壊と称するが、本質的には劈開破壊である。多数の微小欠陥が塑性変形と共に連結し、破壊に至ったものである。

水素脆性等により結晶粒界が劣化すると、そこが引き裂かれ粒界破壊が生じる。結晶粒界に沿って破壊が進展すると、結晶粒が破面全体に広がりあたかもごつごつした岩肌の様に見えるので、ロックキャンディと呼ばれる。

A5.3. 延性破壊 ductile fracture

延性 ductility とは靱性が高く粘る性質であり、大変形後に初めて破壊する。破壊に至るまでに大きなエネルギーを必要とする。

金属や有機材料は延性材料 ductile material で、構成粒子（原子）が移動し易い結晶ないしは形を変え易い分子構造をしている。破壊するまでに、相当な粒子や結晶の不完全部の移動や分子形状の変化をする。延性材料の SS 特性は塑性域が広く（従って、吸収するエネルギー量が多く）、引張強度と降伏強度の差が大きい（明瞭な弾性領域が無い）事が多い。

脆性破壊は、物体が塑性的に引き延ばされ（延性を保持して）破壊に至る現象である。外から与えられるエネルギーが断続的に亀裂進展に消費される場合に発生する。延性破壊は多くの場合、材料中に存在する介在物、析出物或いは転位の集積部の様な歪の不連続な部位で塑性変形により微小空洞が発生、成長し、続いてそれらが合体して起こる。

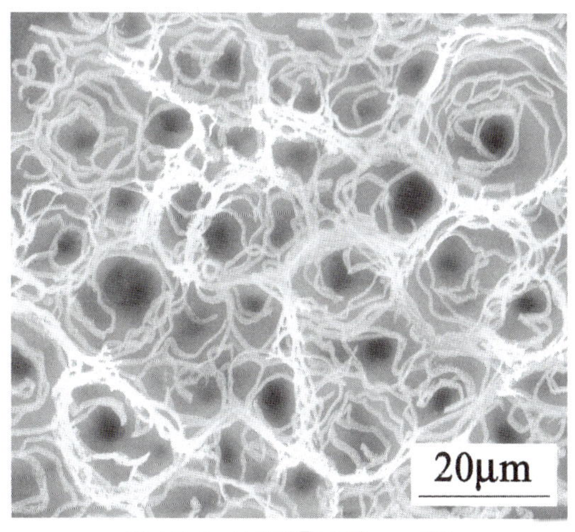

図 A5-4　延性破面のディンプル

A5.4. 延性破壊の破面

延性破面は、両破面の対応する部位同士が凸凸ないし凹凹の関係にあり、ガムが引き千切れた様になっている。また、脆性破面より滑らかではない。全体形状も大きく変形し原形を留めない事が多い。

但し、初期の微小空洞では実質材料が離れているので、その部位についてのみ脆性破壊同様に凸凹が一致し重ねられる。この凸凹部位は周囲が引き千切れた部位で囲まれているので、丁度窪地の様になっている事からディンプル dimple と称される。結晶粒内の破壊である事が多く、介在物、析出物等がディンプルの奥に存在する事が多い。

A5.5. シャルピー試験破面

シャルピー試験では、試験片に与えられたエネルギーを計算する他、試験片破面を観察して、断面積減少両（括れ量）や、延性破面率ないし脆性破面率（破面全体における延性破面ないし脆性破面の割合）等を求める事もある。

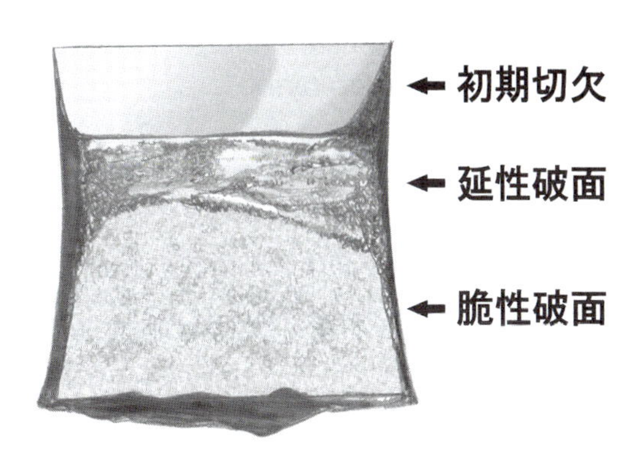

図 A5-5　シャルピー試験片破面

A6. 疲労破面

A6.1. 延性か脆性か

疲労破壊は、繰返荷重により、初期には微視的な内部欠陥が連結し亀裂を成し、続いてその亀裂が徐々に進展して結果的に破壊する現象である。その意味では延性破壊であるが、最終的に亀裂が一気に進展する脆性破壊の段階が続く場合もある。

疲労破面を巨視的に見ると、亀裂発生域、亀裂進展域、最終破壊域に分けられる。破壊までの時間履歴を対歴できる。

図 A6-1　疲労の末脆性破壊して割れた船

A6.2. 破面観察

疲労破壊した破面を観察すると、疲労破壊の履歴を知る事ができる。観察は光学顕微鏡や電子顕微鏡を用いて、破面を数十倍から、数百倍～数万倍に拡大し、様々な破面の状態を確認できる。

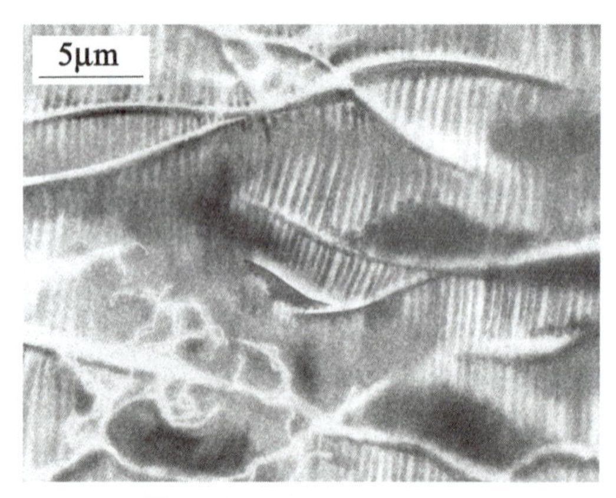

図 A6-2　ストライエーション

A6.3. ストライエーション striation

例えば、亀裂先端に引張応力が発生すると亀裂は引き千切れる様な変形をし、圧縮応力が発生すると亀裂先端が硬化成形する様な変形をする。両者は微視的な見え方が異なり、これらが交互に繰り返される事で縞模様が見える。この縞模様をストライエーションと称する。

この現象は、引張圧縮繰返荷重でなくとも発生し、1繰返荷重で1縞できる。言い換えると、1回の繰返応力毎に亀裂が僅かに進んだ跡がストライエーションの縞一つ分であり、ストライエーションは繰返荷重が作用した証拠である。

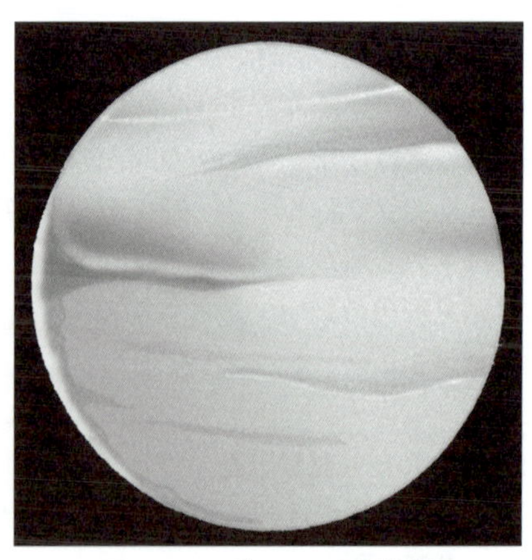

図 A6-3　ボルトの貝殻模様

A6.4. 貝殻模様 beach mark

応力変化がより大きい場合には、より巨視的な見え方の変化が観察される。これを貝殻模様と称する。疲労破壊の過程において大きく荷重量（荷重振幅条件）が変化した時や、応力腐食割れ等で亀裂が徐々に進展した時等に形成される。

繰返荷重の大きさが一定の疲労においては貝殻模様は形成されないが、実機では繰返荷重の大きさは得てして変化するので、その時の亀裂前縁の位置に貝殻模様ができる。即ち、疲労破壊の証拠にはならない。貝殻模様の無い部分（貝殻模様と貝殻模様の間）に、より細かなストライエーションが見える事もある。

A 7. 遅れ破壊

A7.1. 粒界破壊

高強度鋼製の部品が弾性範囲の静的外力を受け続けると、外見上の塑性変形を伴わずに突然脆性破壊する事がある。特に、1200MPa 以上の高強度鋼では高強度程感受性が高くなると言われる。

破断面では、破壊の起点部付近に結晶粒間で破壊が進展する粒界破壊が認められる。直接原因は材質の脆化だが、一方でその脆化の原因は良く解っていない。脆化の原因として考えられているのは、水素脆化や応力腐食割れである。

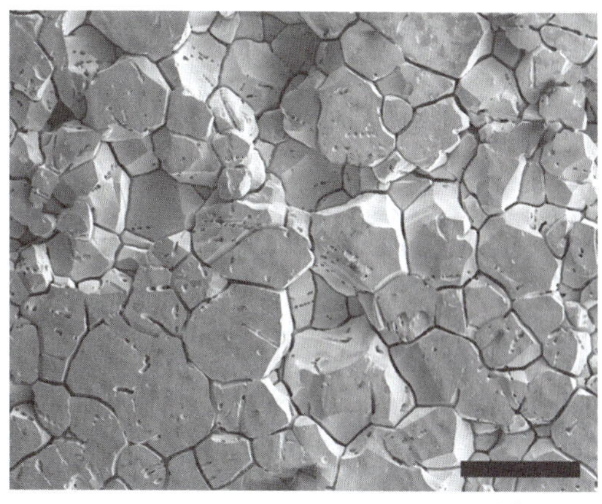

図 A7-1　遅れ破壊（粒界腐食）断面 [53)]

A7.2. 水素脆化 hydrogen embrittlement

例えば、鋼の酸洗いやめっき時に水素を内部に大量に吸収する等、水素脆化は一種の腐食である。水素の殆どは外部から鋼中に侵入し、鋼中で拡散すると考えられる。水素脆化の機構については、例えば水素気体面圧説等の幾つかの説があるが、本質的には未だ解っていない。

鋼中に侵入した **H** は結晶の欠陥箇所＝微小空間において H_2 となり、大きな気体圧力を発生させる。結晶の欠陥箇所は結晶粒界に圧倒的に多く存在するので、H_2 も結晶粒界に集中し易い。気体圧力が粒界強度を超えると、粒界破壊が発生する。

図 A7-2　応力腐食割れ組織写真

A7.3. 応力腐食割れ stress corrosion cracking

腐食環境中で応力を出し続けると、非食環境中の場合より急速に亀裂が発生、成長して破断に至る。溶接等で残留応力が発生した場合も然りである。腐食環境の例には薬品中、海水中等が挙げられる。原子力プラントでは、耐食性材料として用いたオーステナイト系ステンレス鋼が海水で応力腐食割れを起こす事が問題となっている。

純金属ではなく、合金に発生する。また、圧縮応力下ではなく、引張応力下で発生する。材料因子（化学成分）と力学因子（引張応力）と環境因子（溶存酸素や塩化物イオン）が揃うと発生する。腐食環境中で変動荷重を受ける場合には、疲労現象が腐食環境中で加速される。これを腐食疲労と呼ぶ。

A7.4. 発生部位

ボルトには不完全ネジ部、めネジと嵌(は)め合った第一ネジ山部、頭部首下丸み部等、形状的に応力集中し易い部位があり、これらの部位で遅れ破壊が発生し易くなる。ある値以上の静的荷重を安定して受けているボルトが、ある瞬間に何の前兆も無く突然破断する事がある。

A 8. 炭化物と窒化物

A8.1. 特徴

炭化物と窒化物[50)]は硬い。その本質的な理由は1999年の論文では未知とされていたが、化学的には極めて安定である。遷移金属炭化物や窒化物は、切削工具や耐摩耗コーティングに広く使われている。

A8.2. イオン注入 ion implantation による表面処理

イオン注入とは、イオン加速装置を用いて金属等の表面にイオンを打ち込む技術である。打ち込み深さは概して10nm～1μmであり、そこでは化学的、物理的な変化が発生する。表面に炭素や窒素を注入すると、表面は圧縮応力が掛かった状態になり、且つ部分的に硬い炭化物や窒化物ができる。一方注入が過ぎると照射効果が上がり、加熱や衝突による変質や溶融が悪影響を及ぼす。

疲労強度等が改善されると、様々な金属に様々な粒子を注入する研究が一時期行われていた。現在では、工業的には小型の半導体への作成の際に **B**（ボロン）、**P**、**As**（砒素）等を不純物として打ち込むドーパント dopant 注入が良く用いられる。大きな物への照射には、巨大な設備が必要になる。

A8.3. サーメット cermet

セラミックスと金属の複合材料（混合比15%～85%程度）を、サーメット＝ceramics＋metal と総称する。両者を固溶化させるか、両者粉末を混合焼結するか、セラミックスを金属で被覆して作る。金属はセラミックスの結合剤として機能し、セラミックスの耐摩耗性や耐熱性と、金属の靭性を上手く両立させる。1959年にセラミックスより高靭性の工具材料として開発され、高温用ノズル、ジェットエンジンや固体ロケットの部品、化学プラントの機械部品、切削工具等に用いられている。

金属の炭化物や窒化物等の硬質化合物が、サーメットとして良く用いられる。耐摩耗性を向上させる為に、PVD被覆（物理蒸着 Physical Vapor Deposition）する事もある。

- **Ti** 系：後述の超硬合金より耐摩耗性に優れ、溶着が発生し難く、**Fe** との親和性が低い（但し、圧縮強さと耐熱衝撃性に劣る）。鉄鋼材料の仕上切削工具材質に、**TiC-20TiN-15WC-10**$\mathbf{Mo_2C}$**-5Ni** 等の **TiC** や **TiCN**（炭窒化チタン）と **Ni** や **Co** との結合物が多く用いられる。
- **Nb** 系：**NbC** 等がある。

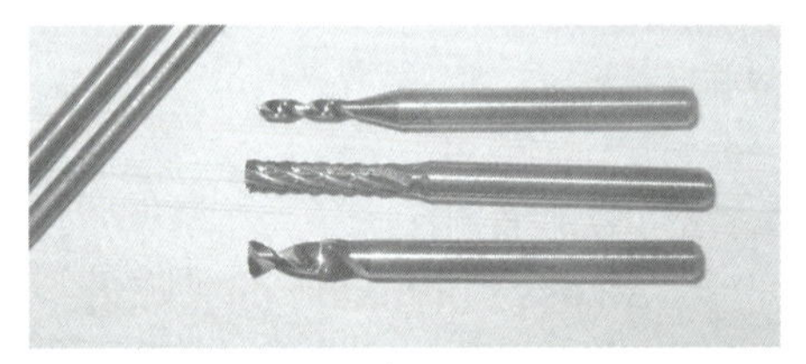

図 A8-1　炭化タングステン製フライスの例

その他、耐溶損性が優れた **MoB-CoCr** や **MoB-NiCr**、炉内ロール用として耐酸化性、耐摩耗性、耐ビルドアップ性に優れる **CrB-MCrAlY-**$\mathbf{Y_2O_3}$ 等がある。ガスタービンやエンジン内部では、酸化物系の $\mathbf{ZrO_2}$**-**$\mathbf{Y_2O_3}$**-NiCr** や、グラファイト系サーメット被膜等も用いられる。

A8.4. 超硬合金

炭化タングステン **WC** を主成分としたサーメットは、別分類される事が多い。

- **WC-Co**：**WC-12Co** や **WC-17Co** 等。**Co** は炭化物への固溶度が大きく、濡れ性に優れ、**Ni** よりも耐磨耗性に優れる。**WC-Co** 溶射皮膜は、500℃以下の環境で硬度（**WC-12Co** で約1300Hv、**WC-17Co** で約1100Hv）、靭性（**Co** 含有量で調整する）、耐磨耗性に優れる。高圧プランジャー、ファンブレード、ガイドロール、スクリュー等に用いられる。
- **WC-Ni**：**WC-10Ni** や **WC-12Ni** 等。**Ni** は **Co** よりも耐食性に優れ、腐食雰囲気、酸化雰囲気等で

用いられる。550℃以下の環境で耐摩耗性や耐食性に優れ、溶射皮膜の硬度は約 1100Hv ある。セメント用スクリュー、ポンプローター等に用いられる。

- **WC-20CrC-7Ni**：**WC-Ni** に **CrC** を添加し耐食性を上げた物。650℃以下の環境で耐摩耗性や耐食性に優れ、溶射皮膜の硬度は約 1100Hv ある。スピッティング spitting（飛沫混入）が起き易く、靭性や耐衝撃性が低い。石油化学プラント、製紙・フィルムロール、軸受等に用いられる。
- **WC-10Co-4Cr**：**WC-20CrC-7Ni** より高耐食、高耐摩耗サーメット。450℃以下の環境で乾式耐磨耗性、基材への密着強度、皮膜の靭性、耐衝撃性、緻密さに優れる。溶射皮膜の硬度は約 1300Hv ある。ポンプ部品、タービンブレード、製紙用部品、ロール、シャフト等に用いられる。
- **WC 耐食合金**：耐高温酸化性が高い。600℃以下で用いるコンダクターロール、酸洗ラインロール等には **WC-** ハステロイ（Hastelloy･･･**Ni** 基に **Mo** や **Cr** を大量添加して耐食性や耐熱性を高めた合金。米ヘインズ社 Haynes International, Inc の商標。）を、650℃以下で用いられる製紙塗工ロール等には **WC-** インコネル（Inconel･･･**Ni** 基に **Fe**、**Cr**、**Nb**、**Mo** を添加した合金。スペシャルメタルズ社 Special Metals Corporation の商標。）が一般的に採用される。
- **WC-12Co ＋ Ni** 自溶合金：**WC-12Co** に **Ni** 自溶合金 self fluxingalloy（**Ni** 基或いは **Co** 基の合金に **B**、**Si** 等のフラックス成分を含有した物）を混入した物。基材と密着し気孔率が低くできるので、硬度と耐摩耗性は **WC-12Co** と **Ni** 自溶合金の中間値を採る。ガラス成形用プランジャー、水車羽根等に用いられる。
- **WC-20CrC-10Ni ＋ Ni(Cr)**：耐摩耗性、耐食性に加え、靭性、耐衝撃性を向上させた耐衝撃 WC サーメット。溶射皮膜の硬度は約 1000Hv で、膜厚化が可能。パワーショベル部品、ライナー、ロール等に用いられる。

A8.5. 高温用超硬合金

550℃以下では超硬合金を用いるが、550 ～ 850℃の温度域では **CrC** 系が用いられる。

- **CrC-NiCr**：高温下での耐すべり磨耗性が良い。**CrC-25NiCr** 等。溶射皮膜の硬度は約 1000Hv。ボイラーチューブ、高温バルブシート、炉内ロール、原子力部品、ジェットエンジン関連部品等に用いられる。
- **CrC-** インコネルと **CrC-MCrAlY**：**CrC-NiCr** の金属をインコネルや **MCrAlY** に置き換え、耐食性、耐摩耗性を向上させた物。**CrC-** インコネルは 850℃以下の環境で耐摩耗性、耐食性に優れ、ジェットエンジン、ガスタービンに用いられる。また、**CrC-MCrAlY** は 900℃以下の環境で耐摩耗性に優れ、炉内のブラインドロール等に用いられる。

A8.6. ODS 合金

酸化物分散強化合金 Oxide dispersion-strengthened alloy は、金属に少量の酸化物を分散強化相として散布した複合材料（次章）。サーメットには含めない。**Fe**、**Ni**、**Cu**、**Pt** を基にする事が多い。

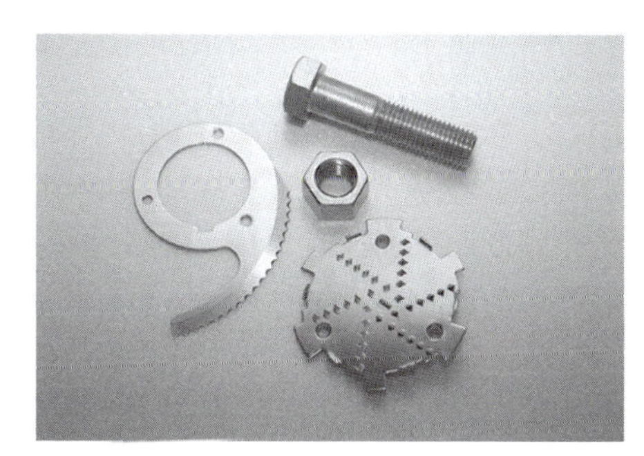

図 A8-2　TiN 表面被膜の部品例 [58]

A９．強化の考え方

A9.1. 欠陥と転位とすべり

結晶の乱れを欠陥と称し、乱れが移動する（＝塑性変形する）事をすべりと称する。すべった領域とすべっていない領域の境界線は一次欠陥となり、これを転位と称する。転位はすべりで移動する。転位が移動する平面をすべり面と称する。

転位の動き易さに依り、塑性変形に必要な外力が決まる。この外力に対する内部抵抗力を、変形応力と称する。

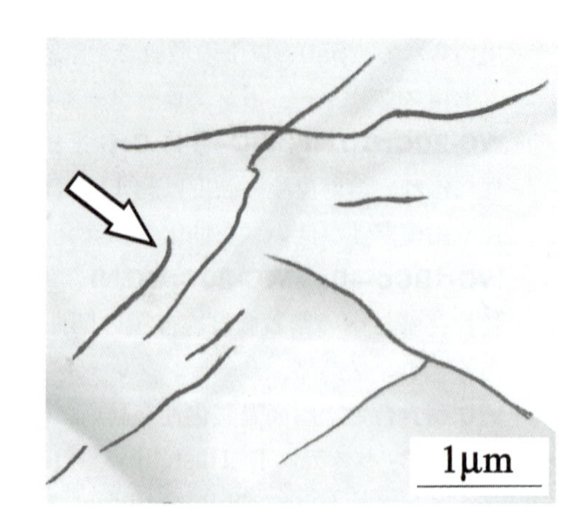

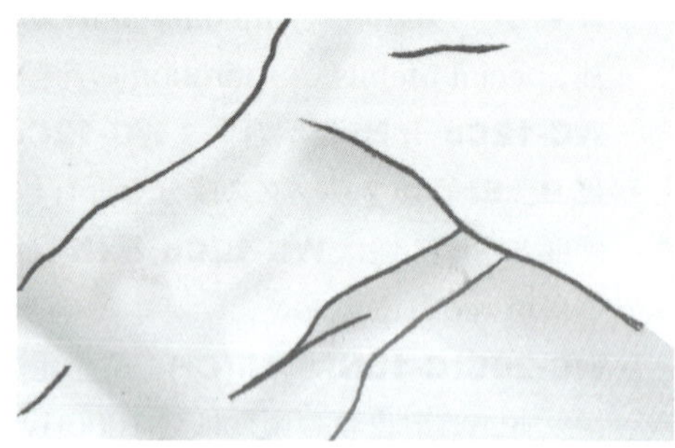

図 A9-1　1400℃で圧縮変形されたサファイアの転位（下は上から時間経過後の様子）

A9.2. 加工硬化 work hardening

転位密度が増すと転位同士で動きを止め合い、変形応力が増加する。これを、加工硬化（強化）と称する。ベイリー・ハーシュ Bailey-Hirsch は、単結晶において剪断変形応力τが、α（約 0.5 の定数）、剛性率μ、バーガースベクトル（すべった量と方向）の大きさbを介し、転位密度ρと正の相関がある事を示した。

$$\tau = \alpha \mu b \sqrt{\rho} \quad \text{(A9-1)}$$

A9.3. ホールペッチの関係 Hall-Petch relation

金属の強度は、同一組成でも結晶粒径が異なると変わる。1951 年に E. O. Hall が、1953 年に N. J. Petch が実験式 (A9-2) を発表した。後に、左辺は引張応力σ_{TS}又は変形応力でも成立する事が示された。

$$\sigma_{YS} = \sigma_{Fr} + \frac{k}{\sqrt{d}} \quad \text{(A9-2)}$$

ここで、σ_{YS}は降伏応力、σ_{Fr}は摩擦応力、kは材料定数、dは平均粒径である。

このホールペッチ則は、結晶細粒化で組成を変えずに高強度化や高靭性化が可能である事を示唆しており、鉄鋼設計等で活用されてきた。しかし、1990 年に結晶粒径dが 20nm 程度以下の場合には逆にdが小さくなると強度も低下する事が判り、この現象は逆ホールペッチ挙動と称される様になった。

理論的、実験的に、金属学会は Materials Transactions 55-1 (2014-1) で本件の特集を行った。

A9.4. その他の強化方針

微視的障害物 obstacle を挿入し転移運動を妨害する事で、障害物が強く多い程、大きな塑性抵抗力が発生する。これについては統一的な理解が進み、転位が障害物を乗り越えて進む熱活性化過程の基礎機構も解っている。固溶強化 solid-solution strengthening と析出強化 precipitation strengthening が、代表的な強化法である。

また、より大きな応力を分担する強固な第二相（強化相）を挿入すると、巨視的に複合強化する事ができる。複合材料強化 composite strengthening が挙げられる。

この２つの強化方針を利用して、様々な強化方法が考えられている。また、ある程度大きい粒子にオロワン機構が働く事を利用した分散強化 dispersion strengthening は、両方針を併用している。

A9.5. オロワン機構 Orowan mechanism

オロワン機構とは、粒子を通過する際に転位が半円形状に変形する機構である。ある程度大きい粒子は、硬く塑性変形しない絶対的なピン留め（転位運動を完全に止める）点となる。

更に転位が強行すると、粒子周囲に一部が切り離され（＝オロワンループ Orowan loop）転位はやっと粒子を通過する。この通過に必要な臨界剪断応力（＝オロワン応力 Orowan stress）τ_{or}は、粒子散布平均間隔 L_o と反比例する。

$$\tau_{or} = \frac{\mu b}{L_o} \quad \text{(A9-3)}$$

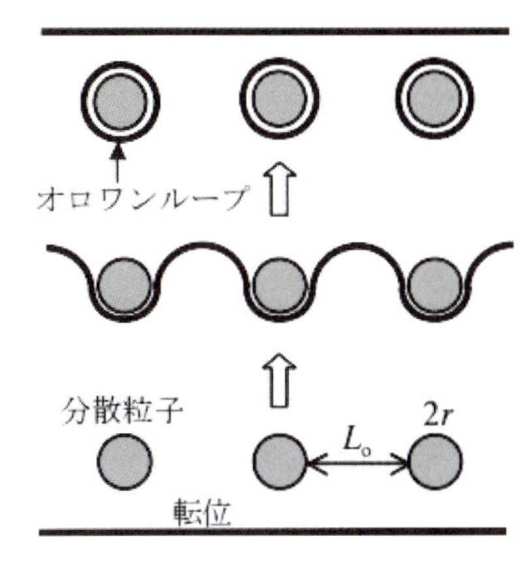

図 A9-2　オロワン機構の模式図

表 A9-1　強化法の比較一覧

強化法	実　施　方　法
固溶強化	置換型又は侵入型固溶原子を、弱い障害物として導入して為す。
析出強化	高音で単相、低温で二相となる合金系を用い、時効熱処理で微細な第二相析出物を分散配置する。
分散強化	酸化物等の硬い粒子を散布する。
加工硬化	塑性変形に依り、転位密度を上げる。
結晶粒微細化強化	熱処理等に依り、結晶粒の大きさを小さくする。
複合材料強化	異種材料を複合化する。

A 10. その他の強度に関する知識

A10.1. 部分安定化ジルコニア PSZ

ZrO_2 ジルコニア zirconia は、構造部材や酸素センサー等に用いられるセラミックス。温度に依り結晶構造が変化し（単斜晶、正方晶、立方晶）、その体積変化により容易に熱疲労（崩壊）する。この結晶構造の変化を抑える為に、**Zr** 中に **Y**（イットリウム）、**Ce**（セリウム）、**Ca**、**Mg** 等の安定化剤を数％添加した物を安定化ジルコニア stabilized zirconia と称する。

- 完全安定化ジルコニア：安定化剤を充分添加し、結晶構造変化をほぼ完全に抑制した **ZrO_2**。高強度で低靭性。
- 部分安定化ジルコニア partially stabilized zirconia：安定化剤の添加量を減らし、一部の結晶構造変化を許容した **ZrO_2**。応力が発生すると正方晶から単斜晶へ構造変化し、亀裂を閉じようとする（応力誘起変態・・・マルテンサイト変態）ので、靭性が上がる。

A10.2. ウィスカー（ホイスカ）whisker

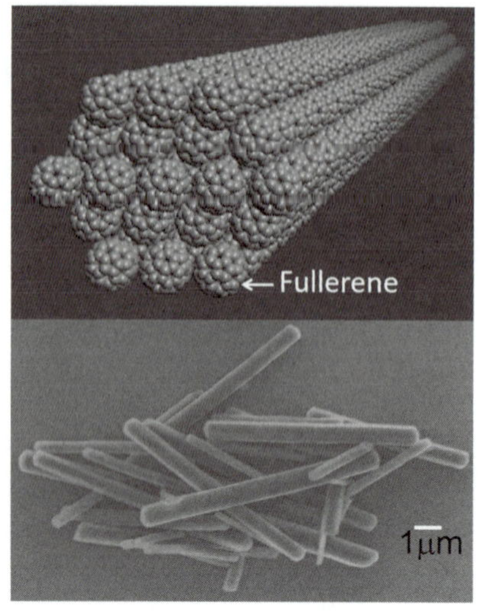

図 A10-1　C60 フラーレンウィスカーの構造図（上）と顕微鏡写真（下）[57]

ウィスカーとは、結晶表面から外側に向けて髭状に成長した結晶である。結晶表面付近に圧縮応力が発生した際に、その応力を緩和しようと発生するメカニズムに因る。結晶成長の起点が小さく、連続的に成長する傾向があるので、非常に細長い単結晶となる。

1940 年代に配線表面の錫メッキ層から錫ウィスカーが成長し電子部品の短絡の原因となり、この現象が発見された。**Pb** 添加により **Sn** ウィスカーの成長を抑制できるので、一時期 **Sn-Pb** メッキとなったが、**Pb** の毒性を考慮し 2000 年に **Pb** を用いなくなり、短絡が再発し始めた。

単結晶なので、構造欠陥や不純物は無く、強度が大きい。樹脂、金属、セラミックス等の強度を改善する添加剤としても用いられる。

・ウィスカー繊維：ϕ 1μm 程度 ×1mm 以上の長さのウィスカー。アスベスト代替繊維として用いられる。

復習問題の答えはどこかに書いてあります。
探してみましょう。

<復習問題 A>

ワイブル分布とは如何なる分布かを、最弱リンク説と関連付けて、式（オブジェクト / 数式 3 を使う事）を用いて簡潔に記せ。式に用いた文字は漏れなく定義し、特にワイブル係数とはどの係数かを明記する事。その上で、ある破壊強度がワイブル分布を示す時ワイブル係数の大小は何を意味しているかを簡潔に記せ。

<復習問題 B>

0）ビーチマークとストライエーションについて、これらの違いに注目し、これらがどの様なもので、どの様な場合に発生するかを簡潔に説明せよ。

1）遅れ破壊とは何かを、具体的な例を挙げて簡潔に説明せよ。

2）劈開破壊とリバーパターンについて、関連性に注目し、これらを簡潔に説明せよ。

3）表層改質の手法の一つにイオン注入技術があり、例えば窒素原子等を注入する事で疲労強度が改善される事が判っている。イオン注入により疲労強度が改善するメカニズムを簡潔に説明せよ。

4）サーメットとは何かを、特にセラミックスや金属等と破壊靱性値を比較して、簡潔に説明せよ。

5）部分安定ジルコニア PSZ とは何かを、特にその材料特性上の長所がどの様な変態により実現されているかを明示して、簡潔に説明せよ。

6）ウィスカーとは何かを、その製造方法、材料特性上の長所等を踏まえて、簡潔に説明せよ。

7）ホールペッチ則（ホールペッチの関係）とは何かを、式を用いて簡潔に説明せよ。式に用いた記号の定義をする事。

8）析出強化のメカニズムとオロワン機構について、関連付けながら簡潔に説明せよ。

9）J 積分値とは何か、応力拡大係数 K と比較して、簡潔に説明せよ。

付　録

元素周期律表（一部白表）

		21 Sc										31 Ga		33 As	34 Se		
37 Rb	38 Sr	39 Y				43 Tc	44 Ru	45 Rh				49 In		51 Sb	52 Te		
55 Cs		ランタノイド	72 Hf	73 Ta		75 Re	76 Os	77 Ir				81 Tl		83 Bi	84 Po	85 At	86 Rn
87 Fr		アクチノイド	104 Rf	105 Db	106 Sg	107 Bh	108 Hs	109 Mt	110 Ds	111 Rg	112 Uub	113 Uut	114 Uuq	115 Uup	116 Uuh	117 Uus	118 Uuo

ランタノイド			59 Pr	60 Nd	61 Pm	62 Sm	63 Eu	64 Gd	65 Tb	66 Dy	67 Ho	68 Er	69 Tm	70 Yb	71 Lu
アクチノイド	89 Ac	90 Th	91 Pa		93 Np		95 Am	96 Cm	97 Bk	98 Cf	99 Es	100 Fm	101 Md	102 No	103 Lr

二元素系猫目型平衡状態図白図（全率固溶型）

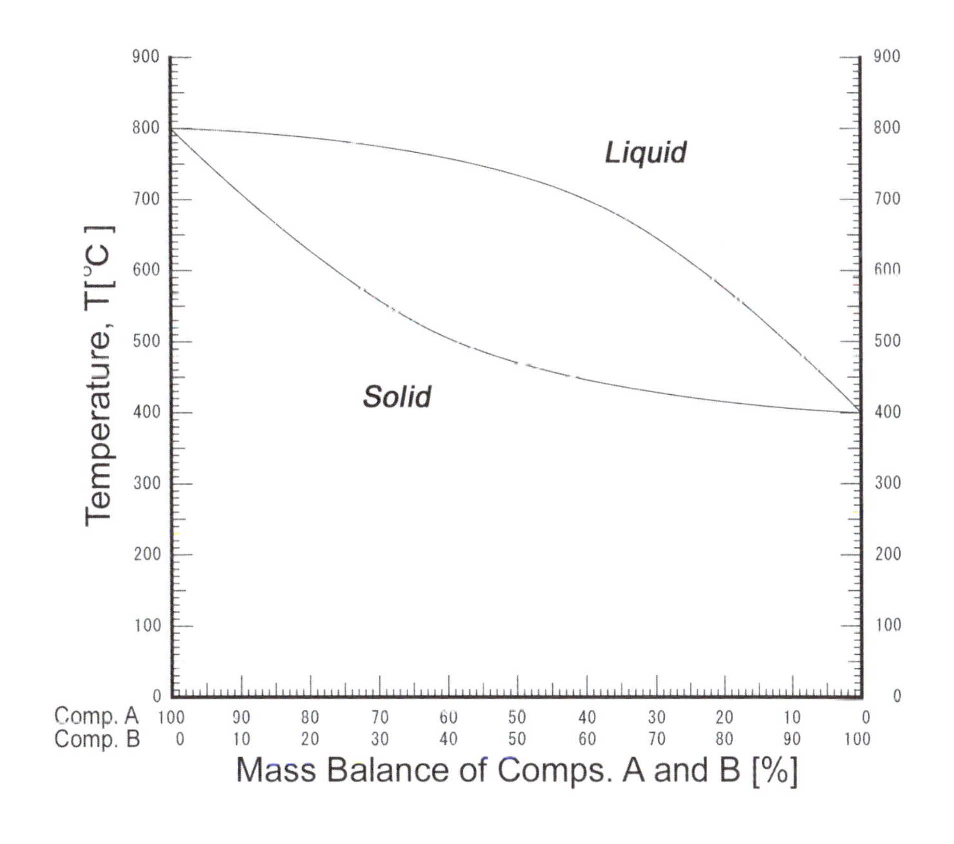

Fe-C 平衡状態図白図(非線形横軸)

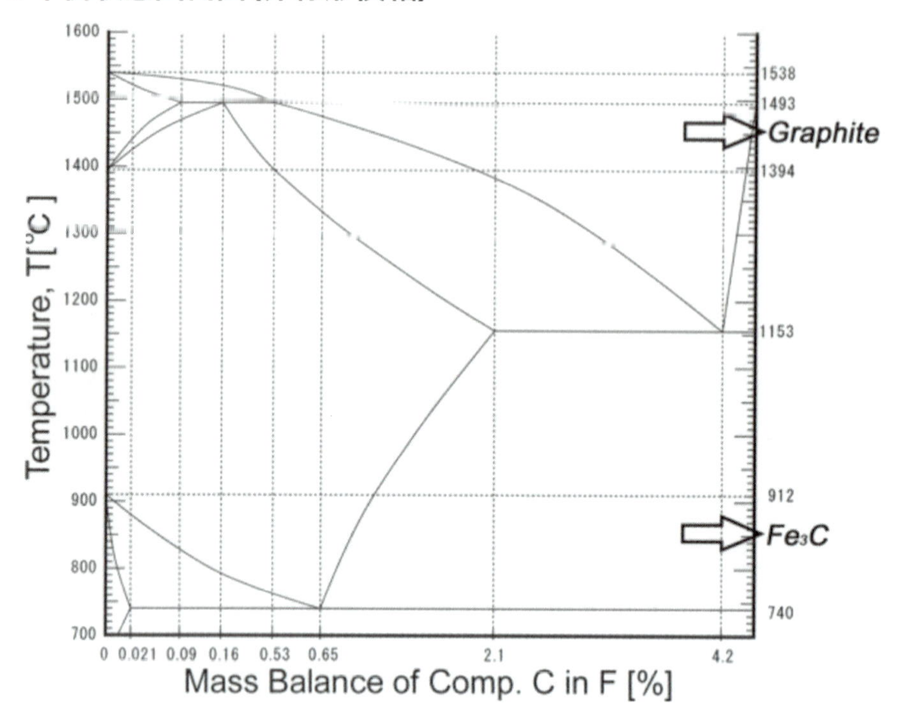

二次元デカルト座標

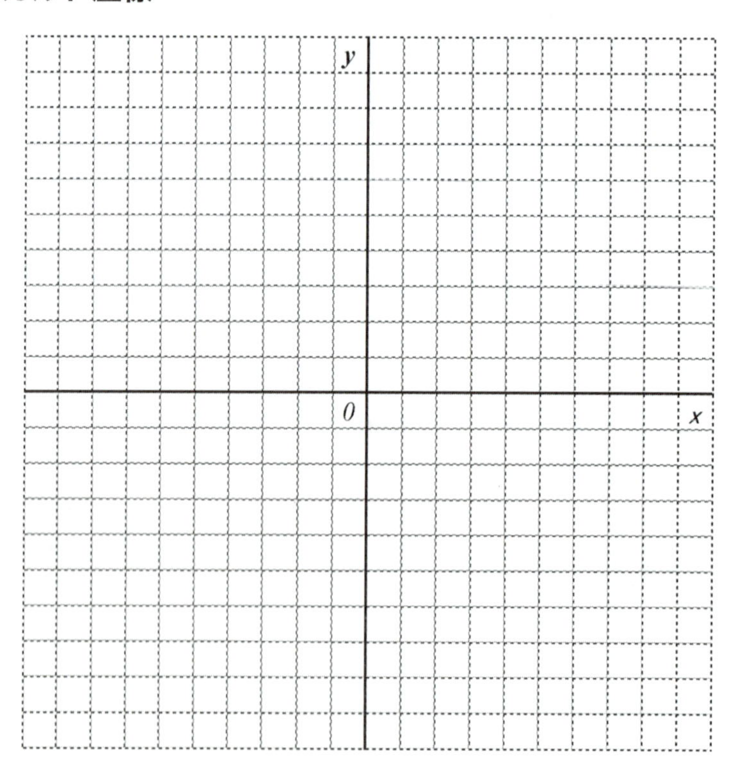

●各節要点一覧

第１章

1.1 節　材料の定義：材料とは、人に有意義な物を作るための“大元(おおもと)”になる物質である。

1.2 節　身の周りの材料：物は材料からできている。材料を加工し、それを組み立てて物にする。

1.3 節　材料の分類：下の通り材料を分類してみよう。諸君の気になる材料がどこに分類されるか、いろいろ探してみよう。

1.4 節　人と人感性の材料：人の材料は、唯一食事により得られる。炭水化物、脂肪、蛋白質、無機質、栄養、食物繊維、及び水が必須材料である。

人の行動に関する材料は、外からの情報である。視覚情報は光から得られ、色と明度の分布として感知する。また、聴覚情報は音から得られ、音程及び音量の時(空)間履歴として感知する。

第２章

2.1 節　原子と元素：原子は物であり、元素は原子の種類である。また、素粒子とは、物質を構成する最小単位の材料である。原子は陽子 $\mathbf{p^+}$ と中性子 n から成る原子核と、その回りに存在する電子 $\mathbf{e^-}$ で構成される。かつては陽子 $\mathbf{p^+}$ と中性子 **n** も素粒子と考えられていたが、より小さい素粒子が発見された。

2.2 節　周期律表：原子はビッグバンで宇宙に拡散され、さまざまな元素が星の発生、成長あるいは崩壊と関連しながら生成されてきた。$_{26}\mathbf{Fe}$ は最も安定した元素であり、地球には $_{26}\mathbf{Fe}$、$_{8}\mathbf{O}$ 等がたくさん含まれる。天然に存在する最も重い元素は、$_{92}\mathbf{U}(_{94}\mathbf{Pu})$ である。

2.3 節　同位元素：陽子数が同じ原子(元素)を、同位体(同位元素)と称する。同位体は互いに中性子数が異なり、原子量も異なる。不安定な同位体である放射性同位体は、放射線を出して崩壊する。

2.4 節　イオン：電子の過不足により電荷を帯びた原子／原子団をイオンという。

第３章

3.1 節　結合：物体は、それを構成する原子、分子あるいはイオン等が集合して成る。集合する際に相互を結合する力が必要となり、力の種類によってイオン結合、共有結合、金属結合等と分類できる。

3.2 節　結晶と格子：原子、イオン、分子が規則的に配列した個体を結晶と称する。結晶の最小単位を格子と称する。代表的な結晶として、bcc、fcc、hcp が挙げられる。原子、イオン、分子がやや規則的に配列した固体を準結晶、不規則に配列した固体をアモルファスという。

3.3 節　欠陥：実際には格子は局所的に乱れていることがあり、その乱れを格子欠陥と称する。転位は線(一次元)欠陥であり、塑性変形に伴い発生、移動する。

第４章

4.1 節　評価試験の総論：材料は強さ、錆び難さ、軽さ等のさまざまな特性を要求される。それらは、万国共通の方法で評価されるべきである。日本では JIS が評価試験を規格化している。

4.2 節　引張試験：引張試験は、最も基本的な評価試験である。平行部に標点を設け、負荷している荷重値と標点距離の変化を測定する。

4.3 節　SS 曲線：引張試験の結果得られる SS（応力 - 歪）曲線を読図できるようにしたい。ヤング率、降伏応力値、破断応力値、絞り等は、重要な指標値である。

4.4 節　衝撃試験：材料に入れた切欠を目指しハンマーを振り降ろしそこを割る試験を、衝撃試験と称する。割ってできた破面を観察し靱性を評価する。

4.5 節　疲労試験：小さな荷重でも繰り返されると材料は疲労する。疲労とは、材料内部に亀裂が発生し進展する現象である。亀裂先端には大きな応力集中が起こる。

高温環境下で負荷を掛け続ける試験を、クリープ試験と称する。

4.6 節　クリープ試験：小さな荷重でも、特に金属の場合は高温環境で負荷し続けると材料は傷んできて、クリープ破断する。

繰り返し荷重を掛ける試験を、疲労試験と称する。

4.7 節　硬度試験：硬い圧子を押し付けてできる跡の大きさで材料の硬度を評価する試験を、硬度試験と称する。

第５章

5.1 節　製鉄：鉄鉱石を炭素で還元し銑鉄(せんてつ)を作り、そこに適量の酸素を吹き込み鋼鉄を作る。それを熱処理で調質した後に、鋼鉄はコイルとして出荷される。

5.2 節　鉄と炭素と平衡状態図：平衡状態図は、ある温度である組成の合金がどの様な状態になっているかを示すグラフである。鉄炭素合金の平衡状態図には、液相と、α フェライト（～

0.0218C)、γオーステナイト(～2.14C)、δフェライト、黒鉛、セメンタイトの5固相がある。

炭素含有量により鉄炭素合金は特性が変化する。炭素含有量が0.0218％超2.14％以下の鉄を鋼と称し、強度と伸び(変形能)のバランスが良いので多用されている。

5.3節 **鉄鋼の種類**：鉄鋼は用途ごとにJIS規格で分類されている。また、炭素鋼と合金鋼に分類できる。商品としては板材、条鋼あるいは鋼管等がある。

5.4節 **Feの錆**：**Fe**は錆びる(酸化して脆くなる)。それを避ける為には、被覆をするか、添加元素を入れる必要がある。

5.5節 **ステンレス鋼**：10.5％以上の**Cr**を添加した鋼をステンレス鋼と称する。含有**Cr**が空気中で酸化し表面に不動態皮膜を形成、高耐食性を示す。M系の**13Cr**、α系の**18Cr**、γ系の**18Cr-8Ni**に大別される。

第6章

6.1節 **鉄とアルミニウムと銅**：**Fe**と**Al**と**Cu**銅は、主要3金属元素である。**Fe**は強く磁性を持ち、使い勝手が良い。**Al**は地上に多く、軽く表面が綺麗である。**Cu**は比較的安価で、電気や熱を良く通し柔らかい。

6.2節 **アルミニウム**：**Al**は、大抵の場合合金で使われる。軽いので使い方次第では**Fe**以上の強度を発揮する。押出が得意で、酸化被膜のアルマイトは防食効果がある。

6.3節 **アルミニウム合金**：アルミニウム合金は、1000系から9000系まで成分で明確に分類されている。強度、耐食性、加工性、溶接性等を改善する。A2017ジュラルミン、A2024超ジュラルミン、A7075超々ジュラルミン等がある。

6.4節 **銅**：**Cu**は、単体でも合金でも用いられる。錆び難く、自然銅や酸化銅等を原料とする。電気熱的特性が**Ag**に次いで2番目に良い元素である。柔らかいので構造材としては不向き。

6.5節 **銅合金**：**Zn**合金の黄銅、**Sn**合金の青銅、**Zn-Sn**合金のネーバル黄銅、**Ni**合金の白銅、**Zn-Ni**合金の洋白等、様々な合金がある。現在の日本の硬貨は、ほとんどが銅合金製である。

第7章

7.1節 **ZnとSn**：**Zn**と**Sn**は軟らかく、単体では構造材料にはならない。他方、**Fe**の防食用メッキに用いられたり、**Cu**合金の成分となったりする。

7.2節 **TiとMg**：**Ti**と**Mg**は、いずれも酸化被膜を作る軽い構造材である。**Ti**は人体材料として優れ、**Mg**は航空宇宙機器材料に用いられる。

7.3節 **CoとNi**：**Co**と**Ni**は強磁性で**Fe**と同等の機械的特性を有する他、耐食性に優れる。**Ni**は硬貨として国家が備蓄している。

7.4節 **PbとSbとBiとCdとBa**：**Cd**、**Sb**、**Ba**、**Pb**、**Bi**等は、低融点金属で構造材料には向かない。多くは毒性を示すが、**Bi**や**Ba**は医薬活用される。

Pbは、重く放射線遮蔽に適し、軟らかく鋳造も容易で、耐食材料にもなる。**Cd**は**Zn**と、**Ba**は**Ca**と似る。

Cdは**Zn**と、**Ba**は**Ca**と似る。

7.5節 **その他の元素**：**Au**は装飾品や電気電子材料として抜群、**Pt**は触媒や抗癌剤等様々な用途で用いられ、**Ag**は電気や熱を最も通し、**Hg**は常温常圧で液体である。

第8章

8.1節 **無機材料総論**：無機材料とは、非生物由来の金属以外の材料である。多種多様な金属酸化物の中には、有用なセラミックスが多く存在する。

8.2節 **ガラス**：ある温度領域でガラス状態になる物質をガラスと総称する。一般にガラスというと、石英ガラスを指す。脆い。

8.3節 **陶磁器**：土や石を原料とする無機材料は陶磁器である。いずれも金属酸化物が成分の一部になっており、焼き固める。

8.4節 **コンクリートとセメント**：型枠に砂、砂利、水等を流し込みセメントで固めた無機材料。様々な成分調整が可能。

8.5節 **無機化学薬品**：ソーダ(**Na**化合物)を始め、様々な薬品がある。燃料電池等の電池原料もこれである。

第9章

9.1節 **有機材料総論**：有機材料とは、生物由来の材料であり、結果的にCを中心に構成された高分子で高機能な材料の総称でもある。

9.2節 **木材**：木材は樹木の幹等を伐採した材料で、燃料、飼料、パルプまたは幹金属に比べ軽く、意外と強いので構造材料としても用いられる。異方性が強い。

9.3節 **ゴム**：大きな破断歪に至るまで弾性を保持する材料の一つに、ゴムがある。天然ゴムと合成ゴムがある。

9.4節 **紙**：紙は、主として植物性繊維を平面状に薄く配置させて固めた物である。厚い紙は木材に匹敵する強さを持つ。リサイクルが可能。

9.5 節　プラスチックス：プラスチックスの定義は曖昧だが、合成樹脂を指すことが多い。射出成形等の方法でいろいろな形に成形される。

9.6 節　布：細長く、柔軟で、耐久性に優れる糸(繊維)を裁縫した布は、優れた糸の存在に支えられ古い歴史を持つ。糸は長手方向に強度が高い異方性を有する。

第 10 章

10.1 節　生体のレベル感：生命の最小単位は細胞である。細胞が集まり組織と成し、組織を組み合わせて器官ができる。器官を有機的に連結して生物ができ上がる。DNA は細胞でなく、生物ではない。

10.2 節　七大栄養素:人間は、水、13 種類の金属と、有機材料から成る。有機材料には、炭水化物、脂肪、蛋白質、食物繊維がある。食糧を摂取消化し得られたこれらの材料を、体内各所で必要な体の部品として再合成する。

10.3 節　ゲノムの世界：遺伝子は、生物を作るための設計図である。遺伝子は DNA に載っていて、DNA を畳み込んだ物が染色体であり、染色体の集合した物が核である。

10.4 節　人間の構成材料〜水分：人体には体重の 60 〜 70％の水分が含まれ、体重の約 5％は血液である。人間の細胞外水質は薄い海成分であり、血液はそれを作っている。

10.5 節　人間の構成材料〜水以外：バランス良くいろいろな食糧を食べる必要がある。特に人工的な味に味覚を麻痺させられて、知らない内に食事が偏ってしまうことは避けたい。

10.6 節　人間を作る・人間から作る：人工臓器はコンタクトレンズ、歯のインレイ等から義手、人工心臓まで多種多様である。人工臓器は、人体に馴染みかつ寿命が長い材料を用いなければならない。

人間に倣った工学物体や仕組みも沢山ある。生物は優れたシステムなので、自分を省みることは重要なことである。

第 11 章

11.1 節　光：光は、可視電磁波である。電磁波は、波長が長くエネルギーの小さいものから、電波、赤外線、可視光線(光)、紫外線、X 線等に分類されている。

11.2 節　光と視覚感知：人間は電磁波を網膜で感受し、それを脳で光として認識する。網膜では、波長を色、強度(光子の量)を明度に対応させ、その分布を捉える。この能力を視覚感知と称し、これはディジタル的かつ先天的能力である。

11.3 節　視覚認知：網膜で感知した色や明度の分布に基づき、遠近(三次元分布)、形または表面状態等を認識する。ここで初めて視覚に意味が発生し、周囲の状況を把握することになる。この能力は視覚認知と呼ばれ、アナログ的かつ後天的である。

11.4 節　音：音は、音媒体の可聴振動と一部の可聴体振動である。振動は、周波数が低くエネルギーの小さいものから、低周波振動、低周波音、中周波音、高周波音、超音波等に分類されている。

11.5 節　音と聴覚感知：人間は音媒体の振動と一部の体振動を基底膜で受感し、それを脳で音として認識する。基底膜ではこれらの振動を FFT 分解し、周波数を音程、振幅を音量に対応させ、その時(空)間履歴を捉える。この能力を聴覚感知と称し、これはディジタル的かつ先天的能力である。

11.6 節　聴覚認知：基底膜で感知した音程や音量の時(空)間履歴に基づき、音感やリズム感等を認識する。ここで初めて聴覚に意味が発生し、周囲の状況を把握することになる。この能力は聴覚認知と呼ばれ、アナログ的である。先天的か後天的かは難しい問題である。

11.7 節　視聴覚と五感：視覚と聴覚は、この世で特殊な伝達現象を担う電磁波と振動の伝播を、それぞれ光と音として認識する感性である。光の直進性に基づき視覚は空間的な、音の拡散性に基づき聴覚は時間的な能力となっている。視聴覚は互いを補い合っている。

参考文献

1) 志村史夫：" 材料科学工学概論 ", 丸善.
冶金学的な観点よりむしろ化学的な観点で、広く材料を扱った専門書に近い教科書。データ集としても見応えがある。
2) 小林政信・山本恭永・為広博:"基礎材料学",コロナ社.
鉄鋼材料を念頭においた、金属材料のミクロな冶金的な専門書。変形や調質のミクロ視点での解説等が特徴。
3) 門間改三・須藤一:" 構成金属材料とその熱処理 ", 日本金属学会.
炭素鋼を中心とした金属材料の熱処理の専門書。比較的多くの金属材料を扱っている。
4) J. バーク・訳 / 平野健一・堀仁："金属相変態速度論入門 ", 共立出版.
金属変態の原理に関する専門書。金属工学科の学生で金属材料開発に関わる者は一読すべき。
5) 編 / 日本鉄鋼協会:" 鉄鋼製造法 ", 4 分冊組 , 丸善.
鉄鋼材料の製造、設計及び品質管理をする専門家の為の専門書。学生向けでは無い。
6) 渡邊慈朗・齋藤安俊・菅原茂夫:" 基礎材料工学 ", 共立出版.
冶金学的立場から、ミクロな構造、相変態、機械特性、電気的特性、磁気的特性、熱的特性について解説した専門書。
7) 鈴木孝弘："新しい物質の化学－身のまわりを化学する－ ", 昭晃堂.
身の回りの材料を、化学的視点で捉えた一般書。工学系の学生にも、読み物としては面白いと思われるし、違った観点の育成にも役立つと思われる。
8) 佐々木雅人：" 機械材料入門 ", 理工学社.
械材料を念頭においた、材料を広く扱った教科書。一般諸と専門書の中間的な内容で、機械系の学生が材料をしっかり勉強するのに適していると思われる。
9) 門間改三:"大学基礎機械材料SI 単位版", 実教出版.
機械材料を念頭においた、鉄鋼材料を主体に材料を広く扱った教科書。一般諸と専門書の中間的な内容で、機械系の学生が材料をしっかり勉強するのに適していると思われる。
10) 渡辺義見・三浦博己・三浦誠司・渡邊千尋：" 図でよくわかる機械材料学 ", コロナ社.
機械材料を念頭においた、鉄鋼材料を主体とした金属材料のミクロな解説をした教科書。一般書諸と専門書の中間的な内容だが、絵を多く用いて読み易くしていると感じる。
11) 片山恵一・大倉利典・橋本和明・山下仁大："工学のための無機材料科学－セラミックスを中心に－ ", サイエンス社.
セラミックスに必要な冶金学的知識や生産技術に触れつつ、セラミックス機能別解説をした教科書。一般書諸と専門書の中間的な内容で、セラミックス材料一覧が良いと思う。
12) 北條英光：" 材料の科学と工学 ", 裳華房.
ミクロな冶金的な知識を、様々な観点で捉えた幅広い教科書。専門的な内容を足早にさらっており、専門書に近いと思われる。
13) 伊保内賢：" プラスチック入門 ", 工業調査会.
プラスチックに特化した、専門書に近い一般書。内容が盛り沢山で、プラスチックの事は一通り網羅されていると感じる。
14) 編 / 大坂大学産業科学研究所・かしこい材料とシステム研究会："かしこい材料とシステム", 内田老鶴圃.
材料に求めるべき機能や、材料の使い方等の、材料設計や材料選択の際の思想的観点で書かれた教科書。
15) 材料強度の考え方:"木村宏", アグネ推進センター.
金属材料を念頭に置いた、ミクロ視点からの材料強度に関するメカニズム等を解説した専門書に近い一般書。
16) 編 / 物質工学工業技術研究所編集グループ：" グリーンケミストリーをめざす物質工学　安全な物質・優しい材料 ", 工業調査会.
人体や環境に安全で優しいをキーワードとした、材料の例示や考え方を示した読み物風の一般書。
17) 井形直弘：" 材料強度学 ", 培風館.
冶金学的な観点から材料の破壊を考えながら、金属材料や幾つかの非金属材料の破壊を解説した専門書に近い教科書。
18) 入戸野修：" 材料科学への招待 ", 培風館
比較的新しい材料を中心に、材料に対する考え方や開発のやり方を述べた教科書。
19) 門田和雄：" 絵ときでわかる機械材料 ", オーム社.
恐らく、ここに紹介した材料学の教科書の中では、最も初級者向き。材料各論は、鉄鋼材料、アルミ、銅、プラスチック、セラミックスに注目している。
20) 菱田博俊・直井久・御法川学：" 機械デザイン ", コロナ社.
著者が機械工学の学生用に作成した、図学の教科書である。但し、内容は図学の他に、美しい線の弾き方、視覚感性学、グラフの書き方、プレゼンテーションの方法等を解説した、総合教科書。
21) 前田章夫：" 視覚のメカニズム ", 裳華房.
視覚の医学的な知見を読み物的にまとめた一般書。
22) 金子隆芳；" 色の科学 ", みすず書房.
色の認識に関する専門的な知識を読み物的にまとめた一般書。
23) 編 / 村上郁也：" イラストレクチャー認知神経科学 ", オーム社.
認知に関する人間の脳神経作用に関する知識を広く解説。視聴覚や、言語、意識についても扱っている。
24) 小松正史：" みんなでできる音のデザイン ", ナカニシヤ出版.
音の設計をあるレベルで楽しんで実施する為のワークシート的な解説書。
25) 編 / 新井正治：" 透視人体解剖図 ", 金原出版.
一般的な解剖図を、透明シートに印刷して前後関係が判る様にしている。
26) 飯島泰蔵：" 視覚情報の基礎理論 ", コロナ社.
視覚認識を、ベクトルや集合論の様な数学で記述説明している。理論的な勉強に適している。

27) 重野純：" 音の世界の心理学 ", ナカニシヤ出版.
音の測定や認知に関する様々な知識を説明。言語や視覚との統合の話も。聴覚感性の知識を初級者が取りあえず入れるには、少々ハイレベルだが良い。但し、詳細が弱い。
28) 大山正：" 視覚心理学への招待 ", サイエンス社.
視覚認識に関する全般的な説明で、「人間・感性工学特論」の内容に近い。視覚感性の知識を初級者が取りあえず入れるには、少々ハイレベルだが良い。感知は扱っていない。
29) 淀川英司・東倉洋一・中根一成：" 視聴覚の認知科学 ", 社団法人電気情報通信学会.
上記2冊を合わせ、内容を軽くした様な本。
30) 岩田誠：" 見る脳・描く脳 ", 東大出版会.
視覚感性に美術的な観念を含めて解説した本。案外、眼球に関する生理学的な詳細もある。
31) 岩田誠：" 認知症の脳科学 ", 日本評論社.
認知症を主として、論述調に説明している。音楽の話も僅かだが出てくる。
32) 福田忠彦・福田亮子：" 人間工学ガイド ", サイエンティスト社.
官能評価方法、他覚的評価方法の具体的なやり方を説明をしている。
33) 藤井正子・桜木晃彦：" みて、ふれて、測って学ぶ生体のしくみ", 南山堂.
解剖生理学を初級者向けに軽くした様なイメージ。但し、筋肉系がない、あるいは感覚器が手薄である等、一部不充分である。
34) 石川春律・外崎昭:"わかりやすい解剖生理", 文光堂.
35) H.F. マティーニ・他 2・監訳 / 井上貴央：" カラー人体解剖学 ", 西村書店.
医学部の学生等が教科書として使う、解剖生理学の専門書。
36) 宮崎文夫・他２：" ロボティクス入門 ", 共立出版株式会社.
人間とロボットの類似性と相違点。マニュピュレーション（manipulation 遠隔擬似人間運動操作）の位置、速度回転の運動と制御。センシングとしての画像処理。
37) 小田裕昭・他２編:"健康栄養学", 共立出版株式会社.
栄養の代謝原理と化学、栄養の生体機能調整と予防に関する生理。医学的、化学的な内容。
38) 若松秀俊・本間達:"医用工学", 共立出版株式会社.
医用工学を目的としての、一通りの電気回路の基礎。従って、医用工学関係の教科書と言うよりは、様々な電気回路の説明がなされている。
39) 菊地正：" 感覚知覚心理学 ", 朝倉書店.
五感に関する。結構コンパクトにまとめられていると考えられる。
40) 篠田博之・藤枝一郎：" 色彩工学入門 ", 森北出版株式会社.
色の研究の良い総合参考書。
41) 大森俊雄・他 6:"応用生命科学", 株式会社昭晃堂.
生命誕生、細胞の構造と増殖と代謝、生物分類と相互関係、分子生物学、栄養と代謝（健康栄養学の一部）、生物浄化。
42) 津山祐子：" 音楽療法 ", ナカニシヤ出版.
音楽療法の良い総合参考書？
43) 熊谷泉・金谷茂則:" 生命工学 ", 共立出版株式会社.
生命、遺伝子、蛋白質、酵素、抗体、微生物、代謝に関わる工学、進化工学、医用工学、医療工学、環境工学と広範囲を網羅している。
44) 宮入裕夫：" 生体材料の構造と機能 ", 養賢堂.
生体材料の物性、機能、形態、構造。知能材料、環境。
45) 洲崎春海・他２："Success 耳鼻咽喉科 ", 金原出版株式会社.
" 新耳鼻咽喉科頭頸部外科学 ", 日本医事新報社.
医学部で耳鼻咽喉科を勉強する学生が用いる教科書.
46) 荒木孝二・明石満・高原淳・工藤一秋：" 有機機能材料 ", 東京化学同人 (2006).
初心者向けに、有機材料がどう使われるかを広く紹介している。
47) 体工学研究会："The Life Station", http://www9.plala.or.jp/seitaikougaku/index.html.
知らなかった人体や人生の知識が記載されている。
48) 菱田博俊：" 青少年のための統計学入門 ", 現代図書 , pp. 132, 60-61.
49) 菱田博俊:"理工系のための数学入門　確率・統計", オーム社, pp.214-217, 120-125.
50) Seung-Hoon Jhi, Jisoon Ihm, Steven G. Louie & Marvin L. Cohen：”Electronic mechanism of hardness enhancement in transition-metal carbonitrides”, Nature, 399, doi:10.1038/20148 (13 May 1999) pp.132-134.
51) 菱田博俊、三牧敏太郎：" バースト強度のＦＥＭ解析 ", 圧力技術、日本高圧力技術協会(31 巻６号)(1993) pp.335-341.
52) https://ja.wikipedia.org/wiki/%E3%82%B9%E3%82%B1%E3%83%8D%E3%82%AF%E3%82%BF%E3%83%87%E3%82%A3%E3%83%BC_%28%E3%82%BF%E3%83%B3%E3%82%AB%E3%83%BC%29
53) Christopher M. Barr, Sebastian Thomas, James L. Hart, Wayne Harlow, Elaf Anber & Mitra L. Taheri from Barr, C.M., Thomas, S., Hart, J.L. et al.: "Tracking the evolution of intergranular corrosion through twin-related domains in grain boundary networks", npj Materials Degradation, 2 (2018) p.14.
54) https://commons.wikimedia.org/wiki/File:Intergranular_corrosion.JPG
55) https://ja.wikipedia.org/wiki/%E7%82%AD%E5%8C%96%E3%82%BF%E3%83%B3%E3%82%B0%E3%82%B9%E3%83%86%E3%83%B3
56) https://ja.wikipedia.org/wiki/%E3%81%B8%E3%81%8D%E9%96%8B
57) Hideo Hashizume, Chika Hirata, Kazuko Fujii & Kun'ichi Miyazawa: "Adsorption of amino acids by fullerenes and fullerene nanowhiskers", Science and Technology of Advanced Materials, 15-5 (2015) pp.1-6.
58) https://www.tigold.co.jp/ip/tin.html

勿論、著者は日本のあらゆる書籍を知りつくした訳ではないので、ここに紹介できなかった名著もあると思われる。もし諸君が読んだ次なる教科書で良いと感じられた物があったら、是非お教え頂きたい。

●チェックシートの解答例

第１章　導入：身の周りの材料

1）材料とは何か簡明に説明しなさい。

　材料とは、人に有意義な物を作る為の大元となる物質である。

2）材料を物にする過程について簡明に説明しなさい。

　材料を加工し、それを組み立てて物にする。

3）有機材料と無機材料を簡明に説明しなさい。

　有機材料を生物由来材料と定義する。無機材料はその補集合である。

4）金属と非金属を簡明に説明しなさい。

　金属は、化学的には金属結合により成る材料であり、展性、塑性（延性）に富み機械工作し易く、電気及び熱を良く伝え、不透明な金属光沢を持ち、常温で固体（水銀だけ例外）で、水溶液中では陽イオンとなる。非金属はその補集合である。

5）セラミックスを無機材料との違いを踏まえて、簡明に説明しなさい。

　無機材料の一種で､狭義には主成分が金属酸化物、広義には半導体、無機化合物の成形体等も含む。

6）プラスチックスを有機材料との違いを踏まえて、簡明に説明しなさい。

　有機材料は生物由来の材料であり、プラスチックスは合成樹脂である。プラスチックスは、有機材料の一種である。

7）人の材料を列挙しなさい。

　炭水化物、脂肪、蛋白質、無機質、栄養、食物繊維、及び水。

8）人の視聴覚に関する材料とは何か考えなさい。

　色と明度の分布が視覚の材料であり、可視電磁波はその材料を与える媒体であると言える。音程と音量の時（空）間履歴が聴覚の材料であり、音媒体の可聴振動と一部の可聴体振動はその材料を与える媒体であると言える。

第２章　材料の源･･･原子の世界

1）原子と元素の違いを簡明に説明しなさい。

　原子は物であり、元素は原子の種類である。原子は陽子 $\mathbf{p^+}$ と中性子 **n** から成る原子核と、その回りに存在する電子 $\mathbf{e^-}$ で構成される。

2）$^{14}_{6}\mathbf{C}$ は何か簡明に説明しなさい。

　6つの陽子と8つの中性子から成る原子核を持つ原子（元素)。炭素の同位体（同位元素）の一つで、放射性。

3）素粒子とは何か簡明に説明しなさい。

　素粒子とは、物質を構成する最小単位の材料である。嘗ては陽子 $\mathbf{p^+}$ と中性子 **n** も素粒子と考えられていたが、より小さい素粒子が発見された。17種類ある。

4）イオンとは何か説明しなさい。

　電子の過不足により電荷を帯びた原子／原子団。

5）以下に示す表2-1の空白を埋めよ。

　省略。

6）原子が生成した最初の反応（現象）は何か。

　ビッグバン。

7）最も安定した原子核を持つ元素は何か。

　鉄 $_{26}\mathbf{Fe}$。

8）地球に最も多く存在する元素は何か。また、地殻に最も多く存在する元素は何か。

　地球に最も多く存在する元素は鉄 $_{26}\mathbf{Fe}$。地殻に最も多く存在する元素は酸素 $_{8}\mathbf{O}$。

第３章　ミクロの構造

1）イオン結合を説明しなさい。

　陽イオンと陰イオンのクーロン力(電気的な引力)による強い結合で、高融点。

2）共有結合を説明しなさい。

　足りない電子を共有し見かけ電子殻を万席状態にした極めて強い結合で、高融点。

3）金属結合を説明しなさい。

　自由電子を出し合った金属原子と自由電子雲との電気的な強い結合。

4）水素結合を説明しなさい。

　電気陰性度の高い原子が隣接または結合する水素原子から電子をやや引きつけた結果発生する、電気的な弱い結合。

5）結晶、準結晶、非晶質状態（アモルファス）とは何かそれぞれ述べなさい。

　原子、イオン、分子が規則的に配列した個体を結晶と称する。原子、イオン、分子がやや規則的に配列した固体を準結晶、不規則に配列した固体をアモルファスと称する。

6）単結晶、多結晶とは何か述べなさい。

　1つの結晶から成る物体を単結晶、2つ以上の結晶から成る物体を多結晶と称する。

7）格子とは何か述べなさい。また、格子欠陥を説明しなさい。

　結晶の最小単位を格子と称する。格子の局所的な乱れを格子欠陥と称する。

8）代表的な金属の結晶構造を3つ挙げなさい。

　bcc、fcc、hcp。

9）原子の充填率が最大の結晶構造を挙げなさい。

　fcc及びhcp。約0.74である。

10）bccとfccの八面体位置隙間半径を比べなさい。

　bccは $0.155r$、fccは $0.414r$ である。fccの方が充填されている割に隙間も広い。

第4章　材料の評価

1）応力と歪を説明し、その単位を示しなさい。
　外力に対する単位面積当たりの内部抵抗力を応力[MPa]と称し、材料が変形した際の長さの変化率を歪[%]と称する。
2）弾性変形と塑性変形を説明しなさい。
　除荷すると応力が0になる変形が弾性変形で、0にならずに永久歪が残る変形を塑性変形と称する。
3）弾性変形から塑性変形に以降する事を何というか答えよ。
　降伏。
4）ヤング率（縦弾性係数）を説明しなさい。
　弾性変形領域における、応力と歪の比。
5）日本において、評価試験を定めている規格名称を記しなさい。
　JIS
6）引張試験で得られるデータは何か記しなさい。
　荷重変位曲線、またそこから派生して応力歪曲線。
7）塑性加工の加工硬化度合い及び減肉し難さを示す物性値を記しなさい。
加工硬化指数n値とランクフォード値r値。
8）疲労とは何か説明しなさい。
　小さい応力しか発生しない小さな荷重が繰り返され材料が傷む現象。亀裂が発生進展する。
9）切欠、亀裂について説明しなさい。
　両者とも材料の形状的な欠陥。切欠は小曲率の凹形状で、亀裂は曲率がほぼ0の凹形状。
10）熱応力を説明しなさい。
　変位拘束条件下に材料が熱膨張或いは熱収縮して発生する、圧縮或いは引張応力。
11）クリープとは何か説明しなさい。
　小さい応力しか発生しない小さな荷重が、特に高温環境で負荷し続け材料が傷む現象。
12）素材の脆さを評価する指標名称を記しなさい。また、それを評価する試験名称を記しなさい。
　破壊靱性値。衝撃試験。
13）顕微鏡で素材表面を観察して為す検査の例を述べなさい。
　破面観察、ミクロ組織観察。
14）硬度とは何か説明しなさい。
　主として表面及び表面近傍の局部的な変形し難さ。物同士が接触した際の表面の傷み方を評価する概念で、強さや柔軟性とも関係がある。

第5章　鉄と鋼

1）鉄鉱石と石炭（コークス）を混合して高温にすると、どんな反応が起こり、何ができるか述べなさい。
　還元。銑鉄。
2）その結果できる物に酸素を吹き込むと、どんな反応が起こり、何ができるか述べなさい。
　脱炭。鋼鉄。
3）熱間圧延（熱延）とは、何をする工程かを述べなさい。
　鋼鉄のスラブを一方向に伸ばしながら熱処理をする工程。
4）鉄と鋼の違いを述べなさい。
　炭素含有量が0.0218～2.14%になった鉄炭素合金が鋼。
5）2つの元素の合金を何と称するか記しなさい。
　二元合金。
6）無限時間経過して平衡した状態を組成と温度の関係で示したグラフの名称を記しなさい。
　平衡状態図。
7）**Fe-C**平衡状態図の固相線、液相線、純鉄の融点、L、α、γ、δ域を示し、fcc結晶域を示しなさい。**M**の作り方を示しなさい。
　fccはγのみ。
　Cを豊富に含有するγを740℃以上から740℃以下に急冷する。
8）ステンレスとは何か述べなさい。主たる成分となっている元素を記しなさい。また、その特徴を述べなさい。
　10.5%以上の**Cr**を添加した鋼。他に**Ni**等。高い耐食性を示す。

第6章　アルミニウムと銅

1）**Al**の原料となる鉱石の名称を記しなさい。
　ボーキサイト。
2）**Al**の代表的な密度、ヤング率、引張強度、融点を記しなさい。また、その特徴を述べなさい。
　概して2.7g/cm^3、68GPa、48MPa、660℃。主要3金属元素の一つで、地上に多く、軽く表面が綺麗である。大抵は合金で使われ、使い方次第では**Fe**以上の強度を発揮する。
3）**Al-Cu**合金及び**Al-Zn**合金の中で有名な合金の名称を記しなさい。
　例えば、A2017 **4Cu-0.5Mg-0.5Mn-Al**はジュラルミン。**Al-Zn-Mg-Cu** A7075は超々ジュラルミン。
4）**Al**または**Al**合金の材料で複雑断面の棒材を作るのに適切な工程名称を記しなさい。
　押出製法。
5）**Cu**の非抵抗（電気抵抗率）と熱伝導度を記しなさい。また、その特徴を述べなさい。
　概して1.68 μΩcm（16.78nΩ/m）、397W/m･K。主要3金属元素の一つで、比較的安価で、電気や熱を良く通し柔らかい。金光沢を持ち、錆び難く、単体でも合金でも用いる。リサイクルし易い。
6）**Cu-Zn**合金の名称とその特徴を記しなさい。
　黄銅。強度、鋳造性及び加工性が向上する。
7）**Cu-Sn**合金の名称とその特徴を記しなさい。
　青銅。耐食性、耐摩耗性、適度な展伸性、及び鋳造に適した低融点や流動性を得られる。

8） **Cu-Ni** 合金の名称とその特徴を記しなさい。
白銅。海水耐食性や展伸性に優れる。

9） **Au** と **Ag** と **Cu** の主要な特徴を簡潔に示し、共通点や相違点等を整理しなさい。
金銀銅は、いずれも第11族元素で+1価のイオンとなり、腐食され難く安定している。一方、銀は希少、金は更に希少であり、電気的熱的な特性は銅と銀に共通点が多く、金と銀の金属半径はほぼ同じでいずれも展延性に極めて優れる。

第7章　その他の金属材料

1） **Zn** の特徴を記しなさい。
低融点金属で軟らかい。酸化し易い。メッキや銅合金の材料。

2） **Sn** の特徴を記しなさい。
低融点金属で軟らかい。耐食性。メッキや銅合金の材料。

3） **Ti** の特徴を記しなさい。
酸化被膜を作る軽い構造材。水や酸に対して安定で、人材材料として優れる。

4） **Mg** の特徴を記しなさい。
酸化被膜を作る軽い構造材。耐熱性及び切削性に優れ、激しい閃光を発して燃える。高い電磁遮蔽性を有する。

5） **Ni**、**Co** の特徴を記しなさい。
強磁性で **Fe** と同等の機械的特性を有する他、耐食性に優れる。

6） **Pb** の特徴を記しなさい。
重く放射線遮蔽に適し、軟らかく鋳造も容易で、耐食材料にもなる。

7） 良導体と絶縁体の中間の素材を何と言うか記しなさい。
半導体

8） 低温で電気抵抗0となる現象の名称を記しなさい。
超伝導

9） 振動吸収機能がある素材の総称を記しなさい。
制振材料

10） 双晶状態を利用した超弾性特性名を記しなさい。
結晶記憶効果

第8章　無機材料

1） 新機能を有するセラミックス名称を記しなさい。
ファインセラミックス

2） セラミックスの製造法の特徴を述べなさい。
粉末原料を混合し均質にしてからある形にして焼結する。高温で焼く程強度が増す傾向がある。

3） 耐熱セラミックスの例を挙げなさい。耐えられる温度は何℃か述べなさい。
窒化珪素 Si_3N_4、炭化珪素 **SiC** 等。1200℃程度。

4） 誘電性を説明しなさい。
電圧入切の際に瞬間的に通電する特性。

5） 誘電セラミックスの例を挙げなさい。
チタン酸バリウム $BaTiO_3$ 等。

6） 圧電性を説明しなさい。
圧力を加えるとそれに比例して表面に電荷が発生する特性。

7） 焦電性を説明しなさい。
赤外線等から受けた熱エネルギーに比例して表面に電荷が発生する特性。

8） 圧電・焦電セラミックスの例を挙げなさい。
チタン酸ジルコン酸鉛 $Pb(TiZr)O_3$ 等。

9） 磁性セラミックスの例を挙げなさい。
チタン酸カルシウム $CaTiO_3$ 系、酸化マンガン酸化ニッケル **MnO-NiO** 等。

10） 光学セラミックスの例を挙げなさい。
二酸化珪素 SiO_2 等。

11） 生体セラミックスの例を挙げなさい。
アルミナ Al_2O_3、ジルコニア ZrO_2、チタニア TiO_2、燐酸カルシウム（燐灰石）$Ca_3(PO_4)_2$ 等。

12） ガラスとは何か説明しなさい。
ある温度領域でガラス状態になる物質。一般的には石英ガラスを指す。脆い。

13） 陶磁器とは何か説明しなさい。
土や石を原料とする無機材料。金属酸化物が成分の一部になっており、焼き固めて作る。

14） コンクリートとは何か説明しなさい。
型枠に砂、砂利、水等を流し込みセメントで固めた無機材料。様々な成分調整が可能。

15） 燃料電池の反応式を示しなさい。

$$2H_2 + O_2 \rightarrow 2H_2O + 4e^-$$

第9章　有機材料

1） 有機材料を構成する主な元素を挙げなさい。
C、**H** 及び **O** 等。

2） 成形後の再加熱時の挙動で、プラスチックスを大別しなさい。
熱を加えても軟化しない熱硬化性プラスチックスと熱を加えると軟化する熱可塑性プラスチックス。

3） プラスチックスの成形方法の例を挙げなさい。
手で複合化するハンドレイアップ法、炉で熱間加圧するオートクレーブ法、繊維を樹脂に巻きつけていくフィラメントワインディング法等。

4） 汎用プラスチックスの例を挙げなさい。
ポリエチレン、ポリプロピレン、ポリスチレン、ポリ塩化ビニル、ポリスチレン、ポリ酢酸ビニル、ABS樹脂、ポリスチレンテレフタレート、アクリル等。

5） エンジニアリングプラスチックスの例を挙げなさい。
ポリアミド、ナイロン、ポリアセタール、ポリカーボネート、変性ポリフェニレンエーテル、ポリブチレンテレフタレート、ポリエチレンテレフタレート、グラスファイバー強化ポリエチレンテレフタレート、環状ポリオレフィン等。

6） FRPを説明しなさい。また、主なFRPの例を2つ挙げなさい。

強度を補う為に繊維強化したプラスチックス。ガラス繊維や炭素繊維が用いられる。

7） 等方材料と異方材料を説明しなさい。

方向に依らず材質が同じ材料を等方材料、方向に依って材質が異なる材料を異方材料。

8） 複合材料の製造方法の例を挙げなさい。

手で複合化するハンドレイアップ法、炉で熱間加圧するオートクレーブ法、繊維を樹脂に巻きつけていくフィラメントワインディング法等。

9） 木材の特徴を述べなさい。

樹木の幹等を伐採した材料で、燃料、飼料、パルプ或いは幹金属に比べ軽く、また意外と強いので構造材料としても用いられる。異方性が強い。

10） ゴムの特徴を述べなさい。

大きな破断歪に至るまで弾性を保持する。天然ゴムと合成ゴムがある。

11） 紙の特徴を述べなさい。

主として植物性繊維を平面状に薄く配置させて固めた物。厚い紙は木材に匹敵する強さを持つ。リサイクルが可能。

12） 布の特徴を述べなさい。

布とは、糸を膜状に裁縫した物である。糸の種類、織り方等で様々な布ができる。

第10章　人間の材料

1） 最小生命単位は何か、記しなさい。

細胞。

2） 組織とは何か、説明しなさい。

細胞が集合し、全体としてある機能を果たす様になった物。器官の直接の材料。

3） 器官とは何か、説明しなさい。

組織により構成された、命活動に必要な具体的な活動を分担し合う物。人間の直接の材料。

4） 六大栄養素とは何か記しなさい。

炭水化物、脂肪、蛋白質、無機質、栄養、食物繊維。

5） 糖質、脂質、蛋白質、ビタミンの主成分となる元素を記しなさい。

C、**O**、**H**。

6） 人間が必要とする無機質の成分を列挙しなさい。

亜鉛**Zn**、カリウム**K**、カルシウム**Ca**、クロム**Cr**、セレン**Se**、鉄**Fe**、銅**Cu**、ナトリウム**Na**、マグネシウム**Mg**、マンガン**Mn**、モリブデン**Mo**、沃素**I**、燐**P**。

7） 遺伝子、DNA、染色体及び核とは何か、説明しなさい。

遺伝子は、生物を作る為の設計図である。遺伝子はDNAに載っていて、DNAを畳み込んだ物が染色体であり、染色体の集合した物が核である。

8） 血液の中にある細胞を3つ挙げなさい。

赤血球、白血球、血小板。

9） 人間の体内水分含有量を記しなさい。また、人間の血液含有量を記しなさい。

60～70%。5%。

10） 人間の細胞外水質は、何と同成分か記しなさい。

海。但し、薄い。

11） 人間の細胞膜の構成の名称を記しなさい。

燐脂質。（脂質二重層）

12） 人間の細胞浸透圧を制御する正負電位の元素または分子を記しなさい。

正電位が**Na**と**K**、負電位が無水亜燐酸**P_2O_3**と蛋白質と**Cl**。

13） 人間の細胞内のエネルギー代謝に使われる分子名を記し、代謝機構を説明しなさい。

アデノシン三燐酸**ATP**。アデノシン二燐酸**ADP**と燐酸に加水分解する際に発生する10 kcal/molを用る。エネルギーを備蓄する際には、ADPをATPに戻している。

14） 癌の素材は何か記しなさい。

自分自身。（遺伝子のミス複写）

15） 食生活で気を付ける事は何か記しなさい。

バランス良くいろいろな食糧を食べる必要がある。特に人工的な味に味覚を麻痺させられて、知らない内に食事が偏ってしまう事は避けたい。

16） 人工臓器用材料として望まれる特性を記しなさい。

人工臓器は、人体に馴染み且つ寿命が長い材料を用いなければならない。

第11章　視聴覚の材料

1） 視覚情報の本質は何か、また視覚は絶対的な感覚かどうかを論じなさい。

電磁波を網膜がその波長と光子量を受感し、即ち色と明度の分布として感知する事。個人依存性があり、受感する波長や光子量にある範囲があるので絶対的ではない。但し、先天的な能力である。

2） 光の三原色を記しなさい。また、それはなぜか？

赤、緑、青。視神経として、異なる波長感度を示す3種類の錐体が網膜にあるので。

3） 絵具の三原色を記しなさい。

マゼンタ（紅紫）、黄、シアン（水）。

4） 三次元的な形状認識について、先天的な能力かどうかを論じなさい。

感知した色や明度の分布に基づき、遠近（三次元分布）、形または表面状態等を認識する。体験が必要で、アナログ的且つ後天的である。

5） 輪郭線は存在するか論じなさい。

現実にはないが、脳では感じている。

6） 視界中央の投影原理の名称を記しなさい。

直軸測投影法。

7） 視界周辺の投影原理の名称を記しなさい。

斜軸測投影法。

8） 美しい視覚情報とは何か論じなさい。

自然科学的に必然、或いは自然な色、明度、形、奥行き感（含む動き）を持つ視覚情報。

9）危険な視覚情報とは何か論じなさい。

自然科学的に不自然な色、明度、形、奥行き感（含む動き）を持つ視覚情報。3D 映像や中途半端に出来の悪い CG 等。

10）聴覚情報の本質は何か説明し、また聴覚は絶対的な感覚かどうかを論じなさい。

蝸牛で音媒体の振動と一部の体振動を受感し、即ち音程毎の音量の時（空）間履歴として感知する事。個人依存性があり、受感する周波数や振幅にある範囲があるので絶対的ではない。但し、先天的な能力である。

11）人の内耳では、聴覚情報をどう処理しているか述べなさい。

FFT 分解。

12）可聴周波数を記しなさい。

20Hz ～ 20000Hz。

13）騒音と感じる音量を記しなさい。

100dB 以上は聴覚障害の危険性が顕著に増し、120dB 以上は生理的な苦痛が発生する。

14）音に対する音感（印象）について、先天的かどうかを論じなさい。

先天的な音感もあれば、後天的な音感もあ

15）音楽とは何か、説明しなさい。

音の時（空）間配列の中で心地良いと感じられるもの。

16）音の印象に関わる物理現象を列挙しなさい。

音量、音程、音色（スペクトル）、残響、音質、表情等。

17）美しい聴覚情報とは何か論じなさい。

恐らく、自己の安定や安心を音感で与える音。概して自然な音。先天的な音感なのか後天的な音感なのかは解らない。

18）危険な聴覚情報とは何か論じなさい。

聴覚を脅かす大音量や高周波音、及び聴いて持つ印象が危険な音。後者については不明な点が多い。

●図表一覧　※括弧内は出所等

図 1-1　サラダとその材料である野菜［著者撮影］
図 1-2　ある教室の風景［著者撮影］
図 1-3　鉛筆の芯材料［トンボ鉛筆株式会社提供］
図 1-4　鉛筆の柔らかさに関する JIS 規格［著者作成］
図 1-5　芯と木軸の組立工程［トンボ鉛筆株式会社提供］
図 1-6　自動車のボディーフレーム溶接工程［トヨタ自動車株式会社提供］
図 1-7　自動車の組立工程［トヨタ自動車株式会社提供］
表 1-1　材料の分類［著者作成］
図 2-1　周期律表［著者作成］
図 2-2　宇宙の元素組成［理科年表 CD － ROM2003 より著者編集］
図 2-3　BRICs 諸国での金属消費量より予測した 2050 年までに枯渇する金属元素［日本金属学会誌第 71 巻第 10 号（2007）831-839 原田幸明島田正典井島清「2050 年の金属使用量予測」等より著者編集］
図 2-4　原子量及び原子番号を付記した元素記号の例［著者作成］
図 2-5　質量当たりの原子核質量［L.Glasstone & A.Sesonske "Nuclear Reactor Engineering" 3rd Ed. Jhon Wiley & sons Inc. p.8 等を参考に著者作成］
図 2-6　各電子軌道のイメージ図及びいくつかの元素に対応する電子雲外観イメージ［著者作成］
図 2-7　各元素の最外電子軌道［著者作成］
表 2-1　虫食い周期律表［著者作成］
表 2-2　原子と元素の違い［著者作成］
表 2-3　素粒子の分類［著者作成］
表 2-4　地球の主組成元素比率［西村雅吉著『環境化学（改訂版）』1998，裳華房，p.12. 等より著者編集］
表 2-5　代表的な単原子イオン［著者作成］
図 3-1　水分子の構造イメージ［著者作成］
図 3-2　水の結晶中の水分子の配列［著者作成］
図 3-3　水分子のイメージ図とそれを図案化したマーク［著者作成］
図 3-4　代表的な結晶格子の配列の比較［著者作成］
図 3-5　転位のイメージ図［著者作成］
図 3-6　結晶粒界のイメージ図［著者作成］
図 3-7　欠陥のイメージ図［著者作成］
表 3-1　結晶と準結晶と非結晶状態の比較［著者作成］
表 3-2　結晶構造の特徴の比較［著者作成］
図 4-1　引張試験イメージ図［著者作成］
図 4-2　板状引張試験片［JIS Z2201］
図 4-3　棒状引張試験片［JIS Z2201］
図 4-4　鋼管引張試験片［JIS Z2201］
図 4-5　SS 曲線のイメージ図［著者作成］
図 4-6　幾つかの弾性挙動を示す SS 曲線［著者作成］
図 4-7　応力イメージ図［著者作成］
図 4-8　衝撃試験片形状［JIS K7111-1 及び K7110］
図 4-9　応力制御サイクル［著者作成］
図 4-10　歪制御サイクル［著者作成］
図 4-11　S-N 線図イメージ図［著者作成］
図 4-12　クリープ試験片［JIS Z2271］
図 4-13　クリープ歪履歴イメージ図［著者作成］
図 4-14　クリープ破断曲線（304H 鋼）［三牧、菱田、矢川：クリープ破断強度の非線形計画法による外挿推定、日本機械学会論文集 A 編、61-586（1995-6）より］
図 4-15　硬度試験圧子形状［JIS Z2243 ～ Z2246］
表 4-1　JIS に定める引張試験片形状規格番号一覧［著者作成］
表 4-2　各種金属の n 値及び r 値［http://www.valtech.to/photo/36112/seikeisei1.htm より］
図 5-1　いろいろな鉄製品［著者撮影］
図 5-2　製鉄所の上工程のイメージ［著者作成］
図 5-3　全率溶型平衡状態図例（猫目型）［著者作成］
図 5-4　平衡状態図の説明図［著者作成］
図 5-5　50A-50B の組成の液体が冷却されて固体になるまでの状態推移説明図［著者作成］
図 5-6　共晶型平衡状態［著者作成］
図 5-7　共晶型平衡状態図例（蝶々型）［著者作成］
図 5-8　Fe-C の二元合金系平衡状態図［著者作成］
図 5-9　Fe-C 合金系固相結晶イメージ図［著者作成］
図 5-10　包晶型平衡状態図例（烏型）［著者作成］
表 5-1　炭素含有量に関する鋼の分類［著者作成］
表 5-2　普通鋼と特殊鋼の分類［著者作成］
表 5-3　主なステンレス鋼の記号と成分［http://ja.wikipedia.org/wiki/ ステンレス鋼より著者作成］
図 6-1　身の回りのアルミニウム及びアルミニウム合金製品の例［著者作成］
図 6-2　断面材の曲げ体系図［著者作成］
図 6-3　身の回りの銅及び銅合金製品の例［著者作成］
図 6-4　銅原子の電子状態イメージ図［著者作成］
図 6-5　歪ゲージ［株式会社東京測器研究所提供］
図 6-6　小型歪ゲージ［株式会社東京測器研究所提供］
図 6-7　各元素の歪感度の歪依存性［株式会社東京測器研究所提供］
表 6-1　アルミニウム、鉄及び銅の材料物性値比較表［著者作成］
表 6-2　先端 Al 合金の成分及び材料特性値一覧表［朝倉書店「金属材料学」p.60 の表より著者編集］
表 6-3　金銀銅の特性一覧［著者作成］
図 7-1　Zn 及び Sn［著者作成］
図 7-2　Ti 及び Mg［著者作成］
図 7-3　双晶のイメージ図［著者作成］
図 7-4　Co と Ni［著者撮影］
図 7-5　Cd、Sb、Ba（石油中に保管）、Pb 及び Bi［著者撮影］
図 7-6　Au のネックレス（18 金）［著者撮影］

図7-7　AuとPtの表面をした指輪　[著者撮影]
図7-8　AgとHg（体温計先端）[著者撮影]
図7-9　Mn、Mo、Nb及びW [著者撮影]
図7-10　鉄への添加元素 [著者撮影]
図7-11　製鉄現場で用いられている鉄材料以外の元素 [著者作成]
表7-1　Mg及びTiの機械的特性一覧 [著者作成]
表7-2　減衰機構による制振合金の分類 [著者の新日鉄時代メモ等を基に編集]
図8-1　電気的機能を有する材料の分類マップ [著者作成]
図8-2　ストラスブール大聖堂 [Wikipediaより引用]
図8-3　陶器の例 [著者撮影]
図8-4　磁気の例 [著者撮影]
表8-1　金属とセラミックスの特性比較 [著者の研究ノートに記載されていたデータを基に編集。出典記載がないが、出典元はあると思われる。]
表8-2　主要含有各元素の植物中及び土壌中含有率 [http://livestock.snowseed.co.jp/public/571f58cc/571f58cc60278cea/571f58cc306e69cb621051437d20より著者編集]
表8-3　微量含有各元素の植物中及び土壌中含有率 [http://livestock.snowseed.co.jp/public/571f58cc/571f58cc60278cea/571f58cc306e69cb621051437d20より著者編集]
図9-1　単純な有機化合物の構造式 [著者作成]
図9-2　ツーバイフォー家屋を構成する木材 [三菱地所ホーム株式会社提供]
図9-3　ポロプロピレン樹脂製包装用キャップ [日本ビジネスロジスティクス株式会社提供]
図9-4　ペット樹脂製HDD用包装容器 [日本ビジネスロジスティクス株式会社提供]
図10-1　核と染色体の顕微鏡写真 [著者が受講した東北大学Redeemコースにて撮影]
図10-2　ゲノム概念の構造図 [著者作成]
図10-3　癌種あるいは肉腫の定義イメージ図 [著者作成]
図10-4　細胞膜を形成する燐脂質 [著者作成]
図10-5　細胞膜の脂質二重層 [著者作成]
図10-6　テルフォード鉄橋 [Wikipediaより引用]
図10-7　皇居二重橋 [Wikipediaより引用]
図10-8　心臓回りの循環経路イメージ図 [著者作成]
表10-1　人間の染色体に載っている遺伝子の数と構成する塩基対の数 [http://ja.wikipedia.org/wiki/% E6% 9F% 93% E8% 89% B2% E4% BD% 93（月刊科学雑誌Newton2006年2月号『「性」を決めるカラクリ XY染色体』）より著者編集]
表10-2　海水と体液の無機質濃度　種々のデータよる独自表を作成 [著者作成]
図11-1　視細胞の感度 [著者作成]
図11-2　光の三原色ベクトル空間イメージ [著者作成]
図11-3　光の三原色と色の三原色の関係 [著者作成]
図11-4　黒色円の手前に白色正方形が見える錯覚図 [著者作成]
図11-5　サイコロの見え方 [著者作成]
図11-6　純音の連続波形 [著者作成]
図11-7　２つの純音の合成音波波形例 [著者作成]
図11-8　２つの入力音に対する基底膜共振状況 [著者作成]
図11-9　可聴周波数域の音程とピアノ鍵盤との対応イメージ図 [著者作成]
図11-10　各年齢における聴力レベルの周波数依存性 [著者作成]
図11-11　閑静な住宅地における環境騒音レベル [菱田他3：音の心地良い聴覚情報としての有効活用の試行 － 第二報環境音の音量調査およびその諸考察（2011）産業保健人間工学会講演大会]
図11-12　地方都市の市街地における環境騒音レベル [菱田他3：音の心地良い聴覚情報としての有効活用の試行 － 第二報環境音の音量調査およびその諸考察（2011）産業保健人間工学会講演大会]
表11-1　電磁波の分類 [幾つかの文献の文章を著者が表にした。]
表11-2　平成22年度に癒し音楽としてCDに収録されたクラシック音楽の収録数 [平成22年度菱田研究室卒論成果より]
表11-3　視聴覚の特徴の比較 [著者作成]
図A3-1　中央円孔板材の体系図
図A3-2　中央楕円孔板材の体系図
図A3-3　中央亀裂板材の体系図
図A3-4　亀裂先端のJ積分経路設定模式図
図A5-1　方解石（左）と蛍石（右）の劈開 [Wikipediaより]
図A5-2　劈開面内の川状模様 [著者による走査型電子顕微鏡観察写真トレース]
図A5-3　ロックキャンディ [著者による走査型電子顕微鏡観察写真トレース]
図A5-4　延性破壊のディンプル [著者による走査型電子顕微鏡観察写真トレース]
図A5-5　シャルピー試験片破面 [著者による写真トレース]
図A6-1　疲労の末脆性破壊して割れた船 [Wikipediaより]
図A6-2　ストライエーション [著者による走査型電子顕微鏡観察写真トレース]
図A6-3　ボルトの貝殻模様 [著者による写真トレース]
図A7-1　遅れ破壊（粒界腐食）断面 [Wikipediaより]
図A7-2　応力腐食割れ組織写真 [Wikipediaより]
図A8-1　炭化タングステン製フライスの例 [Wikipediaより]
図A8-2　TiN表面被膜の部品例
図A9-1　1400℃で圧縮変形されたサファイアの転位 [著者による走査型電子顕微鏡観察写真トレース]
図A9-2　オロワン機構の模式図
表A9-1　強化法の比較一覧
図A10-1　C60フラーレンウィスカーの構造図（上）と顕微鏡写真（下）[Wikipediaより]

●索　引●

記号

番号

欧字（和欧混合も含む）

【A】

【B】

【C】

【D】

【E】

【F】

【G】

【H】

【I】

【J】

【K】

【L】

【M】

【N】

【O】

【P】

【Q】

【R】

【S】

かな

【か】

【き】

【く】

【し】

【す】

【せ】

【そ】

【た】

【ち】

著者略歴

菱田　博俊（ひした　ひろとし）

1987. 3.31　東京大学工学部 原子力工学科卒業

1992. 3.31　東京大学大学院工学系研究科 原子力工学専攻
博士（工学）

1992. 4 ～ 2010. 3　新日本製鐵株式会社技術開発本部

1998.4 ～　法政大学工学部・理工学部及び法政大学大学院
工学系研究科　兼任講師

2010.4 ～　工学院大学工学部機械工学科　准教授

2024.4現在　工学院大学大学院工学系研究科システムデザイン専攻副専攻長

著　書

『機械デザイン』コロナ社（2002年）共著

『青少年のための統計学入門』現代図書（2015年）

わかりやすい
材料学の基礎　改訂増補版

定価はカバーに表示してあります。

2012年12月8日　初　版　発　行
2024年 9 月18日　改訂増補初版発行

著　者　菱　田　博　俊
発行者　小　川　啓　人
印　刷　三和印刷株式会社
製　本　東京美術紙工協業組合

発行所　株式会社 成山堂書店

〒160-0012　東京都新宿区南元町 4 番 51　成山堂ビル
TEL：03（3357）5861　FAX：03(3357)5867
URL　https://www.seizando.co.jp

落丁・乱丁本はお取り換えいたしますので，小社営業チーム宛にお送りください。

ISBN978-4-425-69082-4